高职高专"十二五"规划教材

精密机械设计基础

赵 鑫 编

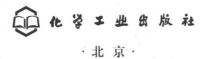

化学工业出版社

·北京·

本书按照课改新要求编写，从满足教学基本要求、贯彻少而精的原则出发，力求做到精选内容、适当拓宽知识面、反映学科新成就，全书共 12 章，包括精密机械设计基础概论、静力学基础、材料力学基础、平面连杆机构、凸轮机构、带传动、齿轮传动、蜗杆传动、轮系、连接、轴和轴承、联轴器和离合器。

　　本书可作为高职高专、成人教育光机电应用技术、激光加工、光电子技术及相关专业教材，也可作为各培训机构教学及有关工程技术人员学习的参考用书。

图书在版编目（CIP）数据

精密机械设计基础/赵鑫编. —北京：化学工业出版社，2015.7

高职高专"十二五"规划教材

ISBN 978-7-122-23984-6

Ⅰ.①精⋯　Ⅱ.①赵⋯　Ⅲ.①机械设计-高等职业教育-教材　Ⅳ.①TH122

中国版本图书馆 CIP 数据核字（2015）第 101860 号

责任编辑：李彦玲　张　阳　　　　　　　　文字编辑：张绪瑞
责任校对：边　涛　　　　　　　　　　　　装帧设计：刘剑宁

出版发行：化学工业出版社（北京市东城区青年湖南街 13 号　邮政编码 100011）
印　　装：三河市延风印装有限公司
787mm×1092mm　1/16　印张 13¼　字数 332 千字　2015 年 8 月北京第 1 版第 1 次印刷

购书咨询：010-64518888（传真：010-64519686）　售后服务：010-64518899
网　　址：http://www.cip.com.cn
凡购买本书，如有缺损质量问题，本社销售中心负责调换。

定　　价：30.00 元

→ 前 言

　　精密机械设计基础作为光机电应用技术、激光加工、光电子技术以及相关专业的一门专业基础课，主要任务是使学生初步掌握有关精密机械设计的基本原理和方法，促进学生技能的培养。在本书的编写过程中，笔者从满足教学基本要求、贯彻少而精的原则出发，力求做到精选内容、适当拓宽知识面、反映学科新成就，但深度适中、篇幅不大，以期保持教材简明、实用的特色。

　　本书的内容是按 54 学时的要求编写的，考虑到非机械类专业较多，各校各专业对本课程的教学时数规定不尽一致，且各专业对内容的要求也不尽相同，所以在使用本书时，可根据专业要求和学时数进行适当取舍和调整。

　　本书由赵鑫编，在编写过程中得到了武汉软件工程职业学院电子工程学院领导和老师的大力支持，在此深表感谢！

　　本书引用了许多文献资料，未能一一列出，在此深表谢意！

　　限于笔者的水平，书中难免有疏漏和不足之处，衷心希望广大读者提出宝贵的意见，对不妥之处进行批评指正。

编者

2015 年 3 月

目 录

第 4 章　平面连杆机构　49

第1章 精密机械设计基础概论

1.1 精密机械的概念

1.1.1 精密机械的组成

在现代化生活和生产实践中，人类创造和发展了各种各样的机械，精密机械是其重要的组成部分。它的发明、使用和发展是现代社会发展的一个重要创新过程，已经广泛应用在国民经济和国防工业的许多部门。在这一创新过程中，人们总结出了进行精密机械设计的理论与方法，从而为更高层次的创新与设计奠定了基础。

精密机械形式多样，但主要由四个部分组成，分别是动力部分、传动部分、执行部分、控制部分。

（1）动力部分

动力部分是机械的动力来源，其作用就是把其他形式的能量转化为机械能，以驱动机械运动并做功。

（2）传动部分

传动部分是将动力部分的运动和动力传递给执行部分的中间环节，它可以改变运动速度，转换运动形式，以满足执行部分的各种要求。传动部分介于原动机和执行部分之间，起桥梁的作用。如减速器将高速转动变为低速转动，螺旋机构将旋转运动换成直线运动等。

（3）执行部分

执行部分是直接完成机械预定功能的部分。如机床的主轴和刀架。

（4）控制部分

控制机器的其他组成部分，使操作者随时实现或终止机器的各种预定功能。如机器的启动、停止，运动速度和方向的改变等。控制部分通常包括机械控制系统和电子控制系统。

精密机械的组成不是一成不变的，一些简单机械不一定完整地具有上述四个部分，有的甚至只有动力部分和执行部分；而一些较为复杂的机械，除了具有上述四个部分外，还有读数装置、照明装置等。

在进行精密机械设计时，一般认为机械是机器和机构的总称。

1.1.2 机器和机构

机器是一种用来转换或传递能量、物料和信息，能执行机械运动的装置。机器的特征：①都是许多人为实物的组合；②各实物之间具有确定的相对运动；③能完成有用的机械功或转换机械能。

机构是实现预期的机械运动的各实物的组合体。机构的特征只有①和②。

常用机构有连杆机构、凸轮机构、齿轮机构、间歇运动机构等。

1.1.3 构件和零件

机构是由构件组成的。构件由一个或几个零件组装而成，是运动的基本单元。零件是制造的基本单元。有些零件是在各种机器中常用的，称为通用零件；有些零件只有在特定的机器中才用到，称为专用零件。通用零件包括齿轮、轴、螺栓、键、花键、销；铆、焊、胶结构件；弹簧、机架、箱体等。专用零件包括叶片、曲轴等。

1.2 精密机械设计的基本要求和一般程序

精密机械设计是机械产品研制的第一步，设计的好坏直接关系到产品的质量、性能和经济效益。精密机械设计就是从使用要求出发，对机械的工作原理、结构、运动形式、力和能量的传递方式，乃至各个零件的材料、尺寸和形状，以及使用、维护等问题进行构思、分析和决策的创造性过程。

1.2.1 机械零件的失效形式及设计准则

机械零件丧失正常工作能力或达不到设计要求时，称为失效。由于强度不够引起的破坏是最常见的零件失效形式，但不是零件失效的唯一形式。零件失效和破坏不是同一个概念，零件失效并不意味着零件遭到破坏。如零件发生塑性变形，虽未断裂，但由于其过度变形而影响其他零件的正常工作，也是失效。

机械零件常见的失效形式有断裂（如螺栓的折断）、过量变形（如机床主轴的过量弹性变形会降低机床的加工精度）、表面失效（如疲劳点蚀、磨损、压溃和胶合等）、破坏正常工作条件引起的失效（如带传动因过载发生打滑）。

设计机械零件时，以防止产生各种可能失效为目的，而拟定的零件工作能力计算依据称为计算准则，主要有强度准则、刚度准则、寿命准则、振动稳定性准则和可靠性准则。

强度准则是设计机械零件首先要满足的一个基本要求。强度是指零件在载荷作用下抵抗破坏和大的塑性变形的能力。为保证零件工作时有足够的强度，设计计算时应使其危险截面或工作表面的工作应力不超过零件的许用应力，即

$$\sigma \leqslant [\sigma] \tag{1.1}$$

$$\tau \leqslant [\tau] \tag{1.2}$$

式中，σ 为正应力；$[\sigma]$ 为许用正应力；τ 为切应力；$[\tau]$ 为许用切应力。

刚度是指零件受载后抵抗弹性变形的能力，其设计准则是零件在载荷作用下产生的弹性变形量应小于或等于工作性能允许的极限值。

1.2.2 机械产品设计的内容和要求

（1）可行性研究

对产品的预期需要、工作条件和关键技术进行分析研究，通过调研，确定设计任务要求，提出功能性的主要设计参量，作为成本和效益的估算，论证设计的必要性和先进性，提出由环境、经济、加工以及时限等各方面所确定的约束条件，提出可行性设计方案。在此基础上，提出设计任务书。

（2）方案设计

根据设计任务要求寻求功能原理的解法，构思原理方案。产品的功能分析，是对设计任务书提出的产品功能中必须达到的要求、最低要求和希望达到的要求进行综合分析，即这些功能能否实现，多项功能间有无矛盾，相互间能否替代等。最后确定出功能参数，作为进一步设计的依据。确定了功能参数后，再提出可能采用的方案。方案设计时，可以按原动部分、传动部分和执行部分分别进行讨论。

（3）技术设计

按设计方案的目标，完成总体设计及零、部件的结构设计。完成设计方案的结构化，从技术和经济观点作周密的结构设计和计算。要完成全套的零件图、部件图和总装配图，编制技术文件和技术说明。

（4）改进设计

根据加工制造、样机试验、技术检测、使用操作、产品鉴定分析和市场等环节反馈信息对产品作改进设计或技术处理，以确保产品质量，并完善前期设计中的不足。

经过上述四个阶段，即完成了产品机械设计的全过程。机械产品即可投入试生产或批量生产，并进行销售和使用。

机械产品设计应满足的基本要求：①实现预定功能；②满足可靠性要求；③满足经济性要求；④操作方便、工作安全；⑤造型美观、减少污染。

1.2.3 机械零件设计一般步骤

机械零件设计没有一成不变的固定程序，常因具体条件不同而异，但一般机械零件设计的步骤如下。

① 根据零件的使用要求（如功率、转速等），选择零件的类型和结构形式。
② 分析零件的载荷性质，拟定零件的计算简图，计算作用在零件上的载荷。
③ 根据零件的工作条件及对零件的特殊要求，选择适当的材料。
④ 分析零件的主要失效形式，决定计算准则和许用应力。
⑤ 确定零件的主要几何尺寸，综合考虑零件的材料、受载、加工、装配工艺和经济性等因素。参照有关标准、技术规范以及经验公式，确定全部结构尺寸。
⑥ 绘制零件工作图并确定公差和技术要求。

1.3 机械创新设计

推动社会发展的源泉和生命在于创新。创新是发现或发明新思维、新理论、新方法、新技术或新产品。

进行机械创新设计要有两个必要条件：一是充分获取适用的知识；二是要使用符合创新设计思维并能激发创新思维的设计系统。由于人类的创新设计思维模式是在长期的成功设计经验中总结形成的，设计过程充满了矛盾，所获取的知识应有助于矛盾的迅速解决，这就要求设计辅助系统必须符合创新设计思维规律。

（1）机械创新设计研究的目的和意义

开展机械创新设计研究的目的不仅是提高自身学术水平，更主要是获取较大的经济效益和社会效益。其意义如下。

① 机械创新设计的深入研究将为人们发明创造新机器、新机械提供有效的理论和方法。

② 机械创新设计研究能加速机械专家智能化，实现真正的专家系统，有利于加速机械设计水平向自动化、智能化、最优化、集成化实现。

③ 创新设计的机械产品提高了产品在同类产品中的竞争力，特别是当专利产品技术形成产业化的时候，可以创造出较高的经济效益及社会效益。

④ 在机械创新设计的实践中培养了设计人员的创造性思维，增强了其创新能力，提高了人们进行创新设计的自觉性及技术上的可操作性，使机械创新设计成为一种工具或手段。这样就促进了新产品的繁荣与更新，为社会创造了财富。

（2）机械创新设计的研究对象

机械创新设计（MCD）是指充分发挥设计者的创造力，利用人类已有的相关科学技术成果（含理论、方法、技术原理等）进行创新构思，设计出具有新颖性、创造性及实用性的机构或机械产品（装置）的一种实践活动。它包含两个部分：一是改进完善生产或生活中现有机械产品的技术性能、可靠性、经济性、适用性等；二是创造设计出新机器、新产品，以满足新的生产或生活的需要。机械创新设计是建立在现有机械设计学理论基础上，吸收科技哲学、认识科学、思维科学、设计方法学、发明学、创造学等相关学科的有益知识，经过综合交叉而成的一种设计技术和方法。由于机械创新设计过程凝结了人们的创造性智慧，因而其产品无疑应是科学技术与艺术结晶的产物。除了应该具有产品的技术性能、可靠性、经济性和适用性外，还应该反映出和谐的技术美，如造型的美学性，具有圆满的审美价值。

机械设计一般可分为方案结构设计、运动设计及动力设计三个阶段。其中，方案结构设计最需要创造性，设计难度也最大。常规设计一般是在给定机械结构或只对某些结构作微小改动的情况下进行的，其主要内容是进行尺度设计及动力设计。而相对传统设计而言，机械创新设计特别强调了人们在计过程中，特别是在方案结构设计阶段中的主导及创造性作用。机械的创造发明多属于机械结构方案的创新设计。

（3）机械创新设计技术

机械创新设计技术是一门有待开创发展的新的设计技术和方法，它和机械系统设计、计算机辅助设计、优化设计、可靠性设计、摩擦学设计、有限元设计等一起构成现代机械设计方法学库，并吸收邻近学科有益的设计思想与方法。随着认识科学、思维科学、人工智能专家系统及人脑研究的发展，MCD正在日益受到专家学者的重视。一方面，认识科学、思维科学、人工智能、设计方法学、科学技术哲学等已为MCD提供了一定的理论基础及方法；另一方面，MCD的深入研究及发展有助于揭示人类的思维过程、创造机理等前沿课题，反过来促进上述科学的发展，实现真正的机械专家系统（MES）及智能工程（IE）。因此，MCD是MES、IE等学科深入研究发展进程中必须解决的一个分支，它要求能真正为发明创造新机械和改进现有机械性能提供正确有效的理论和方法。

MCD要完成的一个核心内容就是要探索机械产品创新发明的机理、模式及方法，要具体描述机械产品创新设计的过程，并将之程式化、定量化乃至符号化、算法化。

（4）机械创新设计思维的两个原则

机械设计过程是从功能要求到作用原理，再到物理结构的映射过程。在创新设计思维过程中，应该把握好以下两个基本原则。

① 最短路径原则 在明确产品的功能要求后，就应检索出最佳设计实例，这样可以最迅速接近目标，然后运用价值工程方法，找出价值较低的极少数组件作为研究对象，再分析所得对象存在的矛盾，尝试做最小变动以解决矛盾，如矛盾没有解决，就要做更大变动或扩

大研究对象范围，最后得出最优结果。通过这种途径所消耗的能量最少，体现了最短路径原则。

② 相似性联想原则　联想就是找出事物彼此相似性的创造力（相似性是指事物间的内在联系）。判断联想是否合理的依据是相似性，相似性由已有产品实例确定，当多种产品实例可满足同一功能要求，那么它们用于实现该功能的作用原理及物理结构具有相似性。在设计中，功能要求、作用原理与物理结构可作为实例索引，因此可统称它们为索引项目。同一索引的不同类索引项目之间的联想可称为纵向联想，而不同索引的同类索引的联想可称为横向联想。

功能创新是根据产品市场需求，将各种相互关联的功能信息进行搭配、组合，产生新的满足要求的功能。原理创新是从功能要求（系统产生的或已知的）出发，通过技术分析，寻求不同功能在原理上的重组，从而实现原理创新。结构创新是指在设计后期，对功能、原理创新的结果匹配以对应结构化设计方案（包括各个结构对象自身及其相互间的连接关系、控制关系等）。

（5）创新关键技术

实现创新的关键阶段是产品设计早期的概念设计阶段，它既是产品设计的首要步骤，也是最富有创新的步骤。概念创新设计的关键技术及其实现方法如下。

① 信息建模技术　一般情况下，总体功能往往包含着许多子功能。而每一种功能可以由不同的结构来实现。故存在组合、协调和评价筛选的问题。在功能设计阶段，传统的CAD建模技术已不能适用现代设计的需要，在支持概念设计的建模技术中，功能信息应代替几何信息占主导地位。因此功能建模应是研究的重点。

② 智能支持技术　当前在人工智能系统中应用的人工智能技术，主要有专家系统、人工神经网络、遗传算法、模糊系统。它们各有长短。为了构造性能较好的应用智能系统，应综合应用集成专家系统、模糊系统两种技术，以独立、并行地实现对设计过程中人机交互、设计操作、辅助创新、设计评价等环节的支持。

③ 集成设计技术　集成主要由信息环境的集成和设计环境的集成两个构成。随着CAD技术朝着数字化、集成化、网络化、智能化的方向发展，未来的设计系统必然是以人为核心的人机一体化智能集成体系。

（6）创新能力的培养

① 要有敢于创新和寻根究底的精神。机械设计的创新实际上就是根据已知需求探寻最佳的设计方案。任何创新可行方案都是需要实践来验证的。但要提出一种试探方案，需要具备有关的专业知识。专业知识渊博，可提出的试探方案就愈多，在短时间内找到较好方案的可能性就愈大。每找出一种试探方案，都应从理论上分析它的可行性。通过计算机仿真技术来进行仿真检测和验算，逐步检验它的原理是否可行，结构是否复杂，造价是否低廉，操作是否方便，工作寿命是否长久等，最后决定取舍。若存在问题较多且难以改进则应考虑另找新的试探方案。只有把各种试探方案进行反复论证、比较、筛选和完善才有可能得到较佳方案。使结构方案逼近最佳状态的条件是设计者要有查漏补缺的知识和能力，更要有穷追不舍和坚忍不拔的精神。当设计思路出现山穷水尽时，就要换位思考，常常会出现柳暗花明的局面。

② 要善于古为今用、洋为中用。在谋求最佳方案的过程中已经成熟的技术可以直接拿来应用，而不必每个环节都进行创新。

③ 要具有较好的自学能力。机械设计所涉及的知识是比较广泛的，设计者要能针对创

新过程中遇到的困难参阅有关资料进行自学或独创的理论分析。只要有必胜的信心，遵循设计创新规律锲而不舍地进行探索，最佳的设计方案就一定能够找到。

单元练习题

一、选择题

1. 如图 1.1 所示，内燃机连杆中的连杆体 1 是（　　）。

A. 机构　　　　　B. 零件　　　　　C. 部件　　　　　D. 构件

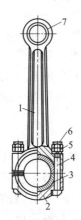

图 1.1　题 1.1 图

1—连杆体；2—连杆盖；3—轴瓦；4—螺栓；
5—槽形螺母；6—开口销；7—轴套

2. 下列四种实物：①车床；②游标尺；③洗衣机；④齿轮减速器。其中几种是机器？（　　）

A. ①和②　　　　B. ①和③　　　　C. ①，②和③　　　D. ③和④

二、填空题

1. 构件是机械的运动单元体，零件是机械的_____单元体。

2. 机械是_____和_____的总称。

3. 一部机器一般由_____、_____、_____及_____组成。

三、简答题

1. 机器与机构的共同特征有哪些？它们的区别是什么？

2. 常见的失效形式有哪几种？

3. 机械设计过程通常分为哪几个阶段？各阶段的主要内容是什么？

第 2 章　静力学基础

　　力是物体间的相互作用。其大小、方向与作用点，称为**力的三要素**。力的国际单位通常用牛顿（N）或千牛顿（kN）表示。作用在物体上的一群力，称为**力系**。根据力系中诸力作用线的空间位置关系，可分为平行力系、汇交（共点）力系、力偶系、平面力系、空间力系等。

　　静力学研究的是作用在刚体上力系的化简和力系平衡规律。所谓刚体，是指受力后形状和大小均不发生变化的物体。绝对的刚体是不存在的。在工程中，把物体相对于地球静止或作匀速直线平移运动的状态，称为**平衡**。在静力学中，所研究的对象被抽象为刚体，因此不考虑物体的变形。研究的状态是平衡状态，所以也不考虑物体运动状态的改变。静力学研究的基本问题是作用于刚体上的力系平衡问题，包括受力分析，力系的化简和力系的平衡条件及应用。

2.1　静力学公理

　　静力学中，最简力系的简化规则、最基本的平衡条件、力系效果的等价原理、物体之间的相互作用力关系以及刚体平衡条件，经人们长期实践与反复验证，总结成为下列静力学公理。

　　（1）公理 1　二力平衡公理

　　作用在同一刚体上的两个力，使刚体平衡的必要且充分的条件是，此二力等值、反向、共线（图 2.1），即 $F_1 = -F_2$。这是刚体平衡的最基本规律，也是力系平衡的最基本数量关系。

　　将仅在两点受力作用而处于平衡的刚体，称为二力体。如果它是杆件则称为二力杆，如果是结构中的构件则称为二力构件。它们的受力特点是两个力的方向必在二力作用点的连线上。应用公理 1，可确定某些未知力的方向。如图 2.2（a）所示构件 BC，不计其自重时，就可视为二力构件，其受力如图 2.2（b）所示。

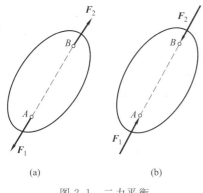

图 2.1　二力平衡

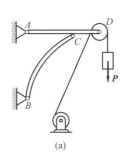

图 2.2　二力杆

（2）公理 2　加减平衡力系原理

在已知力系上加上或减去任意平衡力系，并不改变原力系对刚体的作用。它是力系替换与简化的等效原理。该公理适用对象是刚体。由这个公理得到的推论 1 为力的可传性，即作用于刚体上某点的力，可以沿着它的作用线移动到刚体内任意一点，并不改变该力对刚体的作用效应。如图 2.3 所示，原来的力 F 与力系（F，F_1，F_2）以及力 F_2 等效，这样就将原来的力 F 沿其作用线由 A 点移动到 B 点。

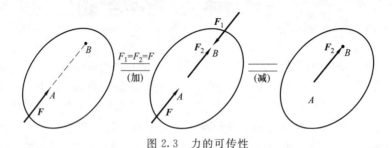

图 2.3　力的可传性

由该公理得到的推论 2（三力平衡汇交定理）是，若刚体受三力作用而平衡，且其中两力线相交，则此三力共面且汇交于一点。

（3）公理 3　力的平行四边形法则

作用于物体上同一点的两个力的合力仍作用于该点，其合力矢等于这两个力矢的矢量和，即力的合成与分解，服从矢量加减的平行四边形法则，如图 2.4（a）所示，$F_1 + F_2 = F$，将 F_2 平移后，得力的三角形，如图 2.4（b）所示，这是求合力矢的力三角形法则。由此可求两力之差 $F_1 - F_2 = F_1 + (-F_2) = F'$，如图 2.4（c）所示。

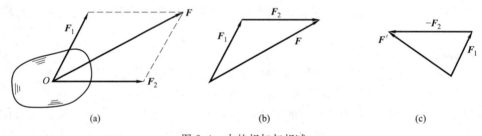

| (a) | (b) | (c) |

图 2.4　力的相加与相减

图 2.5（a）中所示 n 个共点力之和为：

$$F_R = F_1 + F_2 + \cdots + F_n = \sum_{i=1}^{n} F_i \tag{2.1}$$

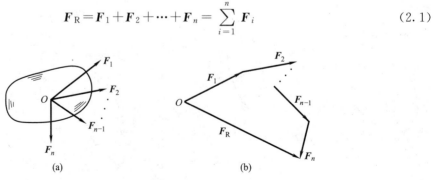

| (a) | (b) |

图 2.5　汇交力系合成

可由矢量求和的多边形法则，得力的多边形，如图2.5（b）所示；其中，F_R为合力矢量，O为合力作用点。公理3给出了最基本力系的简化规则，即力多边形法则求合力，仅适用于汇交力系，且合力作用点仍在原力系汇交点。

（4）公理4 作用与反作用定律

两物体间的作用力与反作用力，总是等值、反向、共线地分别作用在这两个物体上。公理4是研究两个或两个以上物体系统平衡的基础。作用力与反作用力虽等值、反向、共线，但并不构成平衡，因为此二力分别作用在两个物体上。这是与二力平衡公理的本质区别。

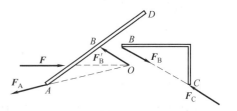

在图2.6中，画出了构件BC的受力图后，再画AB杆受力图时，B处的反作用力F'_B必须与F_B等值、反向、共线，F_A由三力汇交确定方位。

图2.6 物体间的作用力与反作用力

2.2 约束和约束反力

物体能在空间做任意运动，它们的位移不受任何限制，这样的物体是自由体。工程中的机械总是由许多零部件组成，这些零部件是按照一定的形式与周围其他零部件相互联系，即位移受到限制。运动受到限制或约束的物体称为被约束体。

那些限制物体运动的条件，称为约束。约束限制了物体本来可能产生的某种运动，所以约束有一种力作用在被约束体，这种力称为约束反力。约束反力总是作用在被约束体与约束体的接触处，其方向也总是与该约束所能限制的运动或运动趋势的方向相反。

2.2.1 柔索约束

理想化的**柔索**十分柔软又不可伸长，它仅限制被约束体沿使柔索伸长的方向运动，因而其约束力沿柔索只为拉力。绳子、胶带、链条等并不是理想化的柔索，但可简化成这种约束，如图2.7所示。假想地切开胶带轮中的胶带，由于它是被预拉后套在两胶带轮上的，所以，无论在胶带的紧边上，还是松边上，所受力都是拉力，如图2.8所示。

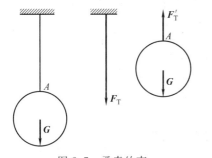

图2.7 柔索约束

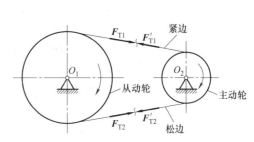

图2.8 皮带约束

2.2.2 光滑面约束

当物体与固定约束［见图2.9（a）］或活动约束［见图2.9（b）］间的接触表面非常光滑，摩擦可以忽略不计时，就可简化为**光滑面**约束。它只能阻碍物体沿两接触面法线n方向往约束内部的运动，不能阻碍沿切线τ方向的运动。因此，光滑面约束力作用在接触点

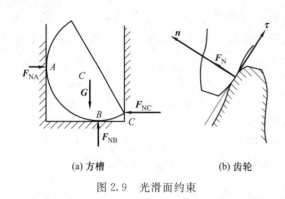

(a) 方槽　　　　　　(b) 齿轮

图 2.9　光滑面约束

处，沿两接触面公法线方位，并指向受力物体，称为**法向力**，记为 F_N。

2.2.3　光滑铰链约束

用光滑销钉和圆孔组成的局部结构，称为光滑圆柱铰链，如图 2.10（a）所示结构中的 A、B、C 处，其结构简图见图 2.10（b）。因忽略摩擦，销钉与圆柱孔间约束本质上属光滑面约束，只能限制物体移动，不能阻碍转动。当圆孔与销钉的接触点位置不能

事先确定时，通常用两个正交分力表示其约束力。这些分力的指向可事先任意假定，最后由计算结果的正负确定。

工程中，通常将铰链约束分为连接两物体的中间铰链（图 2.10 中 C 处，F'_{Cx}、F'_{Cy} 表示相应反作用力），以及其中一物体为地面或机架时的固定铰支座（图 2.10 中 A、B 处）。A、B、C 三处约束力如图 2.10（c）所示；在固定铰支座底部安装一排滚轮的可动铰支座，其

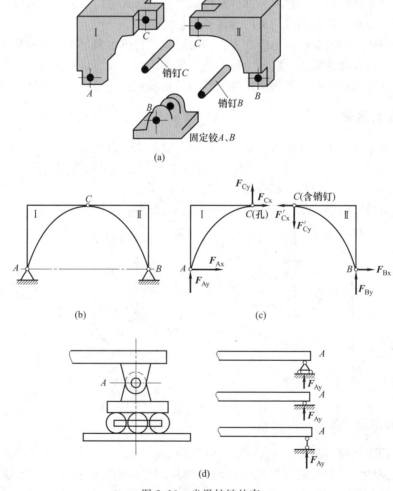

图 2.10　光滑铰链约束

简图通常有如图 2.10 （d）右边所示的三种表达形式，约束力只有法向力 $\boldsymbol{F}_{Ay}$。

2.2.4　连杆约束

用不计自重的刚性杆在两端用铰链连接的约束装置，称为连杆约束，如图 2.11 （a）中 BC 杆。显然，此处的 BC 杆是只受二力作用而平衡的二力杆（通常为直杆），它对构件 ACD 的约束力方位沿 B、C 两点连线，各杆受力如图 2.11 （b）所示。

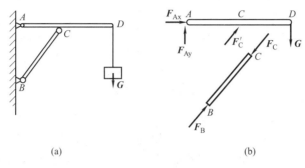

图 2.11　连杆约束

当把重物 G 移到 BC 杆上时 ［图 2.12 （a）］，不计自重的 ACD 杆成为二力杆，各杆受力如图 2.12 （b）所示。

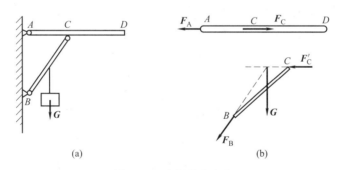

图 2.12　连杆约束变化

可见，对结构进行受力分析时，不必事先分析二力杆的受力，而把它作为一种约束，可直接画出它对其他物体的约束力。

2.2.5　固定端约束

如图 2.13 （a）所示，深插墙内的杆端既不能移动，也不能转动的约束，叫固定端约束。其约束力对力系简化结果如图 2.13 （b）所示。

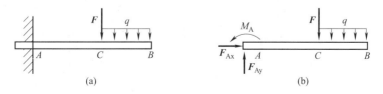

图 2.13　固定端约束

2.3 物体受力分析和受力图

解决力学问题时，首先要选定需要进行研究的物体，即选择研究对象；然后根据已知条件、约束类型并结合基本概念和公理分析它的受力情况，即受力的大小、各力作用点和方向，这个过程称为物体的受力分析。

作用在物体上的力有两类：一类是主动力，如重力、风力、气体压力等；另一类是被动力，即约束反力。

解除约束后的自由物体称为分离体。在分离体上画上所受的全部主动力和约束反力，称为物体的受力图。在进行受力分析时，如果没有特别说明，一般物体的重力不计，并且认为接触面是光滑的。

画物体受力图的主要步骤如下。

① 选择研究对象，明确对哪个物体进行受力分析，并取出分离体。

② 在分离体上画出全部的主动力。力是物体间的相互作用，因此每画一个力都应明确它是哪一个物体施加给研究对象的，决不能凭空产生，也不可漏画任何一个力（重力已知时一定要画上）。

③ 画出约束反力。根据约束的类型分析约束反力的作用位置和方向。有时可利用二力杆或者三力平衡汇交定理确定某些未知力的方向。

④ 检查受力情况。既不能多画也不能少画。

例 2-1 管道支架如图 2.14（a）所示。重为 F_G 的管子放置在杆 AC 上。A、B 处为固定铰支座，C 为铰链连接。忽略各杆的自重，试分别画出杆 BC 和 AC 的受力图。

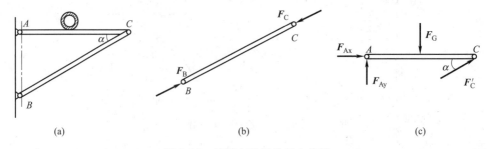

(a)　　　　　　　　(b)　　　　　　　　(c)

图 2.14 管道支架图的受力分析

解： ① 取 BC 杆为研究对象，BC 杆为二力杆，受力图如图 2.14（b）所示。

② 取杆 AC 为研究对象，受力图如图 2.14（c）所示。

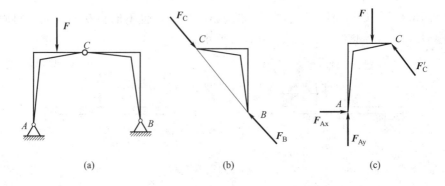

(a)　　　　　　　　(b)　　　　　　　　(c)

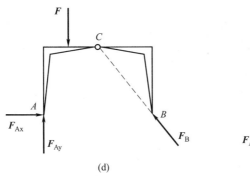

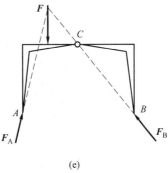

$$(d) \qquad\qquad (e)$$

图 2.15　三铰刚架受力图

例 2-2　三铰刚架受力如图 2.15（a）所示。试分别画出杆 AC、BC 和整体的受力图。各部分自重均不计。

解：① 取右半刚架杆 BC 为研究对象。受力图如图 2.15（b）所示。

② 取左半刚架杆 AC 为研究对象。受力图如图 2.15（c）所示。

③ 取整体为研究对象。受力图如图 2.15（d）或图 2.15（e）所示。

2.4　平面汇交力系的合成

刚体同时受到若干力的作用时，这些力构成了一个力系。如果作用于某刚体的所有力的作用线在同一平面上，称该力系为平面力系。如果构成一个平面力系的所有力的作用线都交于一点，该力系称为平面汇交力系。

2.4.1　力在平面直角坐标轴上的投影

平面直角坐标系 Oxy 内有一个力 $\boldsymbol{F}$，其与 x 轴所夹的锐角为 α，如图 2.16 所示。从力的两端点 A、B 分别向 x 轴作垂线，得到垂足 ab 称为力 $\boldsymbol{F}$ 在 x 轴上的投影，用 F_x 表示；同理，有向线段 a_1b_1 称为力 $\boldsymbol{F}$ 在 y 轴上的投影，用 F_y 表示。其大小分别为

$$F_x = F\cos\alpha$$
$$F_y = F\sin\alpha \qquad (2.2)$$

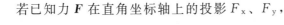

力的投影是代数量，它的正负规定是，如由 a 到 b（或由 a_1 到 b_1）的趋向与 x 轴（或 y 轴）的正向一致时，则力 $\boldsymbol{F}$ 的投影 F_x（或 F_y）取正值；反之，取负值。

图 2.16　平面力及其投影

若已知力 $\boldsymbol{F}$ 在直角坐标轴上的投影 F_x、F_y，则该力的大小和方向为

$$F = \sqrt{F_x^2 + F_y^2}$$

$$\alpha = \arctan\left|\frac{F_y}{F_x}\right| \qquad (2.3)$$

2.4.2 合力投影定理

合力 $\boldsymbol{F}$ 在某一轴上的投影等于各分力在同一轴上投影的代数和。数学表达式为

$$F_x = F_{1x} + F_{2x} + \cdots + F_{nx} = \sum F_x \tag{2.4}$$

$$F_y = F_{1y} + F_{2y} + \cdots + F_{ny} = \sum F_y$$

2.4.3 平面汇交力系的合成

平面汇交力系可以合成为一个合力，即平面汇交力系可用其合力来代替。显然，如果合力等于零，则物体在平面汇交力系的作用下处于平衡状态。

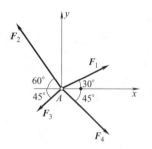

图 2.17　平面汇交力系的合成

平面汇交力系平衡的必要和充分条件是该力系的合力 $\boldsymbol{F}$ 等于零。平衡方程为

$$\sum F_x = 0$$
$$\sum F_y = 0 \tag{2.5}$$

力系中所有各力在两个坐标轴中每一轴上投影的代数和都等于零。这是两个独立的方程，可以求解两个未知量。

例 2-3　在刚体的 A 点作用有四个平面汇交力，其中 $F_1 = 2\text{kN}$，$F_2 = 3\text{kN}$，$F_3 = 1\text{kN}$，$F_4 = 2.5\text{kN}$，方向如图 2.17 所示。求该力系的合力。

解： 由合力投影定理分别求出合力的投影

$$F_{Rx} = \sum X = F_1 \cos30° + F_4 \cos45° - F_2 \cos60° - F_3 \cos45° = 1.29\text{kN}$$

$$F_{Ry} = \sum Y = F_1 \sin30° - F_4 \cos45° + F_2 \sin60° - F_3 \cos45° = 2.54\text{kN}$$

合力的大小和夹角：

$$F_R = \sqrt{F_{Rx}^2 + F_{Ry}^2} = 2.85\text{kN}$$

$$\alpha = \arctan \frac{F_{Ry}}{F_{Rx}} = 63.07°$$

2.5　力矩与平面力偶系

2.5.1　力对点之矩

（1）力对点之矩的概念

力对刚体的运动效应包括移动效应和转动效应。为了描述力对刚体运动的转动效应，引入力对点之矩的概念。如图 2.18（a）所示，加在扳手上的力 $\boldsymbol{F}$ 有使螺母绕 O 点转动的效果，其转动效果取决于力 $\boldsymbol{F}$ 的大小与力臂 d 的乘积。$\boldsymbol{F}$ 对点 O 之矩用 $M_O(\boldsymbol{F})$ 来表示，即

$$M_O(\boldsymbol{F}) = \pm Fd \tag{2.6}$$

一般地，设平面上作用力 $\boldsymbol{F}$，在平面内任取一点 O（矩心），O 点到力作用线的垂直距离 d 称为力臂，如图 2.18（b）所示。力对点之矩是一代数量，式中的正负号用来表明力矩的转动方向。力使物体绕矩心作逆时针方向转动时，力矩取正号；反之，取负号。矩心不同，力矩不同。力矩的单位是 N•m、N•mm、kN•m。

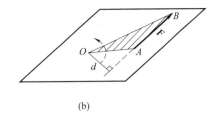

图 2.18 力对点之矩

由力矩的定义可知：

① 若将力 $\boldsymbol{F}$ 沿其作用线移动，则因为力的大小、方向和力臂都没有改变，所以不会改变该力对某一矩心的力矩。

② 若 $\boldsymbol{F}=0$，则 $M_O(\boldsymbol{F})=0$；若 $M_O(\boldsymbol{F})=0$，$\boldsymbol{F}\neq 0$，则 $d=0$，即力 $\boldsymbol{F}$ 通过 O 点。

力矩等于零的条件是，力等于零或力的作用线通过矩心。

（2）合力矩定理

平面汇交力系的合力对平面内任意一点之矩，等于其所有分力对同一点的力矩的代数和称为合力矩定理。

设在物体上 A 点作用有平面汇交力系 $\boldsymbol{F}_1$、$\boldsymbol{F}_2$、$\cdots$、$\boldsymbol{F}_n$ 该力系的合力 $\boldsymbol{F}$ 可由汇交力系的合成求得，如图 2.19 所示。

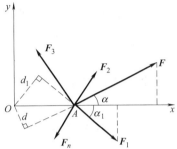

图 2.19 合力及合力矩

计算力系中各力对平面内任一点 O 的矩，令 $OA=l$，则

$$M_O(\boldsymbol{F}_1)=-F_1 d_1=-F_1 l\sin\alpha_1=F_{1y}l$$

$$M_O(\boldsymbol{F}_2)=F_{2y}l$$

$$M_O(\boldsymbol{F}_n)=F_{ny}l$$

由图 2.19 可以看出，合力 $\boldsymbol{F}$ 对 O 点的矩为

$$M_O(\boldsymbol{F})=Fd=Fl\sin\alpha=F_y l$$

根据合力投影定理，有

$$F_y=F_{1y}+F_{2y}+\cdots+F_{ny}$$

两边同乘以 l，得

$$F_y l=F_{1y}l+F_{2y}l+\cdots+F_{ny}l$$

$$M_O(\boldsymbol{F})=M_1(\boldsymbol{F}_1)+M_2(\boldsymbol{F}_2)+\cdots+M_n(\boldsymbol{F}_n)$$

$$M_O(\boldsymbol{F})=\sum M_O(\boldsymbol{F}_i) \tag{2.7}$$

例 2-4 一齿轮受到与它相啮合的另一齿轮的作用力 $F_n=980\text{N}$，压力角 $\alpha=20°$，节圆直径 $D=160\text{mm}$，如图 2.20（a）所示。试求力 $\boldsymbol{F}_n$ 对齿轮轴心 O 之矩。

解：①应用力矩的计算公式，力臂：

$$h=\frac{D}{2}\cos\alpha$$

由式（2.6）得力 $\boldsymbol{F}_n$ 对点 O 之矩为

$$M_O(\boldsymbol{F}_n)=-Fh=-F_n\frac{D}{2}\cos\alpha=-73.7\text{N}\cdot\text{m}$$

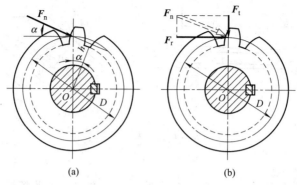

图 2.20　齿轮受力图

负号表示力 $\boldsymbol{F}_n$ 使齿轮绕点 O 作顺时针方向转动。

② 应用合力矩定理，将力 $\boldsymbol{F}_n$ 分解为圆周力 $\boldsymbol{F}_t$ 和径向力 $\boldsymbol{F}_r$，如图 2.20（b）所示，则

$$F_t = F_n \cos\alpha , \quad F_r = F_n \sin\alpha$$

根据合力矩定理

$$M_O(\boldsymbol{F}_n) = M_O(\boldsymbol{F}_t) + M_O(\boldsymbol{F}_r)$$

因为径向力 $\boldsymbol{F}_r$ 过矩心 O，故 $M_O(\boldsymbol{F}_r) = 0$，于是

$$M_O(\boldsymbol{F}_n) = M_O(\boldsymbol{F}_t) = -F_t \frac{D}{2} = -F_n \frac{D}{2}\cos\alpha = -73.7\mathrm{N} \cdot \mathrm{m}$$

2.5.2　力偶及其性质

（1）力偶的概念

作用在同一物体上、大小相等、方向相反、作用线相互平行而不重合的两个力称为力偶。力偶对物体有且只有转动效应。例如，用手拧水龙头、转动方向盘等，如图 2.21（a）、（b）所示。力偶的三要素是大小、转向和作用平面。

图 2.21（c）中作用在平面内的力偶由 $\boldsymbol{F}$、$\boldsymbol{F}'$ 组成，两个力作用线之间的垂直距离 d 称为力偶臂。两个力所在的平面称为力偶作用面。力偶中力的大小和力偶臂的乘积为度量力偶对刚体转动效应的物理量，称为力偶矩，记作

$$M(\boldsymbol{F}, \boldsymbol{F}') = \pm Fd \tag{2.8}$$

式中，d 为力偶臂，力偶中两力作用线间的垂直距离；± 表示转动的方向，逆时针转动为正，顺时针转动为负。

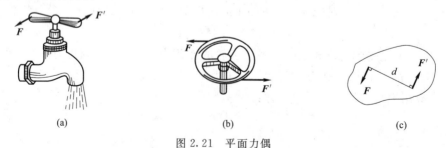

图 2.21　平面力偶

力偶矩的单位同样是 $\mathrm{N} \cdot \mathrm{m}$、$\mathrm{N} \cdot \mathrm{mm}$、$\mathrm{kN} \cdot \mathrm{m}$。力偶对作用面内任一点的矩等于力偶中力的大小和力偶臂的乘积，与矩心位置无关。

（2）力偶的性质

① 力偶无合力。力偶不能用一个力来等效，也不能用一个力来平衡。可以将力和力偶看成组成力系的两个基本物理量。

② 力偶对其作用平面内任一点的力矩，恒等于其力偶矩。

③ 力偶的等效性。作用在同一平面的两个力偶，若它们的力偶矩大小相等、转向相同，则这两个力偶是等效的。力偶的等效条件：

a. 力偶可以在其作用面内任意转移而不改变它对物体的作用，即力偶对物体的作用与它在作用面内的位置无关，如图 2.22（a）所示。不论将力偶加在 A、B 位置还是 C、D 位置，对方向盘的作用效应不变。

b. 只要保持力偶矩不变，可以同时改变力偶中力的大小和力偶臂的长短，而不会改变力偶对物体的作用，如图 2.22（b）所示。

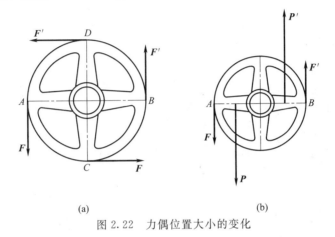

(a)　　　　　　　　　　　　(b)

图 2.22　力偶位置大小的变化

2.5.3　平面力偶系的合成与平衡

作用在刚体上同一平面内的多个力偶称为平面力偶系。若作用在同一平面内有 n 个力偶，则其合力偶矩 M 为

$$M = M_1 + M_2 + \cdots + M_n \tag{2.9}$$

平面力偶系合成的结果为一个合力偶，因而要使力偶系平衡，就必须使合力偶矩等于零。

$$\sum M = 0 \tag{2.10}$$

例 2-5　梁 AB 受一主动力偶作用，如图 2.23 所示，其力偶矩 $M = 100\text{N} \cdot \text{m}$，梁长 $l = 5\text{m}$，梁的自重不计，求两支座的约束反力。

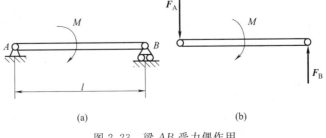

(a)　　　　　　　　　　　　(b)

图 2.23　梁 AB 受力偶作用

解：① 以梁为研究对象，进行受力分析并画出受力图，如图 2.23（b）所示 F_A 必须与 F_B 大小相等、方向相反、作用线平行。

② 列平衡方程

$$\sum M = 0$$
$$F_B l - M = 0$$
$$F_A = F_B = M/l = \frac{100}{5}\text{N} = 20\text{N}$$

2.6 平面力系的化简与平衡方程

平面力系是指作用在物体上的各力作用线都在同一平面内，既不相交于一点又不完全平行。

2.6.1 平面力系的简化

（1）力的平移定理

力的平移定理就是将作用于刚体上的力，平移到刚体上的任意一点，必须附加一力偶，才能与原来力的作用等效。其附加力偶矩等于原力对平移点的力矩。

如图 2.24（b）所示，将力 F 平移到同一刚体上任一点 O 时，需要附加的力偶矩 M 为平移后的力系，如图 2.24（c）所示。可见，由力的平移定理可以将一个力分解成为一个力和一个力偶。反之，同一力系中的一个力和一个力偶也可以合成为一个力。

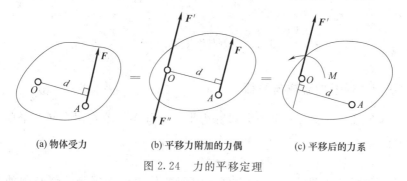

(a) 物体受力　　　　(b) 平移力附加的力偶　　　　(c) 平移后的力系

图 2.24　力的平移定理

（2）平面一般力系向平面内任意一点的简化

作用于刚体上的平面一般力系（F_1，F_2，$\cdots$，F_n）如图 2.25 所示。在力系所在的平面内任取一点 O，称该点为简化中心。根据力的平移定理，将力系中的各力都平移到 O 点，

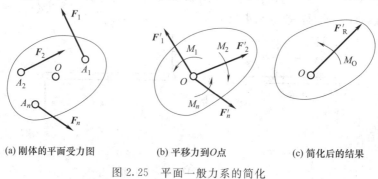

(a) 刚体的平面受力图　　　　(b) 平移力到 O 点　　　　(c) 简化后的结果

图 2.25　平面一般力系的简化

得到交汇于 O 点的平面汇交力系（F_1'，F_2'，$\cdots$，F_n'）和与各力相对应的附加力偶所组成的平面力偶系（M_1，M_2，$\cdots$，M_n）。

平面汇交力系可以合成为一个通过 O 点的合力 F_R'，称之为平面一般力系的主矢。显然，主矢 F_R' 不是原力系的合力。

附加力偶系（M_1，M_2，$\cdots$，M_n）可以合成为一个合力偶。其力偶矩 M_O 称为平面一般力系对简化中心 O 点的主矩。

$$F_R' = \sqrt{(\sum F_x')^2 + (\sum F_y')^2} = \sqrt{(\sum F_x)^2 + (\sum F_y)^2} \tag{2.11}$$

$$M_O = M_O(F_1) + M_O(F_2) + \cdots + M_O(F_n) = \sum M_O(F) \tag{2.12}$$

主矢与 x 轴所夹的锐角 α 为

$$\alpha = \arctan \left| \frac{\sum F_y'}{\sum F_x'} \right| = \arctan \left| \frac{\sum F_y}{\sum F_x} \right| \tag{2.13}$$

主矢在两坐标轴上的投影，分别等于各力在同一坐标轴上投影的代数和。主矩等于力系中各力对简化中心 O 的力矩的代数和，简化中心 O 也叫矩心。主矢与简化中心的位置无关，而主矩随简化中心位置的改变而改变。

（3）平面一般力系的合成结果

平面一般力系向平面内任一点简化，得到一个主矢 F_R' 和一个主矩 M_O，但这不是力系简化的最终结果，如果进一步分析简化结果，则有下列情况。

① $F_R' \neq 0$，$M_O \neq 0$，原力系简化为一个力和一个力偶。根据力的平移定理，这个力和力偶还可以继续合成为一个合力 F_R，其作用线离 O 点的距离为 $d = M_O / F_R'$。

② $F_R' \neq 0$，$M_O = 0$，原力系简化为一个力。主矢 F_R' 即为原力系的合力 F_R，作用于简化中心。

③ $F_R' = 0$，$M_O \neq 0$，原力系简化为一个力偶，其矩等于原力系对简化中心的主矩。主矩与简化中心的位置无关。因为力偶对任一点的矩恒等于力偶矩，与矩心位置无关。

④ $F_R' = 0$，$M_O = 0$，原力系是平衡力系。

2.6.2　平面一般力系的平衡

平面一般力系平衡的必要与充分条件为合力等于零，即

$$F_R' = \sqrt{(\sum F_x')^2 + (\sum F_y')^2} = \sqrt{(\sum F_x)^2 + (\sum F_y)^2} = 0$$

$$M_O = M_O(F_1) + M_O(F_2) + \cdots + M_O(F_n) = \sum M_O(F) = 0$$

继而得到平面一般力系的平衡方程：

$$\sum F_x = 0$$

$$\sum F_y = 0$$

$$\sum M_O(F) = 0 \tag{2.14}$$

用这三个平衡方程可以求解出力系中的未知力。由于平面一般力系只有三个独立的平衡方程，所以在求解平面一般力系的平衡问题时，能且最多只能求出三个未知力。

例2-6　一端固定的悬臂梁 AB 如图 2.26（a）所示，梁上作用有力偶 M 和载荷集度为 q 的均布载荷，在梁的自由端还受一集中力 F 的作用，梁的长度为 l。试求固定端 A 处的约束反力。

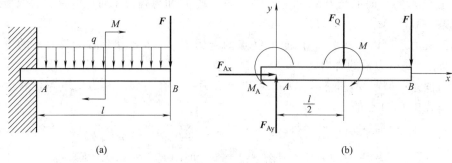

图 2.26　悬臂梁受力图

解： ① 取悬臂梁 AB 为研究对象。

② 分析梁的受力，并作受力图如图 2.26（b）所示。梁受主动力 $\boldsymbol{F}$、$\boldsymbol{F}_Q$（$F_Q = ql$）、M 和固定端约束反力 $\boldsymbol{F}_{Ax}$、$\boldsymbol{F}_{Ay}$ 和 M_A 作用，这些力构成平面一般力系。

③ 取坐标系 A_{xy}，建立平衡方程：

$$\sum F_{xi} = 0, \quad F_{Ax} = 0$$

$$\sum F_{yi} = 0, \quad F_{Ay} - ql - F = 0$$

$$\sum M_A(\boldsymbol{F}_i) = 0, \quad M_A - ql \times \frac{l}{2} - Fl - M = 0$$

④ 解得：$F_{Ax} = 0$，$F_{Ay} = ql + F$，$M_A = \dfrac{ql^2}{2} + Fl + M$

2.6.3　物体系统（以下简称"物系"）的平衡问题

（1）静定问题与不静定问题的概念

若整个物系处于平衡时，那么组成这一物系的所有构件也处于平衡。因此在求解有关物系的平衡问题时，既可以以整个系统为研究对象，也可以取单个构件为研究对象。对于每一种选取的研究对象，一般情况下都可以列出三个独立的平衡方程，即最多能解 $3n$ 个未知量。如果一个物系所有未知量的数目等于 $3n$ 个，则所有未知量都可解出，这类问题称为静定问题。当物系中未知量的数目多于 $3n$ 个时，仅用静力学的平衡方程不能求解出所有未知量，这类问题称为静不定问题（或超静定问题）。

（2）物体系统的平衡问题

在解决工程实际的平衡问题时，首先应判断该问题是静定还是超静定，若是静定问题，则可以利用静力平衡方程来求解，一般有以下两种方法。

① 逐个拆开。先选取已知力所在的物体或未知力较少的物体为研究对象求解出部分未知量，再选其他物体为研究对象，直到求出所有未知量。

② 先整体后拆开。先取整个物系为研究对象，解出部分未知量；再将物系拆开，选取合适的对象，求出所有未知力。

选取研究对象的原则是应该使每个平衡方程中的未知量数目尽可能地少，以避免解联立方程。

例 2-7　如图 2.27（a）所示为一三铰拱桥，左右两半拱通过铰链 C 连接起来，通过铰链 A、B 与桥基连接。已知 $G = 40\text{kN}$，$P = 10\text{kN}$。试求铰链 A、B、C 三处的约束反力。

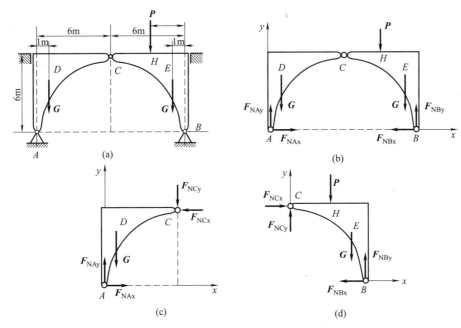

图 2.27　三铰拱桥受力图

解：① 取整体为研究对象画出受力图，并建立如图 2.27（b）所示坐标系。列解平衡方程

$$\sum M_A = 0 \quad 12F_{NBy} - 9P - 11G - G = 0 \quad F_{NBy} = 47.5\text{kN}$$

$$\sum F_y = 0 \quad F_{NAy} + F_{NBy} - P - 2G = 0 \quad F_{NAy} = 42.5\text{kN}$$

② 取左半拱为研究对象画出受力图，并建立如图 2.28（c）所示坐标系。列解平衡方程

$$\sum M_C = 0 \quad 6F_{NAx} + 5G - 6F_{NAy} = 0 \quad F_{NAx} = 9.2\text{kN}$$

$$\sum F_x = 0 \quad F_{NAx} - F_{NCx} = 0 \quad F_{NCx} = 9.2\text{kN}$$

$$\sum F_y = 0 \quad -F_{NCy} + F_{NAy} - G = 0 \quad F_{NCy} = 2.5\text{kN}$$

③ 取整体为研究对象。列解平衡方程

$$\sum F_x = 0 \quad F_{NAx} - F_{NBx} = 0 \quad F_{NBx} = 9.2\text{kN}$$

单元练习题

一、选择题

1. 如图 2.28 所示，若作用在 A 点的两个大小不等的力 F_1 和 F_2，沿同一直线但方向相反。则其合力可以表示为（　　）。

A. $F_1 - F_2$ 　　　　B. $F_2 - F_1$ 　　　　C. $F_1 + F_2$

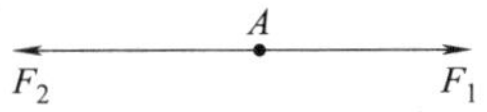

2. 作用在一个刚体上的两个力 F_A、F_B，满足 $F_A = -F_B$ 的条件，则该二力可能是（　　）。

图 2.28　题1.1图

A. 作用力和反作用力或一对平衡的力　　B. 一对平衡的力或一个力偶

C. 一对平衡的力或一个力和一个力偶　　D. 作用力和反作用力或一个力偶

3. 三力平衡定理是（　　）。

A. 共面不平行的三个力互相平衡必汇交于一点

B. 共面三力若平衡，必汇交于一点

C. 三力汇交于一点，则这三个力必互相平衡

4. 如图 2.29 所示，已知 F_1、F_2、F_3、F_4 为作用于刚体上的平面共点力系，其力矢关系为平行四边形，由此（　　）。

A. 力系可合成为一个力偶　　　　　　　B. 力系可合成为一个力

C. 力系简化为一个力和一个力偶　　　　D. 系的合力为零，力系平衡

5. 某平面任意力系向 O 点简化，得到如图 2.30 所示的一个力 R' 和一个力偶矩为 M_O 的力偶，则该力系的最后合成结果为（　　）。

A. 作用在 O 点的一个合力

B. 合力偶

C. 作用在 O 点左边某点的一个合力

D. 作用在 O 点右边某点的一个合力

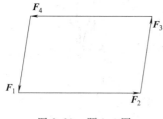　　　　　　　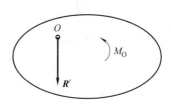

图 2.29　题 1.4 图　　　　　　　　　图 2.30　题 1.5 图

6. 如图 2.31 所示，结构受力 P 作用，杆重不计，则 A 支座约束力的大小为（　　）。

A. $P/2$　　　　B. $\sqrt{3}P/3$　　　　C. P　　　　D. 0

7. 曲杆重力不计，其上作用一力偶矩为 M 的力偶，则图 2.32（a）中 B 点的反力比图 2.32（b）中的反力（　　）。

A. 大　　　　　　B. 小　　　　　　C. 相同　　　　D. 不确定

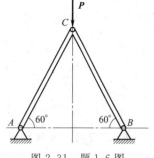　　　　　　　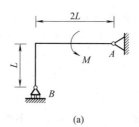

图 2.31　题 1.6 图　　　　　　　　　图 2.32　题 1.7 图

8. 力使物体绕定点转动的效果用（　　）来度量。

A. 力矩　　　　B. 力偶矩　　　　C. 力的大小和方向　　　　D. 力对轴之矩

9. 下列说法中不正确的是（　　）。

A. 力使物体绕矩心逆时针旋转为负

B. 平面汇交力系的合力对平面内任一点的力矩等于力系中各力对同一点的力矩的代数和

C. 力偶不能与一个力等效也不能与一个力平衡

D. 力偶对其作用平面内任一点的矩恒等于力偶矩，而与矩心无关

10. 平面任意力系平衡的充分必要条件是（　　　　）。

A. 合力为零

B. 合力矩为零

C. 各分力对某坐标轴投影的代数和为零

D. 主矢与主矩均为零

二、填空题

1. 二力平衡和作用反作用定律中的两个力，都是等值、反向、共线的，所不同的是_____。

2. 已知力 F 沿直线 AB 作用，其中一个分力的作用与 AB 成 $30°$ 角，若欲使另一个分力的大小在所有分力中为最小，则此二分力间的夹角为_____。

3. 作用在刚体上的两个力等效的条件是_____。

4. 某平面力系向 O 点简化，如图 2.33 所示，主矢 $R'=20kN$，主矩 $M_O=10kN·m$。图中长度单位为 m，则向点 A（3，2）简化得_____，向点 B（−4，0）简化得_____（计算出大小，并在图中画出该量）。

5. 如图 2.34 所示，已知平面平行力系的五个力分别为 $F_1=10N$，$F_2=4N$，$F_3=8N$，$F_4=8N$，$F_5=10N$，则该力系简化的最后结果_____。

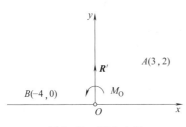

图 2.33 题 2.4 图

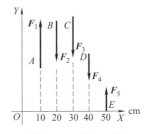

图 2.34 题 2.5 图

6. 力是物体间相互的_____，这种作用能使物体的_____和_____发生改变。

7. 力矩是使物体产生_____效应的度量，其单位_____，用符号_____表示，力矩有正负之分，_____旋转为正。

8. 力偶_____合成为一个力，力偶向任何坐标轴投影的结果均为_____。

9. 如果平面汇交力系的合力为零，则物体在该力系作用下一定处于_____状态。

10. 活动铰链支座的约束力_____于支座支承面，且通过铰链中心，其指向待定。

三、判断题

1. 力有两种作用效果，即力可以使物体的运动状态发生变化，也可以使物体发生变形。（　　　）

2. 两端用光滑铰链连接的构件是二力构件。（　　　）

3. 作用在一个刚体上的任意两个力成平衡的必要与充分条件是：两个力的作用线相同，大小相等，方向相反。（　　　）

4. 三力平衡定理指出，三力汇交于一点，则这三个力必然互相平衡。（　　　）

5. 一个力在任意轴上投影的大小一定小于或等于该力的模，而沿该轴的分力的大小则可能大于该力的模。（　　　）

6. 力矩与力偶矩的单位相同，常用的单位为牛·米、千牛·米等。　　　　　（　　）

7. 只要两个力大小相等、方向相反，该两力就组成一力偶。　　　　　　　（　　）

8. 同一个平面内的两个力偶，只要它们的力偶矩相等，这两个力偶就一定等效。

　　　　　　　　　　　　　　　　　　　　　　　　　　　　　　　　　（　　）

9. 力的作用位置平行移动到该刚体内任意指定点，但必须附加一个力偶，附加力偶的矩等于原力对指定点的矩。　　　　　　　　　　　　　　　　　　　　　（　　）

10. 当平面力系的主矢为零时，其主矩一定与简化中心的位置无关。　　　　（　　）

四、简答题

1. 作用力和反作用力是一对平衡力吗？

2. 只受两个力作用的构件称为二力杆，这种说法对吗？

3. 确定约束反力方向的基本原则是什么？

五、画图计算题

1. 画出图 2.35 中 A、B 两处反力的方向（包括方位和指向）。

2. 如图 2.36 所示平面力系，已知：$F_1 = F_2 = F_3 = F_4 = F$，$M = Fa$，$a$ 为三角形边长，若以 A 为简化中心，试求合成的最后结果，并在图中画出。

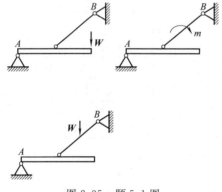

图 2.35　题 5.1 图

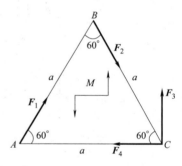

图 2.36　题 5.2 图

3. 在图 2.37 平面力系中，已知：$F_1 = 10\text{N}$，$F_2 = 40\text{N}$，$F_3 = 40\text{N}$，$M = 30\text{N} \cdot \text{m}$。试求其合力，并画在图上（图中长度单位为米）。

4. 在图 2.38 平面力系中，已知：$P = 200\text{N}$，$M = 300\text{N} \cdot \text{m}$，欲使力系的合力 R 通过 O 点，试求作用在 D 点的水平力 T 为多大。

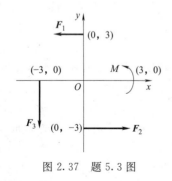

图 2.37　题 5.3 图

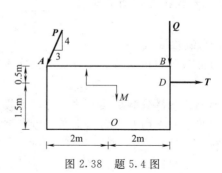

图 2.38　题 5.4 图

5. 如图 2.39 所示力系中，力 $F_1 = 100\text{kN}$，$F_2 = 200\text{kN}$，$F_3 = 300\text{kN}$，方向分别沿边

长为 30cm 的等边三角形的每一边作用。试求此三力的合力大小，方向和作用线的位置。

6. 如图 2.40 所示多跨梁中，各梁自重不计，已知：q、P、M、L。试求：图 2.40（a）中支座 A、B、C 的反力，图 2.40（b）中支座 A、B 的反力。

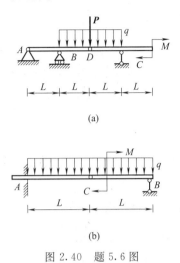

(a)

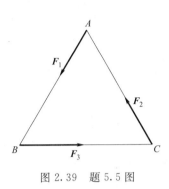

图 2.39 题 5.5 图

图 2.40 题 5.6 图

(b)

第3章 材料力学基础

3.1 材料力学概述

3.1.1 材料力学的任务

在构件能安全工作的条件下，以最经济的代价，为构件确定合理的形状和尺寸，选择适当的材料，为构件的设计提供必要的理论基础和计算方法。

构件安全工作的条件有以下三条。

① 必要的强度：指构件抵抗破坏的能力。构件在外力作用下不会发生破坏或意外的断裂。

② 必要的刚度：指构件抵抗弹性变形的能力。构件在规定的使用条件下不会产生过分的变形。

③ 必要的稳定性：指构件保持原始平衡构形的能力。构件在规定的使用条件下，不会发生失稳现象。

3.1.2 材料力学的研究对象和基本假设

材料力学主要研究对象是构件中的杆以及由若干杆组成的简单杆系等。

杆件的形状与尺寸由其轴线和横截面确定。轴线通过横截面的形心，横截面与轴线正交。根据轴线与横截面的特征，杆件可分为直杆与曲杆、等截面杆与变截面杆。

材料力学中，构成构件的材料皆视为可变形固体。

① 均匀、连续假设：构件内任意一点的材料力学性能与该点位置无关，且毫无空隙地充满构件所占据的空间。

② 各向同性假设：构件材料的力学性能没有方向性。

③ 小变形假设：本课主要研究弹性范围内的小变形。小变形假设可使问题得到简化，即忽略构件变形对结构整体形状及荷载的影响；构件的复杂变形可处理为若干基本变形的叠加。

④ 大多数场合局限于线性弹性。

3.1.3 杆件变形的基本形式

杆件是指长度远大于其他两个方向尺寸的构件。杆件的几何特点可由横截面和轴线来描述。横截面是与杆长方向垂直的截面，而轴线是各截面形心的连线（图3.1）。杆件各截面相同、且轴线为直线的杆，称为等截面直杆。

杆件在不同形式的外力作用下，将发生不同形式的变形。杆件变形的基本形式有以下四种。

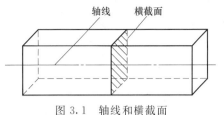

图 3.1　轴线和横截面

① 轴向拉伸和压缩［图 3.2（a）、（b）］：在一对大小相等、方向相反、作用线与杆件轴线相重合的外力作用下，杆件将发生长度的改变（伸长或缩短）。

② 剪切［图 3.2（c）］：在一对相距很近、大小相等、方向相反的横向外力作用下，杆件的横截面将沿外力方向发生错动。

③ 扭转［图 3.2（d）］：在一对大小相等、方向相反、位于垂直于杆件轴线的两平面内的力偶作用下，杆件的任意两横截面将绕轴线发生相对转动。

④ 弯曲［图 3.2（e）］：在一对大小相等、方向相反、位于杆件的纵向平面内的力偶作用下，杆件的轴线由直线弯成曲线。

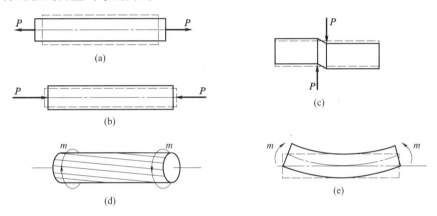

图 3.2　杆变形的基本形式

3.1.4　内力、截面法、应力

（1）内力

物体因受外力而变形，其内部各部分之间相对位置将发生改变而引起的相互作用就是内力。

当物体不受外力作用时，内部各质点之间存在着相互作用力，此为内力。但材料力学中所指的内力是与外力和变形有关的内力。即随着外力的作用而产生，随着外力的增加而增大，当达到一定数值时会引起构件破坏的内力，此力称为附加内力。为简便起见，今后统称为内力。

（2）截面法

为进行强度、刚度计算必须由已知的外力确定未知的内力，而内力为作用力和反作用力，对整体而言不出现，为此必须采用截面法，将内力暴露。

图 3.3（a）所示构件在外力作用下处于平衡状态。为了显示并确定 m-m 截面上的内力，用平面假想地将构件沿 m-m 截面截为Ⅰ、Ⅱ两部分，如图 3.3（b）和（c）所示。任取其中一部分研究，例如Ⅰ，可将Ⅱ看作是Ⅰ的约束，Ⅱ对Ⅰ的约束力是分布在 m-m 截面上的分布力，将分布力向截面形心简化后的合力 F_R 和合力偶 M_0 称为该截面上的内力，如图 3.3（d）所示。取Ⅰ研究画出受力图后，列平衡方程就可解出 m-m 截面上的内力值。同

样，若取 II 研究，也可用相同的步骤求出 $m\text{-}m$ 截面上的内力，且两种求法求出的内力构成作用力和反作用力关系。

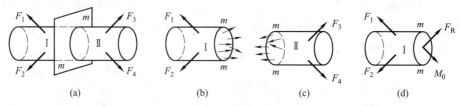

图 3.3　截面法

上述这种显示并确定截面内力的方法称为截面法。可归纳为以下三个步骤。

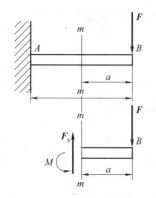

图 3.4　悬臂梁截面上的应力

切：欲求某一截面上的内力，即用一假想平面将物体分为两部分。

代：两部分之间的相互作用用力代替。

平：建立其中任一部分的平衡条件，求未知内力。

上述步骤可以叙述为一截为二，去一留一，平衡求力。

例 3-1　试求图 3.4 所示悬臂梁 $m\text{-}m$ 截面上的内力。

解：用假想的截面 $m\text{-}m$ 切悬臂梁，保留右侧。

平衡条件：

$$\sum F_y = 0 \quad F_s - F = 0$$

$$\sum M_O = 0 \quad M - Fa = 0$$

得：$F_s = F$　$M = Fa$（剪力、弯矩）

（3）应力

截面法只能确定截面上分布内力的合力，不能确定其分布情况。为了分析构件的强度，须进一步研究截面上内力的分布情况，因此引入应力的概念。

假设在 $n\text{-}n$ 截面上围绕 k 点取微小面积 ΔA，ΔA 上分布内力的合力为 ΔF［图 3.5（a）］。则称比值

$$p_m = \frac{\Delta F}{\Delta A} \tag{3.1}$$

为 ΔA 上的平均应力。一般情况下，平均应力的大小和方向随所取面积 ΔA 的大小而变化，当 ΔA 趋近于零时，$\boldsymbol{p}_m$ 的大小和方向都趋近于一个极限值。

$$p = \lim_{\Delta A \to 0} p_m = \lim_{\Delta A \to 0} \frac{\Delta F}{\Delta A} \tag{3.2}$$

$\boldsymbol{p}$ 称为 k 点的应力。它是分布内力系在 k 点的分布集度，反映了内力系在 k 点的作用强弱。$\boldsymbol{p}$ 是矢量，通常分解为垂直于截面的应力分量 σ 和切于截面的应力分量 τ［图 3.5（b）］，分别称为正应力和切应力。

应力的单位是 Pa（帕），$1\text{Pa} = 1\text{N/m}^2$。由于这个单位太小，常用单位为 MPa，$1\text{MPa} = 10^6\text{Pa} = 1\text{N/mm}^2$。

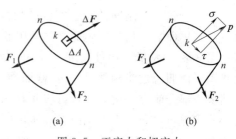

图 3.5　正应力和切应力

3.2 杆的拉伸与压缩

3.2.1 轴向拉伸或压缩时横截面上的内力

为了确定杆件的内力，用假想截面在 $m-m$ 截面处将杆件截开，暴露内力如图 3.6 所示。因为外力与轴线重合，故分布内力系的合力 $\boldsymbol{F}_N$ 的作用线必然与轴线重合，称为轴力。

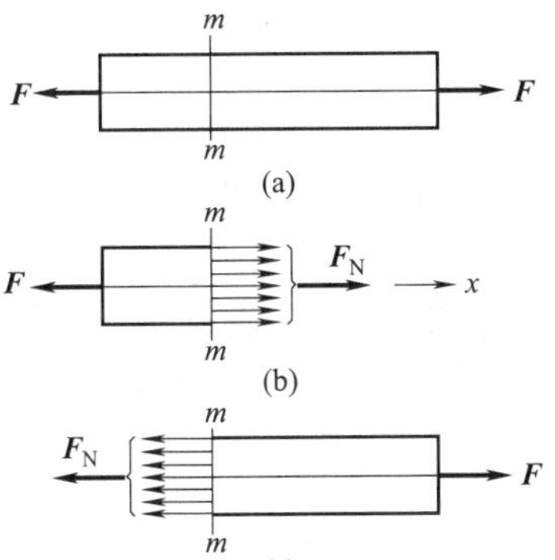

轴力符号规定：拉伸时轴力与截面外法线的方向一致，规定为正即拉为正；压缩时轴力与截面外法线的方向相反，规定为负即压为负。

建立平衡方程

$$\sum F_x = 0$$

$$F_N - F = 0$$

$$F_N = F \qquad (3.3)$$

图 3.6 截面法求轴力

为了清晰地表示轴力沿轴线变化的情况，常取横坐标 x 表示杆的截面位置，纵坐标 $\boldsymbol{F}_N$ 表示相应截面上轴力的大小，这样绘制出的函数图形称为轴力图。

例 3-2 试作图 3.7 所示杆的轴力图。

解： 截面 1-1 处 $\sum F_x = 0$ $2 - F_{N1} = 0$
$$F_{N1} = 2\text{kN（压力）}$$

截面 2-2 处 $\sum F_x = 0$ $F_{N2} - 4 + 2 = 0$
$$F_{N2} = 2\text{kN（拉力）}$$

截面 3-3 处 $\sum F_x = 0$ $5 - F_{N3} = 0$
$$F_{N3} = 5\text{kN（拉力）}$$

3.2.2 轴向拉伸或压缩时横截面上的应力

取一等截面直杆，在其侧面作两条垂直于杆轴的直线 ab 和 cd，然后在杆两端施加一对轴向拉力 F 使杆发生变形，此时直线 ab、cd 分别平移至 $a'b'$、$c'd'$ 且仍保持为直线 [图 3.8 (a)]。由此变形现象可以假设，变形前的横截面，变形后仍保持为平面，仅沿轴线产生了相对平移，并仍与杆的轴线垂直。这就是平面假设。根据平面假设，等直杆在轴向力作用下，其横截面间的所有纵向的变形伸长量是相等的。由均匀性假设，横截面上的内力应是均匀

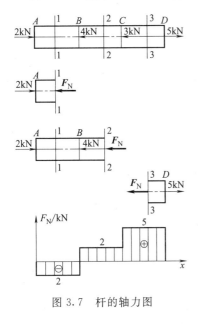

图 3.7 杆的轴力图

分布的 [图 3.8 (b)]，即横截面上各点处的应力大小相等，其方向与 $\boldsymbol{F}_N$ 一致，垂直于横截面，故横截面上的正应力 σ 可以直接表示为

$$\sigma = \frac{F_N}{A} \qquad (3.4)$$

式中 σ——正应力，符号由轴力决定，拉应力为正，压应力为负；

F_N——横截面上的内力（轴力）；

A——横截面的面积。

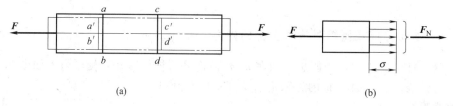

(a)　　　　　　　　　　　　　　　　(b)

图 3.8　拉伸横截面内的内力图

根据低碳拉伸试验，材料在弹性限度内，应力 σ 与应变 ε 成正比，即胡克定律。

$$\sigma = E\varepsilon \tag{3.5}$$

例 3-3　一根钢制阶梯杆如图 3.9（a）所示。各段杆的横截面积为，$A_1 = 1600\text{mm}^2$，$A_2 = 625\text{mm}^2$，$A_3 = 900\text{mm}^2$，试画出轴力图，并求出此杆的最大工作应力。

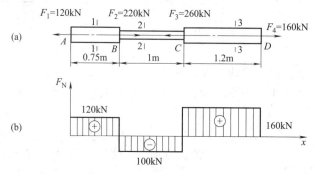

图 3.9　阶梯杆轴力图

解：① 求各段轴力

根据式（3.3）得

$$F_{N1} = F_1 = 120\text{kN}$$

$$F_{N2} = F_1 - F_2 = 120\text{kN} - 220\text{kN} = -100\text{kN}$$

$$F_{N3} = F_4 = 160\text{kN}$$

② 作轴力图。由各横截面上的轴力值，作出轴力图 [图 3.9（b）]。

③ 求最大应力。根据式（3.4）得

AB 段

$$\sigma_{AB} = \frac{F_{N1}}{A} = \frac{12 \times 10^4 \, \text{N}}{1600 \times \text{mm}^2} = 75\text{MPa} \qquad （拉应力）$$

BC 段

$$\sigma_{BC} = \frac{F_{N2}}{A} = -\frac{100 \times 10^3 \, \text{N}}{625\text{mm}^2} = -160\text{MPa} \qquad （压应力）$$

CD 段

$$\sigma_{CD} = \frac{F_{N3}}{A} = \frac{160 \times 10^3 \, \text{N}}{900\text{mm}^2} = 178\text{MPa} \qquad （拉应力）$$

由计算可知，杆的最大应力为拉应力，在 CD 段内，其值为 178MPa。

3.2.3　轴向拉伸或压缩时的强度计算

构件的破坏表现为构件发生断裂或产生大的塑性变形而失效。塑性材料破坏的行为是屈服，脆性材料的破坏是断裂，材料丧失正常工作能力时的应力称为极限应力，用 σ_u 表示。

构件在载荷作用下产生的应力称为工作应力。截面积相同的直杆最大轴力处的横截面称为危险截面。危险截面上的应力称为最大工作应力。为使构件正常工作，最大工作应力应小于材料的极限应力，并使构件留有必要的强度储备。因此，一般将极限应力除以一个大于 1 的系数，即安全因数 n，作为强度设计时的最大许可值，称为许用应力，用 $[\sigma]$ 表示，即

$$[\sigma] = \frac{\sigma_u}{n} \tag{3.6}$$

各种材料在不同工作条件下的安全因数和许用应力值，可从有关规定或设计手册中查到。

为保证轴向拉（压）杆件在外力作用下具有足够的强度，应使杆件的最大工作应力不超过材料的许用应力，由此建立起强度条件为

$$\sigma_{max} = \frac{F_N}{A} \leqslant [\sigma] \tag{3.7}$$

上述强度条件，可以解决三种类型的强度计算问题。

（1）强度校核

若已知杆件尺寸 A、载荷 F 和材料的许用应力 $[\sigma]$，则可应用式（3.7）验算杆件是否满足强度要求，即

$$\sigma_{max} \leqslant [\sigma]$$

（2）设计截面尺寸

若已知杆件的工作载荷及材料的许用应力 $[\sigma]$，则由式（3.7）可得

$$A \geqslant \frac{F_N}{[\sigma]} \tag{3.8}$$

由此确定满足强度条件的杆件所需的横截面面积，从而得到相应的截面尺寸。

（3）确定许可载荷

若已知杆件尺寸和材料的许用应力 $[\sigma]$，由式（3.7）可确定许可载荷，即

$$F_{Nmax} \leqslant [\sigma]A \tag{3.9}$$

由上式可计算出已知杆件所能承担的最大轴力。从而确定杆件的最大许可载荷。

例 3-4 图 3.10（a）所示为一刚性梁 ACB 由圆杆 CD 在 C 点悬挂连接，B 端作用有集中载荷 $F = 25\text{kN}$。已知：CD 杆的直径 $d = 20\text{mm}$，许用应力 $[\sigma] = 160\text{MPa}$。

①校核 CD 杆的强度；②试求结构的许可载荷 $[F]$；③若 $F = 50\text{kN}$，试设计 CD 杆的直径 d。

解： ① 校核 CD 杆强度

作 AB 杆的受力图，如图 3.10（b）所示。

由平衡条件 $\sum M_A = 0$ 得

$$2F_{CD}l - 3Fl = 0$$

故

$$F_{CD} = \frac{3}{2}F$$

求 CD 杆的应力，杆上的轴力 $F_N = F_{CD}$，故

$$\sigma_{CD} = \frac{F_{CD}}{A} = \frac{6F}{\pi d^2} = \frac{6 \times 25 \times 10^3 \text{N}}{\pi \times (20\text{mm})^2} = 119.4\text{MPa} < [\sigma]$$

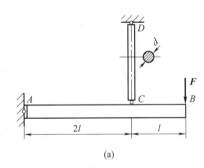

(a)

(b)

图 3.10　刚性梁受力图

所以 CD 杆安全。

② 求结构的许可载荷 $[F]$

由

$$\sigma_{CD} = \frac{F_{CD}}{A} = \frac{6F}{\pi d^2} \leqslant [\sigma]$$

故

$$F \leqslant \frac{\pi d^2 [\sigma]}{6} = \frac{\pi \times (20\text{mm})^2 \times 160\text{MPa}}{6} = 33.5 \times 10^3 \text{N} = 33.5\text{kN}$$

由此得结构的许可载荷 $[F] = 33.5\text{kN}$。

③ 若 $F = 50\text{kN}$，设计圆柱直径 d

由

$$\sigma_{CD} = \frac{F_{CD}}{A} = \frac{6F}{\pi d^2} \leqslant [\sigma]$$

故

$$d \geqslant \sqrt{\frac{6F}{\pi [\sigma]}} = \sqrt{\frac{6 \times 50 \times 10^3 \text{N}}{\pi \times 160\text{MPa}}} = 24.4\text{mm}$$

取 $d = 25\text{mm}$。

3.3 剪切和挤压

3.3.1 剪切和挤压的概念

（1）剪切的概念

机械中有许多承受剪切的零件，如传递横向载荷的连接件柱销、连接件中的键、铰制孔用螺栓、铆钉等。当在杆件某一截面处，若杆件两侧受到等值、反向、作用线平行且相距很近一对力作用时，将使杆件两部分沿这一截面（剪切面）发生相对错动的变形，这种变形称为剪切，如图 3.11 所示。发生相对错动的面称为剪切面，剪切面上与截面相切的内力称为剪力，用 F_s 表示。只有一个剪切面的剪切变形称为单剪；有两个剪切面的剪切变形称为双剪。

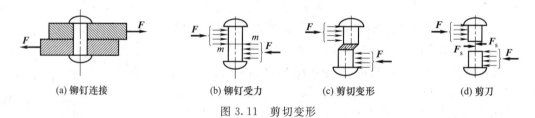

(a) 铆钉连接　　　(b) 铆钉受力　　　(c) 剪切变形　　　(d) 剪刀

图 3.11　剪切变形

（2）挤压的概念

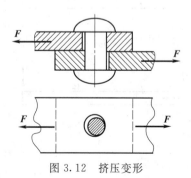

图 3.12　挤压变形

连接件在发生剪切变形的同时，它在传递力的接触面上也受到较大的压力作用，从而出现局部的压缩变形，这种现象称为挤压。发生挤压的接触面称为挤压面。挤压面上的压力称为挤压力，用 F_{bs} 表示。如铆钉在承受剪切作用的同时，钢板的孔壁和铆钉的圆柱表面产生挤压作用。挤压时会使零件表面产生局部塑性变形，如图 3.12 所示。

3.3.2　剪切和挤压的实用计算

（1）剪切的实用计算

工程中为方便计算，通常认为切应力在剪切面上是均匀分布的。则切应力的计算公式为

$$\tau = \frac{F_s}{A} \tag{3.10}$$

式中　F_s——剪切面上的剪力；

　　　A——剪切面的面积。

为保证连接件工作时安全可靠，要求切应力不超过材料的许用切应力。由此剪切的强度计算条件为

$$\tau = \frac{F_s}{A} \leqslant [\tau] \tag{3.11}$$

（2）挤压的实用计算

挤压应力仅分布于接触表面附近的区域，分布状况比较复杂，计算中通常认为挤压应力在计算挤压面上均匀分布。由此得挤压应力计算公式为

$$\sigma_{bs} = \frac{F_{bs}}{A_{bs}} \tag{3.12}$$

式中　F_{bs}——挤压面上的挤压力；

　　　A_{bs}——计算挤压面面积。

当挤压面为平面时，计算挤压面积即为实际挤压面积；当挤压面为圆柱面时，计算挤压面积等于半圆柱面的正投影面积（图 3.13），即

$$A_{bs} = \delta d \tag{3.13}$$

为保证连接件工作时安全可靠，要求挤压应力不应超过材料的许用挤压应力。由此挤压的强度条件为

$$\sigma_{bs} = \frac{F_{bs}}{A_{bs}} \leqslant [\sigma_{bs}] \tag{3.14}$$

图 3.13　半圆柱挤压面

例 3-5　电机车挂钩的销钉连接如图 3.14（a）所示。已知挂钩厚度 $t = 8\text{mm}$，销钉材料的 $[\tau] = 60\text{MPa}$，$[\sigma_{bs}] = 200\text{MPa}$，电机车的牵引力 $F = 15\text{kN}$，试选择销钉的直径。

解：销钉受力情况如图 3.14（b）所示，因销钉有两个面承受剪切，故每个剪切面上的剪力 $F_s = F/2$，剪切面积 $A_s = \dfrac{\pi d^2}{4}$。

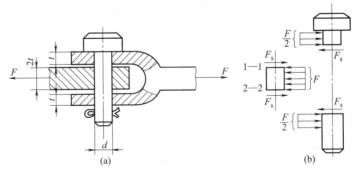

图 3.14　电机车挂钩的销钉连接

① 根据剪力强度条件，设计销钉直径

由式（3.11）可得

$$A_s = \frac{\pi d^2}{4} \geqslant \frac{F/2}{[\sigma]}$$

有
$$d \geqslant \sqrt{\frac{2F}{\pi[\tau]}} = \sqrt{\frac{2 \times 15 \times 10^3\,\text{N}}{\pi \times 60\,\text{MPa}}} = 12.6\,\text{mm}$$

② 根据挤压强度条件，设计销钉直径

由图 3.14（b）可知，销钉上、下部挤压面上的挤压力 $F_{bs} = F/2$，挤压面积 $A_{bs} = dt$，由式（3.13）得

$$A_{bs} = dt \geqslant \frac{F/2}{[\sigma_{bs}]}$$

有
$$d \geqslant \frac{F}{2\delta[\sigma]} = \frac{15 \times 10^3\,\text{N}}{2 \times 8\,\text{mm} \times 200\,\text{MPa}} \approx 5\,\text{mm}$$

选 $d = 12.6\,\text{mm}$，可同时满足挤压和剪切强度的要求。考虑到启动和刹车时冲击的影响以及轴径系列标准，可取 $d = 15\,\text{mm}$。

3.4 扭 转

在杆件的两端作用等值、反向且作用面垂直于杆件轴线的一对力偶时，杆的任意两个横截面都发生绕轴线的相对转动，这种变形称为扭转变形，如图 3.15 所示。工程上受到扭转的杆件很常见。例如机器的传动轴，如图 3.16 所示，在轴的输入端有一个力偶矩，输出端即联轴器处有阻力偶矩，使轴发生扭转。

图 3.15 扭转变形   图 3.16 联轴器

扭转变形的特点是各横截面绕主轴发生相对转动。工程上常将以扭转变形为主要变形的杆件称为轴。

3.4.1 外力偶矩的计算、扭矩和扭矩图

（1）外力偶矩的计算

工程中作用在轴上的外力偶矩不是直接给出，而是通过轴所传递的功率 P 和轴的转速 n 求出。外力偶的计算公式为

$$M_e = 9550\frac{P}{n} \tag{3.15}$$

式中 M_e——外力偶矩，$\text{N} \cdot \text{m}$；

   P——轴传递的功率，kW；

   n——轴的转速，r/min。

输入力偶矩为主动力偶矩，其转向与轴的转向相同；输出力偶矩为阻力偶矩，其方向与轴的转向相反。

（2）扭矩和扭矩图

如图 3.17 所示等截面圆轴两端面上作用有一对平衡外力偶 M_e。用截面法求圆轴横截面上的内力。将轴从 m-m 横截面处截开，以左段为研究对象，根据平衡条件 $\sum M = 0$，m-m 横截面上必有一个内力偶与端面上的外力偶 M_e 平衡，该内力偶称为扭矩，用 T 表示，单位

为 N·m。若以右段为研究对象，求得的扭矩与以左段为研究对象求得的扭矩大小相等、转向相反。为了使不论取左段还是右段求得的扭矩的大小、符号都一致，对扭矩的正负号规定为，按右手螺旋法则，四指顺着扭矩的转向握住轴线，拇指的指向与横截面外法线的方向一致为正扭矩；反之为负扭矩，如图 3.18 所示。当横截面上的扭矩的实际转向未知时，一般先假设扭矩为正。若求得结果为正则表示扭矩实际转向与假设相同；若求得结果为负则表示扭矩实际转向与假设相反。

通常，不同横截面上的扭矩是不同的，且随着截面位置的变化而变化，用来反映扭矩随截面位置的变化规律的图形称为扭矩图。扭矩图中以横坐标 x 表示横截面的位置，以纵坐标 T 表示扭矩的大小。正扭矩画在上侧，负扭矩画在下侧。

例 3-6 如图 3.19 所示，主动轮 A 输入功率 $P_A=50\text{kW}$，从动轮输出功率 $P_B=P_C=15\text{kW}$，$P_D=20\text{kW}$，$n=300\text{r/min}$，试求扭矩图。

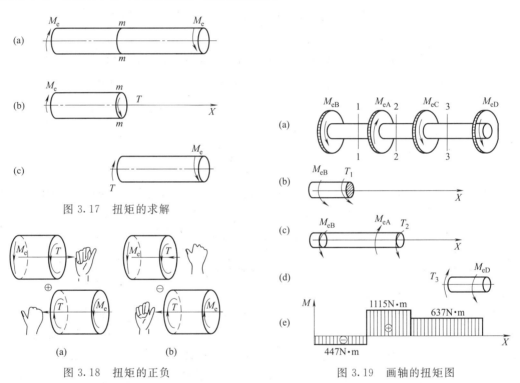

图 3.17 扭矩的求解

图 3.18 扭矩的正负

图 3.19 画轴的扭矩图

解： ① 计算外力偶矩

由式（3.15）得

$$M_{eA}=9549\frac{P}{n}=9549\times\frac{50}{300}=1591\text{N}\cdot\text{m}$$

$$M_{eB}=M_{eC}=9549\times\frac{15}{300}=477\text{N}\cdot\text{m}$$

$$M_{eD}=637\text{N}\cdot\text{m}$$

M_{eA} 为主动力偶矩，其转向与主轴相同；M_{eB}、M_{eC}、M_{eD} 为阻力偶矩，其转向与主轴相反。

② 求各个截面处的扭矩 T

$$\sum M_x=0 \quad T_1+M_{eB}=0 \quad T_1=-M_{eB}=-477\text{N}\cdot\text{m}$$

$$T_2 - M_{eA} + M_{eB} = 0 \quad T_2 = 1115\text{N} \cdot \text{m}$$

$$T_3 - M_{eD} = 0 \quad T_3 = M_{ed} = 637\text{N} \cdot \text{m}$$

③ 画扭矩图。根据以上计算结果，按比例画出扭矩图，见图 3.19（e）。

3.4.2 圆轴扭转时横截面上的应力

为了确定圆轴扭转时横截面上的应力，首先分析圆轴受扭时的变形，找出其应力分布规律，以便确定出应力。

图 3.20（a）所示为一根圆轴，受扭转前在其表面上用圆周线和平行于轴线纵向线画出方格。在轴的两端施加转向相反的力偶矩 M_A、M_B，在小变形的情况下，可以看到圆轴的变形特点是，变形前画在表面上的圆周线的形状、大小都没有改变，两相邻圆周线之间的距离也没有改变；表面上的纵向线在变形后仍为直线，都倾斜了同一角度 γ，原来的矩形变成平行四边形。两端的横截面绕轴的中心线相对转动了一个角度 φ，叫作相对扭转角。

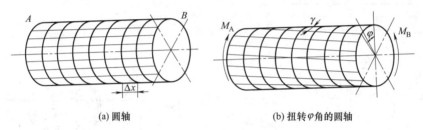

(a) 圆轴 (b) 扭转 φ 角的圆轴

图 3.20　圆轴的扭转变形

分析观察到的现象，可以推知，各横截面的大小、形状在变形前后都没有变化，仍是平面，只是相对地转过了一个角度，各横截面间的距离也不改变，从而可以说明轴向没有拉、压变形，所以，在横截面上没有正应力产生；圆轴各横截面在变形后相互错动，矩形变为平行四边形，这正是前面讨论过的剪切变形，因此，在横截面上应有剪应力；变形后，横截面上的半径仍保持为直线，而剪切变形是沿着轴的圆周切线方向发生的。所以剪应力的方向也是轴的圆周的切线方向，与半径互相垂直。

为了观察圆轴扭转时内部的变形情况，找到变形规律，取受扭转轴中的微段 $\mathrm{d}x$ 来分析，如图 3.21（a）、（b）所示。假想 O_2DC 截面像刚性平面一样地绕杆轴线转动 $\mathrm{d}\varphi$，轴表面的小方格 $ABCD$ 歪斜成平行四边形 $ABC'D'$，轴表面 A 点的剪应变就是纵线歪斜的角 γ，而经过半径 O_2D 上任意点 H 的纵向线 EH 在杆变形后倾斜了一个角度 γ_ρ，它也就是横截面上任一点 E 处的剪应变。应该注意，上述剪应变都是在垂直于半径的平面内的。设 H 点到轴线的距离为 ρ，由于构件的变形通常很小，则

$$\gamma \approx \tan\gamma = \frac{DD'}{AD} = \frac{DD'}{\mathrm{d}x}$$

$$\gamma_\rho \approx \tan\gamma_\rho = \frac{HH'}{EH} = \frac{HH'}{\mathrm{d}x}$$

$$\frac{\gamma_\rho}{\gamma} = \frac{HH'}{DD'}$$

由于截面 O_2DC 像刚性平面一样地绕杆轴线转动，图上 $\triangle O_2HH'$ 与 $\triangle O_2DD'$ 相似，得

$$\frac{HH'}{DD'} = \frac{\rho}{R}$$

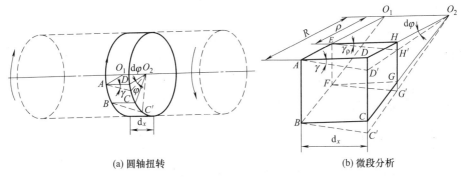

(a) 圆轴扭转   (b) 微段分析

图 3.21 圆轴扭转微段分析

$$\frac{\gamma_\rho}{\gamma} = \frac{\rho}{R} \tag{3.16}$$

上式表明，圆轴扭转时，横截面上靠近中心的点，剪应变较小；离中心远的点剪应变较大；轴表面点的剪应变最大。各点的剪应变 γ_ρ 与离中心的距离 ρ 成正比。

根据剪切胡克定律知道剪应力与剪应变成正比，即 $\tau = G\gamma$。在弹性范围内剪应变 γ 越大，则剪应力 τ 也越大；横截面上离中心为 ρ 的点上，其剪应力为 τ_ρ；轴表面的剪应力为 τ。因此有 $\tau_\rho = G\gamma_\rho$，$\tau = G\gamma$，两式相除得

$$\frac{\tau_\rho}{\tau} = \frac{\rho}{R} \tag{3.17}$$

上式即说明了圆轴扭转时横截面上剪应力分布的规律是，横截面上各点的剪应力与它们离中心的距离成正比。圆心处剪应力为零，轴表面的剪应力 τ 最大。分布情况如图 3.22 所示。在横截面上剪应力也与剪应变有相同的分布规律。

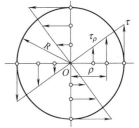

要计算剪应力，只知道了横截面上剪应力分布规律还不够，还必须分析截面上的扭矩 T 与剪应力 τ 之间的关系。在截面上任取一距中心为 ρ 的微面积 dA，作用在微面积上的力的总和 $\tau_\rho dA$，对中心 O 的力矩等于 $\tau_\rho dA\rho$。截面上这些力矩合成的结果应等于扭矩 T，即

图 3.22 剪应力分布

$$T = \int_A \tau_\rho dA\rho \tag{3.18}$$

将式（3.17）代入得

$$T = \frac{\tau}{R} \int_A \rho^2 dA$$

令 $I_\rho = \int_A \rho^2 dA$，称为截面的极惯性矩，单位为 m^4。则上式可以改写为

$$\tau = \frac{TR}{I_\rho} \tag{3.19}$$

再令 $W_\rho = \dfrac{I_\rho}{R}$，称为抗扭截面模量，单位为 m^3，则

$$\tau = \frac{T}{W_\rho} \tag{3.20}$$

例 3-7 设搅拌轴的转速为 $n = 50 r/min$，搅拌功率为 $N = 2kW$，搅拌轴的直径 $d =$

40mm，求轴扭转时的最大应力。

解：

轴的外力偶矩为 $\qquad M=9550\times\dfrac{N}{n}=9550\times\dfrac{2}{50}=382\mathrm{N\cdot m}$

抗扭截面模量为 $\qquad W_\rho=0.2d^3=0.2\times40^3=12.8\times10^3\mathrm{mm}^3$

杆在扭转时的最大剪应力为

$$\tau_{\max}=\frac{M}{W_\rho}=\frac{382\times10^3}{12.8\times10^3}=29.84\mathrm{N/mm}^2=29.84\mathrm{MPa}$$

3.4.3 圆截面的极惯性矩和抗扭截面模量的计算

（1）实心圆截面

$$I_\rho=\int_A\rho^2\mathrm{d}A=\iint\limits_{OO}^{2\pi R}\rho^3\mathrm{d}\rho\mathrm{d}t=\frac{\pi R^4}{2}=\frac{\pi D^4}{32} \tag{3.21}$$

$$W_t=\frac{I_\rho}{R}=\frac{\pi R^3}{2}=\frac{\pi D^3}{16} \tag{3.22}$$

（2）空心圆截面

$$I_\rho=\int_A\rho^2\mathrm{d}A=\int_0^{2\pi}\int_{d/2}^{D/2}\varphi^3\mathrm{d}\rho\mathrm{d}\theta=\frac{\pi}{32}(D^4-d^4)=\frac{\pi D^4}{32}(1-\alpha^4) \tag{3.23}$$

式中 $\quad\alpha=d/D$

$$W_t=\frac{I_\rho}{R}=\frac{\pi}{16D}(D^4-d^4)=\frac{\pi D^3}{16}(1-\alpha^4) \tag{3.24}$$

3.4.4 圆轴扭转时的强度条件

圆轴扭转时的强度条件是整个圆轴横截面上的最大剪应力 $\tau_{\max}$ 不超过材料的许用应力 $[\tau]$，即

$$\tau_{\max}=\frac{T}{W_\rho}\leqslant[\tau] \tag{3.25}$$

例 3-8 图 3.23（a）所示钢制传动轴，A 为主动轮，B、C 为从动轮，两从动轮转矩之比 $m_B:m_C=2:3$，轴径 $D=100\mathrm{mm}$，$[\tau]=60\mathrm{MPa}$。试按强度条件确定主动轮的容许转矩 $[m_A]$。

解： ① 圆轴所受力偶的作用面与轴线垂直，轴发生扭转变形。扭矩图如图 3.23（b）

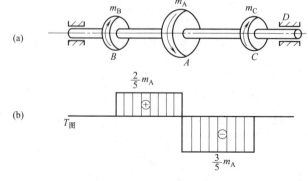

图 3.23 钢制传动轴的扭矩

所示，危险面是 AC 各横截面，危险点是 AC 段表面各点。$|T_{max}| = \dfrac{3}{5}m_A$。

② 由强度条件确定主动轮的容许转矩 $[m_A]$

$$\tau_{max} = \frac{T_{max}}{W_t} = \frac{\dfrac{3}{5}m_A}{\dfrac{\pi}{16}D^3} = \frac{3 \times 16 m_A}{5 \times \pi \times 0.1^3} \leqslant [\tau] = 60 \times 10^6$$

$$m_A \leqslant \frac{5 \times \pi \times 0.1^3 \times 60 \times 10^6}{48} N \cdot m = 19.63 kN \cdot m$$

$$[m_A] = 19.63 kN \cdot m$$

例 3-9　阶梯轴 AB 如图 3.24 所示，AC 段直径 $d_1 = 40mm$，CB 段直径 $d_2 = 70mm$，外力偶矩 $M_B = 1500N \cdot m$，$M_A = 600N \cdot m$，$M_C = 900N \cdot m$，$[\tau] = 60MPa$，$[\theta] = 2°/m$。试校核该轴的强度。

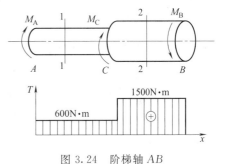

解：① 画出扭矩图

$$T_1 = 600N \cdot m, \quad T_2 = 1500N \cdot m$$

② 校核强度

图 3.24　阶梯轴 AB

AC 段：$\tau_{max} = \dfrac{T_1}{W_{P1}} = \dfrac{600}{\dfrac{\pi}{16} \times 0.04^3} = 47.7MPa \leqslant [\tau] = 60MPa$.

CB 段：$\tau_{max} = \dfrac{T_2}{W_{P2}} = \dfrac{1500}{\dfrac{\pi}{16} \times 0.07^3} = 22.3MPa \leqslant [\tau] = 60MPa$

AC 段和 CB 段强度都满足。

3.5　弯　曲

3.5.1　弯曲的概念

在工程中经常遇到一些情况，如杆件所受的外力的作用线是垂直于杆轴线的平衡力系（或在纵向平面内作用外力偶）。在这些外力作用下，杆的轴线由直线变成曲线，如图 3.25 所示，图中虚线表示梁在外力作用下变形后的轴线，这种变形称为弯曲。

如果杆件的几何形状、材料性能和外力都对称于杆件的纵向对称面则称为对称弯曲。如果杆件变形后的轴为形心主惯性平面内的平面曲线则称为平面弯曲。本节主要研究以对称弯曲为主的平面弯曲，如图 3.26 所示。

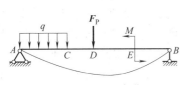

图 3.25　梁的弯曲

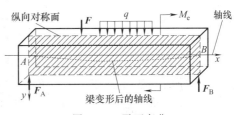

图 3.26　平面弯曲

弯曲是工程实际中最常见的一种杆件的变形形式，通常把以弯曲为主的杆件称为梁。

工程中通常根据梁的支座反力能否用静力平衡方程全部求出，将梁分为静定梁和超静定梁两类。凡是通过静力平衡方程就能够求出全部约束反力和内力的梁，统称为静定梁。静定梁又根据其跨数分为单跨静定梁和多跨静定梁两类，单跨静定梁是本节的研究对象。通常根据支座情况将单跨静定梁分为三种基本形式。

① 悬臂梁：一端为固定端支座，另一端为自由端的梁 [图 3.27（a）]。

② 简支梁：一端为固定铰支座，另一端为可动铰支座的梁 [图 3.27（b）]。

③ 外伸梁：梁身的一端或两端伸出支座的简支梁 [图 3.27（c）、(d)]。

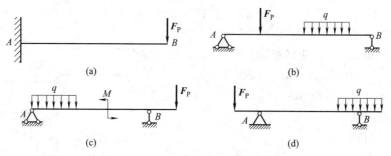

图 3.27 梁的基本类型

3.5.2 梁的内力——剪力和弯矩

在求出梁的支座反力后，为了计算梁的应力和位移，从而对梁进行强度和刚度计算，需要首先研究梁的内力。仍用求内力的基本方法——截面法来讨论梁的内力。

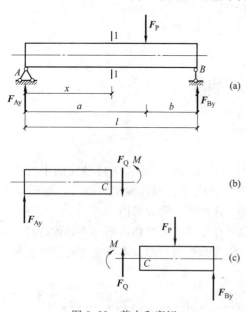

图 3.28 剪力和弯矩

现以图 3.28（a）所示的简支梁为例来分析。设荷载 F_P 和支座反力 F_{Ay}、F_{By} 均作用在同一纵向对称平面内，组成的平面力系使梁处于平衡状态，欲计算截面 1-1 上的内力。

用一个假想的平面将该梁从要求内力的位置 1-1 处切开，使梁分成左右两段，由于原来梁处于平衡状态，所以被切开后它的左段或右段也处于平衡状态，可以任取一段为隔离体。现取左段研究。在左段梁上向上的支座反力 F_{Ay} 有使梁段向上移动的可能，为了维持平衡，首先要保证该段在竖直方向不发生移动，于是左段在切开的截面上必定存在与 F_{Ay} 大小相等、方向相反的内力 F_Q，但是内力 F_Q 只能保证左段梁不移动，还不能保证左段梁不转动，因为支座反力 F_{Ay}，对 1-1 截面形心有一个顺时针方向的力矩 $F_{Ay}x$，这个力矩使该段有顺时针方向转动的趋势。为了保证左段梁不发生转动，在切开的 1-1 截面上还必定存在一个与 $F_{Ay}x$ 力矩大小相等、转向相反的内力偶 M [图 3.28（b）]。这样在 1-1 截面上同时有了 F_Q 和 M 才使梁段处于平衡状态。可见，产生平面弯曲的梁在其横截面上有两个内力：一是与横截面相切的内力 F_Q，称为剪力；二是在纵向对称平面内的内力偶，其力偶矩为 M，称为弯矩。

截面 1-1 上的剪力和弯矩值可由左段梁的平衡条件求得。

由 $\sum F_y = 0$ 得

$$-F_Q + F_{Ay} = 0$$

$$F_Q = F_{Ay}$$

将力矩方程的矩心选在截面 1-1 的形心 C 点处，剪力 $\boldsymbol{F}_Q$ 将通过矩心。

由 $\sum M = 0$ 得

$$M - F_{Ay}x = 0$$

$$M = F_{Ay}x$$

以上左段梁在截面 1-1 上的剪力和弯矩，实际上是右段梁对左段梁的作用。根据作用力与反作用力原理可知，右段梁在截面 1-1 上的 $\boldsymbol{F}_Q$、M 与左段梁在 1-1 截面上的 $\boldsymbol{F}_Q$、M 应大小相等、方向（或转向）相反 [图 3.28（c）]。若对右段梁列平衡方程进行求解，求出的 $\boldsymbol{F}_Q$ 及 M 也必然如此。

分别取左、右梁段所求出的同一截面上的内力数值虽然相等，但方向（或转向）却正好相反，为了使根据两段梁的平衡条件求得的同一截面（如 1-1 截面）上的剪力和弯矩具有相同的正、负号，这里对剪力和弯矩的正负号作如下规定。

当截面上的剪力 $\boldsymbol{F}_Q$ 使所研究的梁段有顺时针方向转动趋势时剪力为正；有逆时针方向转动趋势时剪力为负，如图 3.29 所示。

当截面上的弯矩使所研究的水平梁段产生向下凸的变形时（即该梁段的下部受拉，上部受压）弯矩为正；产生向上凸的变形时（即该梁段的上部受拉，下部受压）弯矩为负，如图 3.30 所示。

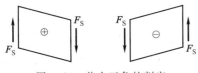

图 3.29　剪力正负的判定

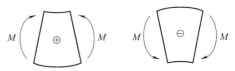

图 3.30　弯矩正负的判定

3.5.3　剪力图和弯矩图

梁的横截面上有两个分量——剪力和弯矩，它们都随着截面位置的变化而变化，可表示为 $F_S = F_S(x)$ 和 $M = M(x)$，称为剪力方程和弯矩方程。

以梁轴线为 x 轴，以横截面上的剪力或弯矩为纵坐标，按照适当的比例绘出 $F_S = F_S(x)$ 和 $M = M(x)$ 的曲线分别称为剪力图和弯矩图。

例 3-10　用截面法求图 3.31（a）所示外伸梁指定截面上的剪力和弯矩。已知：$F_P = 100\text{kN}$，$a = 1.5\text{m}$，$M = 75\text{kN·m}$（图中截面 1-1、2-2 都无限接近于截面 A，但 1-1 在 A 左侧、2-2 在 A 右侧，习惯称 1-1 为 A 偏左截面，2-2 为 A 偏右截面；同样 3-3、4-4 分别称为 D 偏左及偏右截面）。

解：① 求支座反力。对简支梁和外伸梁必须求支座反力。以 B 点为矩心，列力矩平衡方程。

由 $\sum M_B = 0$ 得

$$-F_{Ay} \times 2a + F_P \times 3a - M = 0$$

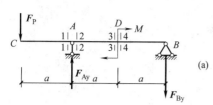

$$F_{Ay}=\frac{F_P\times3a-M}{2a}$$

$$=\frac{100\times3\times1.5-75}{2\times1.5}kN=125kN\ (\uparrow)$$

由 $\sum F_y=0$ 得

$$-F_{By}-F_P+F_{Ay}=0$$

$$F_{By}=-F_P+F_{Ay}$$

$$=(-100+125)kN=25kN\ (\downarrow)$$

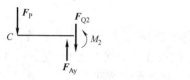

② 求 1-1 截面上的剪力和弯矩。取 1-1 截面的左侧梁段为隔离体，做该段的受力图．[图 3.31 （b）]。

由 $\sum F_y=0$ 得

$$-F_{Q1}-F_P=0$$

$$F_{Q1}=-F_P=-100kN\ (负)$$

由 $\sum M_1=0$ 得

$$M_1+F_Pa=0$$

$$M_1=-F_Pa=-100\times1.5kN\cdot m=-150kN\cdot m\ (负)$$

③ 求 2-2 截面上的剪力和弯矩。取 2-2 截面的左侧梁段为隔离体，做该段的受力图 [图 3.31 （c）]。

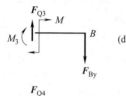

由 $\sum F_y=0$ 得

$$-F_{Q2}-F_P+F_{Ay}=0$$

$$F_{Q2}=-F_P+F_{Ay}=(-100+125)kN=25kN\ (正)$$

由 $\sum M_2=0$ 得 $\qquad M_2+F_Pa=0$

$$M_2=-F_Pa=-100\times1.5kN\cdot m=-150kN\cdot m\ (负)$$

图 3.31　外伸梁

④ 求 3-3 截面的剪力和弯矩。取 3-3 截面的右段为隔离体，做该段的受力图 [图 3.31 （d）]。

由 $\sum F_y=0$ 得

$$F_{Q3}-F_{By}=0$$

$$F_{Q3}=F_{By}=25kN\ (正)$$

由 $\sum M_3=0$ 得

$$-M_3-M-F_{By}a=0$$

$$M_3=-M-F_{By}a=(-75-25\times1.5)kN\cdot m=-112.5kN\cdot m\ (负)$$

⑤ 求 4-4 截面的剪力和弯矩。取 4-4 截面的右段为隔离体，作该段的受力图 [图 3.31 （e）]。

由 $\sum F_y=0$ 得

$$F_{Q4}-F_{By}=0$$

$$F_{Q4}=F_{By}=25kN\ (正)$$

由 $\sum M_4=0$ 得

$$-M_4-F_{By}a=0$$

$$M_4=-F_{By}a=(-25\times1.5)kN\cdot m=-37.5kN\cdot m\ (负)$$

对比 1-1、2-2 截面上的内力会发现，在 A 偏左及偏右截面上的剪力不同，而弯矩相同，左、右两侧剪力相差的数值正好等于 A 截面处集中力的大小，称这种现象为剪力发生了突变。对比 3-3、4-4 截面上的内力会发现，在 D 偏左及偏右截面上的剪力相同，而弯矩不同，左、右两侧弯矩相差的数值正好等于 D 截面处集中力偶的大小，称这种现象为弯矩发生了突变。

3.5.4 弯曲正应力

在一般情况下，梁的横截面上既有弯矩又有剪力。若梁上只有弯矩没有剪力，称为纯弯曲，梁上剪力和弯矩同时存在，称为横力弯曲。弯矩与横截面上法向分布内力即正应力相对应，剪力则与横截面上切向分布内力即剪应力相对应。所以梁横截面上一般是既有正应力，又有剪应力。

在弹性范围内，梁在弯曲变形时有一层纵向纤维既不伸长也不缩短，只是由原来的平面变成曲面，称为中性层；中性层与横截面的交线称为中性轴，中性轴通过截面形心并垂直于纵向对称平面，如图 3.32 所示。中性层的曲率与弯矩的关系为

$$\frac{1}{\rho(x)} = \frac{M(x)}{EI_z} \tag{3.26}$$

式中，z 轴为中性轴；$\rho(x)$ 为中性层的曲率半径；$M(x)$ 为梁横截面上的弯矩方程；EI_z 为梁的抗弯刚度。

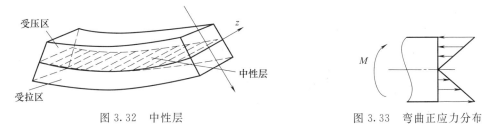

图 3.32　中性层　　　　　　　　　　　图 3.33　弯曲正应力分布

梁横截面上的正应力大小与该点至中性轴的距离成正比，即正应力沿截面宽度均匀分布，沿高度呈线性分布，如图 3.33 所示，则有

$$\sigma = \frac{M(x)}{I_z} y \tag{3.27}$$

所以，中性轴把截面分成受拉区和受压区两部分，且最大拉应力和最大压应力发生在上下边缘处，其值为

$$\sigma_{max} = \frac{M}{I_z} y_{max} \tag{3.28}$$

令

$$W_z = \frac{I_z}{y_{max}} \tag{3.29}$$

则

$$\sigma_{max} = \frac{M}{W_z} \tag{3.30}$$

式中，W_z 称为抗弯截面系数，它与横截面的几何尺寸和形状有关，量纲为 $[长度]^3$，常用单位为 mm^3 或 m^3。

3.5.5 弯曲的强度计算

梁的强度要求即梁内的最大正应力不超过材料的许用应力。对于等直梁，强度条件为

$$\sigma_{max} = \frac{M_{max}}{W_z} \leqslant [\sigma] \tag{3.31}$$

式中　　M_{max}——危险截面处的弯矩，N·mm；

　　　　W_z——危险截面的抗弯截面模量，mm；

　　　　$[\sigma]$——材料的许用应力，MPa。

　　根据梁的正应力强度条件，可以解决梁的强度校核、选择截面尺寸和确定许用荷载三类工程强度设计问题。

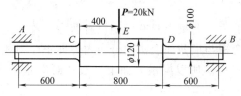

　　例 3-11　如图 3.34 所示的圆轴为一变截面轴，AC 及 DB 段直径为 $d_1 = 100$mm，CD 段直径 $d_2 = 120$mm，$P = 20$kN。若已知 $[\sigma] = 65$MPa，试对此轴进行强度校核。

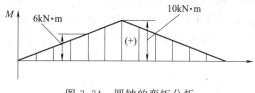

图 3.34　圆轴的弯矩分析

　　解：① 内力分析，作轴的弯矩图。

　　② 确定危险截面的位置。从弯矩图可见，作用在 E 截面处有最大弯矩 $M_{max} = 10$kN·m，而在 $C(D)$ 截面虽不是最大弯矩，但由于直径较小，也可能为危险截面，通过弯矩图求得 $M_C = 6$kN·m。

　　③ 根据强度条件进行校核

　　在 E 截面，$d_2 = 120$mm，求得

$$W_{zE} = \frac{\pi d_2^3}{32} = \frac{\pi \times 120^3}{32} = 1.696 \times 10^5 \, \text{mm}^3$$

$$\sigma_{Emax} = \frac{M_E}{W_{zE}} = \frac{10 \times 10^6}{1.696 \times 10^5} = 58.96 \text{MPa}$$

　　在 C 截面，$d_1 = 100$mm，求得

$$W_{zC} = \frac{\pi d_1^3}{32} = \frac{\pi \times 100^3}{32} = 9.82 \times 10^4 \, \text{mm}^3$$

$$\sigma_{Cmax} = \frac{M_C}{W_{zC}} = \frac{6 \times 10^6}{9.82 \times 10^4} = 61.1 \text{MPa}$$

　　最危险点在 C 截面的上下边缘处。

　　因 $\sigma_{max} = 61$MPa$\leqslant [\sigma]$，所以此轴是安全的。

单元练习题

一、选择题

1. 在一截面的任意点处，正应力 σ 与切应力 τ 的夹角（　　）。

　　A. $\alpha = 90°$　　　　　B. $\alpha = 45°$　　　　　C. $\alpha = 0°$　　　　　D. α 为任意角

2. 轴向拉压杆，在与其轴线平行的纵向截面上（　　）。

　　A. 正应力为零，切应力不为零　　　　B. 正应力不为零，切应力为零

　　C. 正应力和切应力均不为零　　　　　D. 正应力和切应力均为零

3. 如图 3.35 所示等截面直杆在两端作用有力偶，数值为 M，力偶作用面与杆的对称面一致。关于杆中点处截面 A-A 在杆变形后的位置（对于左端，由 A'-A' 表示；对于右端，由 A''-A'' 表示），有四种答案，试判断哪一种答案（　　）是正确的。

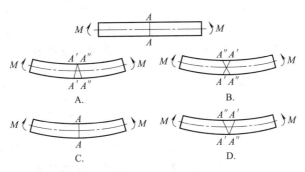

图 3.35 题 1.3 图

4. 如图 3.36 所示阶梯形杆，AB 段为钢，BD 段为铝，在外力 F 作用下（   ）。

A. AB 段轴力最大

B. BC 段轴力最大

C. CD 段轴力最大

D. 三段轴力一样大

图 3.36 题 1.4 图

5. 如图 3.37 所示，其中正确的扭转切应力分布图是（   ）。

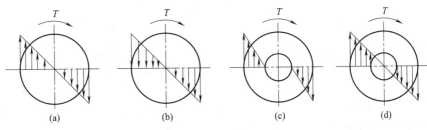

图 3.37 题 1.5 图

A. 图（a）正确　　B. 图（b）正确　　C. 图（c）正确　　D. 图（a）、（d）正确

6. 两端固定的阶梯杆如图 3.38 所示，横截面面积，受轴向载荷 P 后，其轴力图是（   ）。

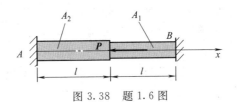

图 3.38 题 1.6 图

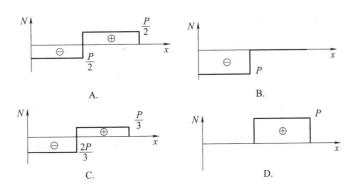

7. 在连接件上，剪切面和挤压面分别（　　）于外力方向。

A. 垂直、平行　　　　　　B. 平行、垂直　　　　　　C. 平行　　　　　　D. 垂直

8. 空心圆轴的外径为 D，内径为 d，$\alpha = d/D$。其抗扭截面系数为（　　）。

A. $W_t = \dfrac{\pi D^3}{16}(1-\alpha)$ 　　　　　　　　　　B. $W_t = \dfrac{\pi D^3}{16}(1-\alpha^2)$

C. $W_t = \dfrac{\pi D^3}{16}(1-\alpha^3)$ 　　　　　　　　　　D. $W_t = \dfrac{\pi D^3}{16}(1-\alpha^4)$

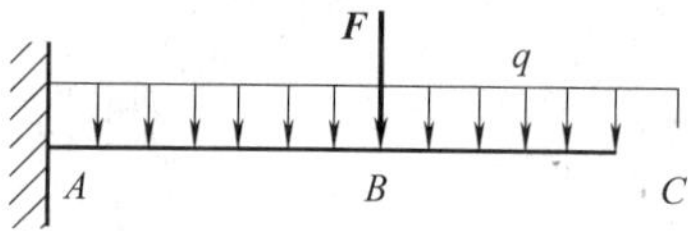

图 3.39　题 1.9

9. 梁受力如图 3.39 所示，在 B 截面处（　　）。

A. F_s 图有突变，M 图连续光滑

B. F_s 图有折角（或尖角），M 图连续光滑

C. F_s 图有折角，M 图有尖角

D. F_s 图有突变，M 图有尖角

10. 在下列四种情况中，截面上弯矩 M 为正、剪力 F_s 为负的是（　　）。

二、填空题

1. 拉伸或压缩的受力特征是＿＿＿＿＿＿＿＿＿，变形特征是＿＿＿＿＿＿＿＿＿＿。

2. 剪切的受力特征是＿＿＿＿＿＿＿＿＿，变形特征是＿＿＿＿＿＿＿＿＿＿。

3. 扭转的受力特征是＿＿＿＿＿＿＿＿＿，变形特征是＿＿＿＿＿＿＿＿＿＿。

4. 弯曲的受力特征是＿＿＿＿＿＿＿＿＿，变形特征是＿＿＿＿＿＿＿＿＿＿。

5. 作用于直杆上的外力（合力）作用线与杆件的轴线＿＿＿＿＿＿时，杆只产生沿轴线方向的伸长或缩短变形，这种变形形式称为轴向拉伸或压缩。

6. 构件所受的外力可以是各式各样的，有时是很复杂的。材料力学根据构件的典型受力情况及截面上的内力分量可分为＿＿＿＿＿、＿＿＿＿＿、＿＿＿＿＿、＿＿＿＿＿四种基本变形。

7. 轴力是指通过横截面形心垂直于横截面作用的内力，而求轴力的基本方法是＿＿＿。

8. 工程构件在实际工作环境下所能承受的应力称为＿＿＿＿＿，工件中最大工作应力不能超过此应力，超过此应力时称为＿＿＿＿＿。

9. 当轴传递的功率一定时，轴的转速愈小，则轴受到的外力偶矩愈＿＿＿＿，当外力偶矩一定时，传递的功率愈大，则轴的转速愈＿＿＿＿。

三、判断题

1. 强度是构件抵抗破坏的能力。　　　　　　　　　　　　　　　　　　　　　（　　）

2. 刚度是构件抵抗变形的能力。　　　　　　　　　　　　　　　　　　　　　（　　）

3. 均匀性假设认为，材料内部各点的应变相同。　　　　　　　　　　　　　　（　　）

4. 稳定性是构件抵抗变形的能力。　　　　　　　　　　　　　　　　　　　　（　　）

5. 杆件两端受等值、反向、共线的一对外力作用，杆件一定发生的是轴向拉（压）变形。

（　　）

6. 由于空心轴的承载能力大且节省材料，所以工程实际中的传动轴多采用空心截面。

（　　）

7. 在弹性变形范围内，正应力与正应变成反比关系。　　　　　　　　　　　　　　（　　）

8. 销连接在受到剪切的同时还要受到挤压。　　　　　　　　　　　　　　　　　（　　）

四、简答题

1. 简述截面法。

2. 简述梁的分类。

五、计算题

1. 求图 3.40 所示直杆横截面 1-1、2-2、3-3 上的轴力，并画出轴力图。

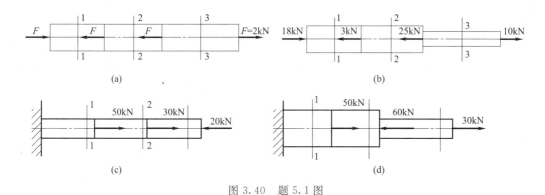

图 3.40　题 5.1 图

2. 求图 3.41 所示杆 A 端的反力和 1-1 截面的内力，并在分离体上画出支反力和内力的方向。

3. 图 3.42 所示圆轴上作用有四个外力偶矩 $M_{e1}=1\mathrm{kN\cdot m}$，$M_{e2}=0.6\mathrm{kN\cdot m}$，$M_{e3}=M_{e4}=0.2\mathrm{kN\cdot m}$。

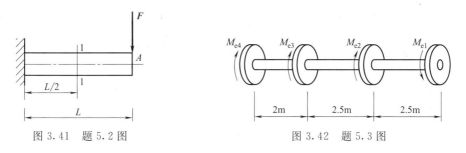

图 3.41　题 5.2 图　　　　　　　图 3.42　题 5.3 图

（1）试画出该轴的扭矩图；

（2）若 M_{e1} 与 M_{e2} 的作用位置互换，扭矩图有何变化？

4. 如图 3.43 所示，作梁的剪力图、弯矩图。

5. 图 3.44 所示矩形截面简支梁，承受均布载荷 q 作用。若已知 $q=2\mathrm{kN/m}$，$l=3\mathrm{m}$，

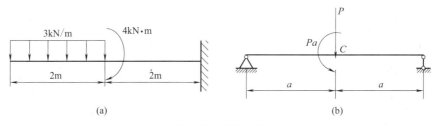

图 3.43　题 5.4 图

$h = 2b = 240\text{mm}$。试求截面横放 [图 3.44（b）] 和竖放 [图 3.44（c）] 时梁内的最大正应力，并加以比较。

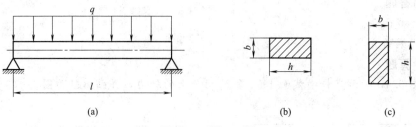

(a)　　　　　　　　　　(b)　　　　　(c)

图 3.44　题 5.5 图

第4章 平面连杆机构

4.1 平面机构的运动简图及其自由度

机构是具有确定相对运动的构件组合，是用来传递运动和力或改变运动的形式。研究机构的目的：一是探讨机构运动的可能性、具有确定运动的条件；二是将机构按特点分类，建立运动分析和动力分析的一般方法；三是学会关于运动简图的绘制；四是熟悉构件组成机构的规律，以合理设计和创新机构。

如果机构中所有运动部分均在同一平面或相互平行的平面内运动则称为平面机构，否则称为空间机构。

4.1.1 运动副及其分类

一个作平面运动的自由构件有 3 个独立运动的可能性，即沿轴 x、轴 y 移动和绕垂直于 xoy 平面的轴的转动如图 4.1 所示。构件的自由度是指构件所具有的这种独立运动的数目。一个作平面运动的自由构件有三个自由度。

平面机构的每个活动构件在未构成运动副之前为自由构件，有三个自由度。但机构是具有确定相对运动的若干构件组成的，组成机构的构件必然相互约束，相邻两构件之间必定以一定的方式连接起来并实现确定的相对运动。这种两个构件之间的可动连接称为运动副。例如，两个构件铰接成运动副后，两构件就只能绕轴在同一平面内作相对转动，称为转动副，见图 4.2 （a）、（b）。又如图 4.2 （d）所示，一根四棱柱体 1 穿入另一构件 2 大小合适的方孔内，两构件就只能沿轴线 x 作相对移动，称为移动副；图 4.2 （c）所示为车床刀架与导轨构成的移动副。我们日常所见的门窗活页、折叠椅等均为转动副，推拉门、导轨式抽屉等为移动副。

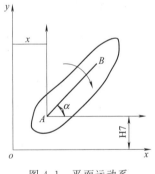

图 4.1 平面运动系

两构件只能在同一平面作相对运动的运动副称为平面运动副。构成运动副的点、线或面称为运动副元素，根据运动副元素的不同，平面运动副可分为低副和高副。

（1）低副

两构件之间通过面与面接触而组成的运动副称为低副。两构件组成低副时引入了两个约束条件，也就失去 2 个自由度，只剩下一个自由度，即移动或转动。因此，低副又可分为移动副和转动副。如图 4.2 所示。

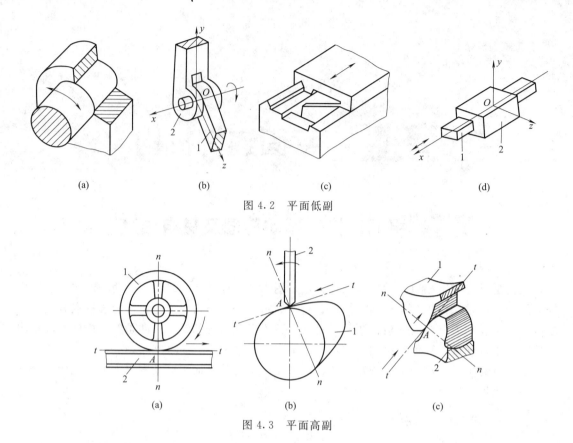

图 4.2　平面低副

图 4.3　平面高副

（2）高副

两构件以点或线的形式相接触而组成的运动副称为高副。例如，图 4.3（a）所示的火车轮子 1 与钢轨 2；图 4.3（b）所示的凸轮机构的凸轮 1 与从动件 2；图 4.3（c）所示的两相互啮合的轮齿等，分别组成了高副。两构件组成平面高副时，只引入 1 个约束条件。

4.1.2　机构中构件的分类

① 固定件（机架）　用来支承活动构件的构件。如内燃机中的气缸体就是固定件，它用来支承活塞、曲轴等。

② 原动件　运动规律已知的活动构件。如内燃机中的活塞就是原动件，它的运动是由外界输入的。

③ 从动件　随原动件的运动而运动的其余活动构件。如内燃机中的连杆、曲轴等都是从动件。

4.1.3　平面机构的运动简图

（1）机构运动简图的概念

在研究机构运动特性时，为了使问题简化，只考虑与运动有关的运动副的数目、类型及相对位置，不考虑构件和运动副的实际结构和材料等与运动无关的因素。用简单线条和规定符号表示构件和运动副的类型，并按一定的比例确定运动副的相对位置及与运动有关的尺寸，这种表示机构组成和各构件间运动关系的简单图形，称为机构运动简图。

只是为了表示机构的结构组成及运动原理而不严格按比例绘制的机构运动简图，称为机构示意图。

（2）平面机构运动简图的绘制

绘制平面机构运动简图可按以下步骤进行。

① 观察机构的运动情况，分析机构的具体组成，确定机架、原动件和从动件。机架即固定件，任何一个机构中必定只有一个构件为机架；原动件也称主动件，即运动规律为已知的构件，通常是驱动力所作用的构件；从动件中还有工作构件和其他构件之分，工作构件是指直接执行生产任务或最后输出运动的构件。

② 由原动件开始，根据相连两构件间的相对运动性质和运动副元素情况，确定运动副的类型和数目。

③ 根据机构实际尺寸和图纸大小确定适当的长度比例尺 μ_1，按照各运动副间的距离和相对位置，以与机构运动平面平行的平面为投影面，用规定的线条和符号绘图。

$$\mu_1 = \frac{\text{实际尺寸(m)}}{\text{图样尺寸(mm)}} \tag{4.1}$$

常用构件和运动副的简图符号在国家标准 GB 4460－84 中已有规定，表 4.1 给出了最常用的构件和运动副的简图符号。下面通过两个实例说明运动简图的绘制过程。

表 4.1 机构运动简图符号

名称		简图符号	名称	简图符号
构件	轴、杆		机架	基本符号	
	三副元素构件			机架是转动副的一部分	
				机架是移动副的一部分	
	构件的永久连接		平面高副	齿转副外啮合齿轮副内啮合	
平面低副	转动副				
	移动副			凸轮副	

例 4-1 图 4.4（a）所示为牛头刨床执行机构的结构图，试绘制机构运动简图。

解： ① 机构分析。牛头刨床执行机构由大齿轮 2、机架 7、滑块 3、导杆 4、摇块 5 和滑枕 6 共 6 个构件组成，转动的大齿轮为原动件，移动的滑枕 6 为工作构件，1 为小齿轮。

② 确定运动副类型。原动件大齿轮 2 用轴通过轴承与机架 7 铰接成转动副；滑块 3 通过销子与大齿轮铰接成转动副；滑块 3 与导杆 4 用导轨连接为面接触成移动副；摇块 5 与机架铰接成转动副；摇块 5 与导杆 4 用导轨连接，成移动副；导杆 4 与滑枕 6 铰接成转动副；

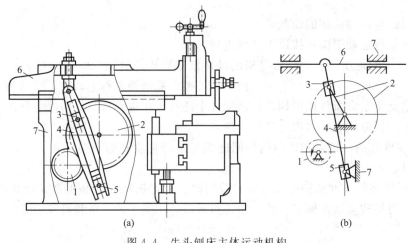

图 4.4　牛头刨床主体运动机构

滑枕 6 与机架 7 用导轨连接以面接触成移动副。这里有 4 个转动副和 3 个移动副共 7 个运动副。

③ 测量主要尺寸，计算长度比例和图示长度。经测量得知，滑枕 6 的导轨到摇块中心的高度 $l_h=1000\text{mm}$，大齿轮 2 的中心高 $l_{h1}=540\text{mm}$，滑块销 3 的回转半径 $r_x=240\text{mm}$。设图样最大尺寸为 60mm，则长度比例尺

$$\mu_1=l_h/60=1000\text{mm}/60\text{mm}=16.7\approx20=0.02\text{m/mm}$$
$$h=l_h/\mu_1=1/0.02=50\text{mm}$$
$$h_1=l_{h1}/\mu_1=0.54/0.02=27\text{mm}$$
$$r=l_r/\mu_1=0.24/0.02=12\text{mm}$$

④ 绘制机构运动简图。按各运动副间的图示距离和相对位置，选择适当的瞬时位置，用规定的符号表示各运动副；用直线将同一构件上的运动副连接起来，并标上件号、铰点名和原动件的运动方向，即得所求的机构运动简图。如图 4.4（b）所示。

4.1.4　机构的自由度

机构的自由度是指机构具有确定运动时所需外界输入的独立运动的数目。机构要进行运动变换和力的传递就必须具有确定的运动，其运动确定的条件就是机构原动件的数目应等于机构的自由度数目。若机构的原动件数目小于机构的自由度数时，机构运动不确定；如果机构的原动件数目大于机构的自由度数时，机构将在强度最薄弱处破坏。

（1）平面机构的自由度计算

机构相对于机架所具有的独立运动数目，称为机构的自由度。

设一个平面机构由 N 个构件组成，其中必定有 1 个构件为机架，其活动构件数为 $n=N-1$。这些构件在未组合成运动副之前共有 $3\times n$ 个自由度，在连接成运动副之后便引入了约束，减少了自由度。设机构共有 P_L 个低副、P_H 个高副，因为在平面机构中每个低副和高副分别限制 2 个和 1 个自由度，故平面机构的自由度为

$$F=3n-2P_L-P_H \tag{4.2}$$

式中，n 为运动构件数；P_L 为低副数；P_H 为高副数。

例如，牛头刨床执行机构共有 6 个构件组成 7 个低副和 0 个高副，活动构件为 $n=5$，则该机构的自由度为 $F=3\times5-2\times7=1$。

（2）计算平面机构自由度时应注意的几个问题

① 复合铰链　三个或更多的构件在同一处连接成同轴线的 2 个或更多个转动副，就构成了复合铰链，计算自由度时应按 2 个或更多个转动副计算。图 4.5（a）所示为一个六构件机构，其中构件 6 为机架，构件 1 为原动件。但要注意 B 点处是由 2、3、4 三构件构成的两个同轴转动副，如图 4.5（b）所示。其中，构件 4 与构件 2 铰接构成转动副，它与构件 3 铰接又构成转动副，两转动副均绕轴线 B 转动。这个复合铰链计算自由度时应按 2 个转动副计算。如果有 m 个构件以复合铰链相连接，则构成的转动副数目应为 $m-1$ 个。在计算机构自由度时，应注意分析是否存在复合铰链。

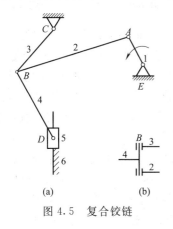

图 4.5　复合铰链

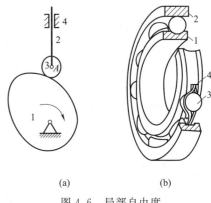

图 4.6　局部自由度

② 局部自由度　在有的机构中为了其他一些非运动的原因，设置了附加构件，这种附加构件的运动是完全独立的，对整个构件的运动毫无影响，把这种独立运动称为局部自由度。在计算机构自由度时局部自由度应略去不计。

如图 4.6（a）所示为凸轮机构，随着主动件凸轮 1 的顺时针转动，从动件 2 作上下往复运动，为了减少摩擦和磨损，在凸轮 1 和从动杆 2 之间加入滚子 3，应该注意到无论滚子 3 是否绕 A 点转动，都不改变从动杆 2 的运动，因而滚子 3 绕 A 点的转动属于局部自由度，计算机构自由度时应将滚子和从动杆看成一个构件。又如图 4.6（b）所示为滚动轴承的结构示意图，为减少摩擦，在轴承的内外圈之间加入了滚动体 3，但是滚动体是否滚动对轴的运动毫无影响，滚动体的滚动属于局部自由度，计算机构自由度时可将内圈 1、外圈 2、滚动体 3 看成一个整体。

③ 虚约束　指机构中与其他约束重复，对机构不产生新的约束作用的约束。计算机构自由度时应将虚约束除去不计。虚约束经常出现的场合如下。

a. 两构件间形成多处具有相同作用的运动副。如图 4.7（a）所示，轮轴 2 与机架 1 在 A、B 两处形成转动副，其实两个构件只能构成一个运动副，这里应按一个运动副计算自由度。又如图 4.7（b）所示，在液压缸的缸筒与活塞、缸盖与活塞杆两处构成移动副，实际上缸筒与缸盖、活塞与活塞杆是两两固连的，只有两个构件而并非四个构件，此两个构件也只能构成一个移动副。

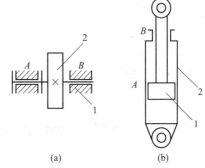

图 4.7　两构件间形成多处运动副的虚约束

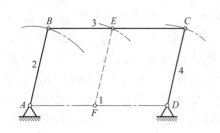

图 4.8 两构件上连接点的运动轨迹重合

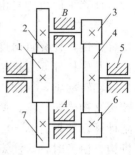

图 4.9 对称结构引入的虚约束

b. 两构件上连接点的运动轨迹重合。例如，图 4.8 所示是火车头驱动轮联动装置示意图，它形成一个平行四边形机构，其中构件 EF 存在与否并不影响平行四边形 $ABCD$ 的运动，进一步可以肯定地说，三构件 AB、CD、EF 中缺省其中任意一个，均对余下的机构运动不产生影响，实际上是因为此三构件的动端点的运动轨迹均与构件 BC 上对应点的运动轨迹重合。应该指出，AB、CD、EF 三构件是互相平行的，否则就形成不了虚约束，机构就出现过约束而不能运动。

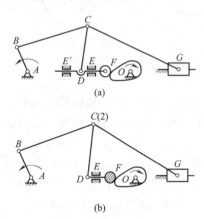

图 4.10 计算自由度

c. 机构中具有对运动起相同作用的对称部分。如图 4.9 所示为一对称的齿轮减速装置，从运动的角度看，运动由齿轮 1 输入，只要经齿轮 2、3 就可以从齿轮 4 输出了。但是为使输入输出轴免受径向力，即从力学的角度考虑，加入了齿轮 6、7。未引入对称结构时，机构由 4 个构件、3 个转动副、2 个高副组成，自由度为

$$F=3\times(4-1)-3\times2-2=1$$

引入对称结构后，如果不将虚约束去除，则机构由 5 个构件、4 个转动副、4 个高副组成，自由度为

$$F=3\times(5-1)-4\times2-4=0$$

显然是错误的。

例 4-2 计算图 4.10（a）平面机构的自由度。

解： ①检查机构中有无上述三种注意情况。

由图 4.10（a）中可知，机构中滚子自转为局部自由度；顶杆 DF 与机架组成两导路重合的移动副 E'、E，故其中之一为虚约束；C 处为复合铰链。去除局部自由度和虚约束以后，应按图 4.10（b）计算自由度。

②计算机构自由度。

机构中的可动构件数为 $n=7$，$P_L=9$，$P_H=1$，故该机构的自由度为

$$F=3n-2P_L-P_H=3\times7-2\times9-1\times1=2$$

4.2 平面连杆机构的类型及应用

平面连杆机构是由若干个构件用低副（转动副或移动副）连接组成的平面机构。由于低

副是面接触，故传递力时压强低、磨损小、寿命长；另外，低副的接触面为平面或圆柱面，便于加工制造和保证精度，广泛应用于各种机械中。

平面连杆机构的缺点是，低副中存在间隙，易引起运动误差；而且它的设计比较复杂，不易精确地实现较为复杂的运动规律。

平面连杆机构的类型很多，其中最简单、应用最广泛的是由四个构件组成的平面四杆机构。

4.2.1 铰链四杆机构

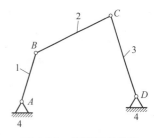

如图4.11所示，铰链四杆机构是由转动副将各构件的头尾连接起的封闭四杆系统，并使其中一个构件固定而组成。被固定件4称为机架，与机架直接铰接的两个构件1和3称为连架杆，不直接与机架铰接的构件2称为连杆。连架杆如果能作整圈运动就称为曲柄（构件1），否则就称为摇杆（构件3）。

图4.11 铰链四杆机构

（1）铰链四杆机构的基本类型

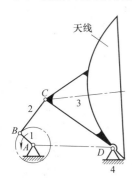

图4.12 雷达天线调整机构

① 曲柄摇杆机构 在铰链四杆机构中，如果有一个连架杆做循环的整周运动而另一连架杆作摇动，则该机构称为曲柄摇杆机构。如图4.12所示曲柄摇杆机构，是雷达天线调整机构的原理图，机构由构件 AB、BC、固连有天线的 CD 及机架 DA 组成，构件 AB 可作整圈的转动，成曲柄；天线3作为机构的另一连架杆可作一定范围的摆动，成摇杆；随着曲柄的缓缓转动，天线仰角得到改变。如图4.13所示汽车雨刮器，随着电动机带着曲柄 AB 转动，刮雨胶与摇杆 CD 一起摆动，完成刮雨功能。如图4.14所示搅拌机，随电动机带曲柄 AB 转动，搅拌爪与连杆一起作往复的摆动，爪端点 E 作轨迹为椭圆的运动，实现搅拌功能。

② 双曲柄机构 在铰链四杆机构中，两个连架杆均能做整周的运动，则该机构称为双曲柄机构。如图4.15所示惯性筛的工作机构原理，是双曲柄机构的应用实例。由于从动曲柄3与主动曲柄1的长度不同，故当主动曲柄1匀速回转一周时，从动曲柄3作变速回转一周，机构利用这一特点使筛子6作加速往复运动，提高了工作性能。当两曲柄的长度相等且平行布置时，成了平行双曲柄机构，如图4.16（a）所示为正平行双曲柄机构，其特点是两曲柄转向相同和转速相等及连杆作平动，因而应用广泛。火

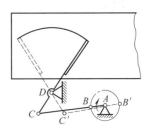

图4.13 汽车雨刮器

车驱动轮联动机构利用了同向等速的特点；路灯检修车的载人升斗利用了平动的特点，如图4.17（a）、（b）所示。如图4.16（b）为逆平行双曲柄机构，具有两曲柄反向不等速的特点，车门的启闭机构利用了两曲柄反向转动的特点，如图4.17（c）所示。

③ 双摇杆机构 两根连架杆均只能在不足一周的范围内运动的铰链四杆机构称为双摇杆机构。如图4.18所示为港口用起重机吊臂结构原理。其中，$ABCD$ 构成双摇杆机构，AD 为机架，在主动摇杆 AB 的驱动下，随着机构的运动连杆 BC 的外伸端点 M 获得近似直线的水平运动，使吊重 Q 能作水平移动而大大节省了移动吊重所需的功率。图4.19所示为电风扇摇头机构原理，电动机外壳作为其中的一根摇杆 AB，蜗轮作为连杆 BC，构成双摇杆机构 $ABCD$。蜗杆随扇叶同轴转动，带动 BC 作为主动件绕 C 点摆动，使摇杆 AB

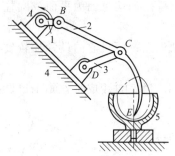

图 4.14 搅拌机

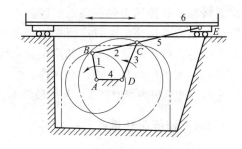

图 4.15 惯性筛工作机构

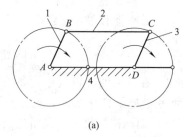

(a)　　　　　　　　　　　(b)

图 4.16 平行双曲柄机构

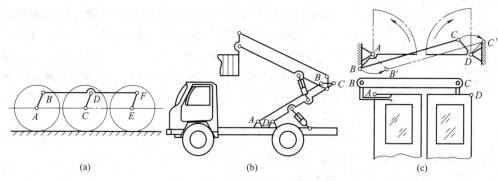

(a)　　　　　　(b)　　　　　　(c)

图 4.17 平行双曲柄机构的应用

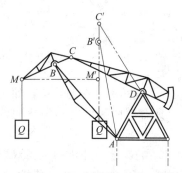

图 4.18 起重机吊臂结构原理

带动电动机及扇叶一起摆动,实现一台电动机同时驱动扇叶和摇头机构。图 4.20 所示的汽车偏转车轮转向机构采用了等腰梯形双摇杆机构。该机构的两根摇杆 AB、CD 是等长的,适当选择两摇杆的长度,可以使汽车在转弯时两转向轮轴线近似相交于其他两轮轴线延长线某点 P,汽车整车绕瞬时中心 P 点转动,获得各轮子相对于地面作近似的纯滚动,以减少转弯时轮胎的磨损。

（2）铰链四杆机构形式的判别

铰链四杆机构三种基本形式的根本区别在于两连架杆是否为曲柄。而两连架杆是否为曲柄又与各杆长度有关。

铰链四杆机构有一个曲柄的条件（杆长之和条件）如下。

① 最短杆与最长杆之和小于或等于其余两杆长度之和。

② 最短杆为连架杆。

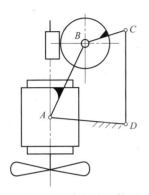

图 4.19 电风扇摇头机构原理

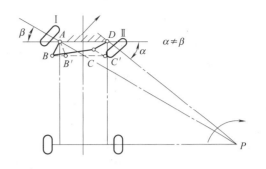

图 4.20 汽车偏轮车轮转向机构

由于平面四杆机构的自由度为 1，故无论哪杆为机架，只要已知其中一个可动构件的位置，则其余可动构件的位置必相应确定。因此，可以选任一杆为机架，都能实现完全相同的相对运动关系，这称为运动的可逆性。利用它，可在一个四杆机构中，选取不同的构件作机架，以获得输出构件与输入构件间不同的运动特性。这一方法称为连杆机构的倒置，如图 4.21 所示。

可用以下方法来判别铰链四杆机构的基本类型。

① 如图 4.21 所示，若机构满足杆长之和条件，则：

a. 以最短杆 AB 的邻边为机架时为曲柄摇杆机构［如图 4.21（a）］；

b. 以最短杆 AB 为机架时为双曲柄机构［如图 4.21（b）］；

c. 以最短杆 AB 的对边为机架时为双摇杆机构［如图 4.21（c）］。

② 若机构不满足杆长之和条件则只能为双摇杆机构。

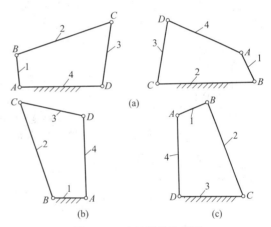

图 4.21 连杆机构的倒置

4.2.2 铰链四杆机构的演化

（1）曲柄滑块机构

在图 4.22（a）所示的铰链四杆机构 ABCD 中，如果要求 C 点运动轨迹的曲率半径较大甚至是 C 点作直线运动，则摇杆 CD 的长度就特别长，甚至是无穷大，这显然给布置和制造带来困难或不可能。为此，在实际应用中只是根据需要制作一个导路，C 点做成一个与连杆铰接的滑块并使之沿导路运动即可，不再专门做出 CD 杆。这种含有移动副的四杆机构称为滑块四杆机构，当滑块运动的轨迹为曲线时称为曲线滑块机构，当滑块运动的轨迹为直线时称为直线滑块机构。直线滑块机构可分为两种情况：一是导路与曲柄转动中心有一个偏距 e，如图 4.22（b）所示为偏置曲柄滑块机构；二是当 $e=0$ 即导路通过曲柄转动中心时，称为对心曲柄滑块机构，如图 4.22（c）所示。由于对心曲柄滑块机构结构简单，受力情况好，故在实际生产中得到广泛应用。因此，今后如果没有特别说明，所提的曲柄滑块机构即意指对心曲柄滑块机构。

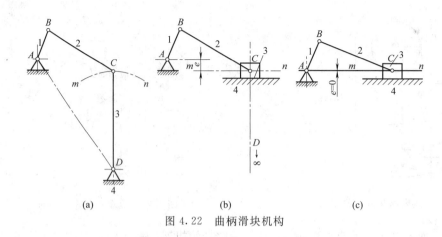

图 4.22　曲柄滑块机构

图 4.23 所示为曲柄滑块机构的应用。图 4.23（a）所示为应用于内燃机、空压机、蒸汽机的活塞-连杆-曲柄机构，其中活塞相当于滑块。图 4.23（b）所示为用于自动送料装置的曲柄滑块机构，曲柄每转一圈活塞送出一个工件。当需要将曲柄做得较短时结构上就难以实现，通常采用图 4.23（c）所示的偏心轮机构，其偏心圆盘的偏心距 e 就是曲柄的长度。这种结构减少了曲柄的驱动力，增大了转动副的尺寸，提高了曲柄的强度和刚度，广泛应用于冲压机床、破碎机等承受较大冲击载荷的机械中。

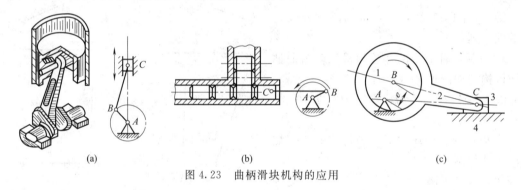

图 4.23　曲柄滑块机构的应用

（2）导杆机构

在对心曲柄滑块机构中，导路是固定不动的，如果将导路做成导杆 4 铰接于 A 点，使之能够绕 A 点转动，并使 AB 杆固定，就变成了导杆机构，如图 4.24 所示。当 $AB<BC$ 时，导杆能够作整周的回转，称旋转导杆机构，如图 4.24（a）所示。当 $AB>BC$ 时导杆 4 只能作不足一周的回转，称摆动导杆机构，如图 4.24（b）所示。

导杆机构具有很好的传力性，在插床、刨床等要求传递重载的场合得到应用。如图 4.25（a）所示为插床的工作机构，如图 4.25（b）所示为牛头刨床的工作机构。

（3）摇块机构和定块机构

在对心曲柄滑块机构中，将与滑块铰接的构件固定成机架，使滑块只能摇摆不能移动，就成为摇块机构，如图 4.26（a）所示。摇块机构在液压与气压传动系统中得到广泛应用，如图 4.26（b）所示为摇块机构在自卸货车上的应用，以车架为机架 AC，液压缸筒 3 与车架铰接于 C 点成摇块，主动件活塞及活塞杆 2 可沿缸筒中心线往复移动成为导路，带动车箱 1 绕 A 点摆动实现卸料或复位。将对心曲柄滑块机构中的滑块固定为机架，就成了定块

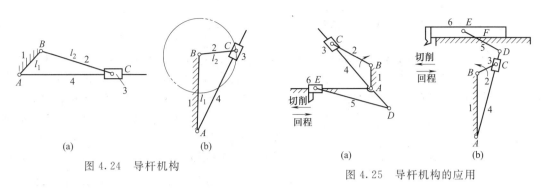

图 4.24 导杆机构

图 4.25 导杆机构的应用

机构,如图 4.27 (a) 所示。图 4.27 (b) 为定块机构在手动唧筒上的应用,用手上下扳动主动件 1,使作为导路的活塞及活塞杆 4 沿唧筒中心线往复移动,实现唧水或唧油。

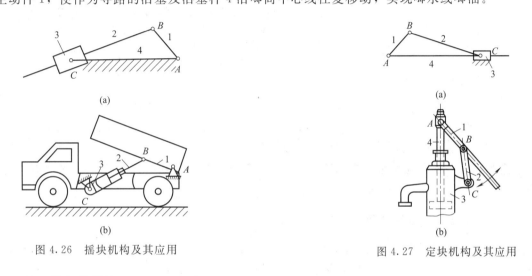

图 4.26 摇块机构及其应用

图 4.27 定块机构及其应用

（4）偏心轮机构

在平面四杆机构中,若需曲柄很短,或要求滑块行程较小时,通常都把曲柄做成盘状,因圆盘的几何中心与转动中心不重合也称为偏心轮,即得到如图 4.28 所示的偏心轮机构。

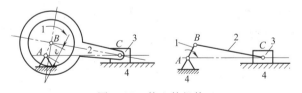

图 4.28 偏心轮机构

4.3 四杆机构的基本特性

四杆机构在传递运动和力时所显示的特征是通过行程速度变化系数、压力角、传动角等参数反映出来的。它是机构选型、机构分析与综合考虑的重要因素。

4.3.1 急回特性与行程速比系数

在图 4.29 所示的曲柄摇杆机构中，设曲柄 AB 为主动件。曲柄在旋转过程中每周有两次与连杆重叠，如图 4.29 中的 B_1AC_1 和 AB_2C_2 两位置。这时的摇杆位置 C_1D 和 C_2D 称为极限位置，简称极位。C_1D 与 C_2D 的夹角 φ 称为最大摆角。曲柄处于两极位 AB_1 和

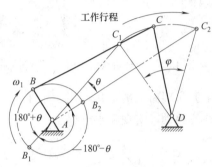

图 4.29 曲柄摇杆机构的运动特性

AB_2 的夹角锐角 θ 称为极位夹角。设曲柄以等角速度 ω_1 顺时针转动，从 AB_1 转到 AB_2 和从 AB_2 到 AB_1 所经过的角度为 $(\pi+\theta)$ 和 $(\pi-\theta)$，所需的时间为 t_1 和 t_2，相应的摇杆上 C 点经过的路线为 C_1C_2 弧和 C_2C_1 弧，C 点的线速度为 v_1 和 v_2，显然有 $t_1>t_2$，$v_1<v_2$。这种返回速度大于推进速度的现象称为急回特性，通常用 v_1 与 v_2 的比值 K 来描述急回特性，K 称为行程速比系数，即

$$K=\frac{v_2}{v_1}=\frac{C_1C_2/t_2}{C_2C_1/t_1}=\frac{t_1}{t_2}=\frac{180°+\theta}{180°-\theta} \tag{4.3}$$

或

$$\theta=180°\frac{K-1}{K+1} \tag{4.4}$$

可见，θ 越大 K 值就越大，急回特性就越明显。在机械设计时可根据需要先设定 K 值，然后算出 θ 值，再由此计算得各构件的长度尺寸。

急回特性在实际应用中广泛用于单向工作的场合，使空回程所花的非生产时间缩短以提高生产率。例如牛头刨床滑枕的运动。

4.3.2 压力角与传动角

在工程应用中连杆机构除了要满足运动要求外，还应具有良好的传递力的性能，以减小结构尺寸和提高机械效率。下面在不计重力、惯性力和摩擦作用的前提下，分析曲柄摇杆机构的传力特性。如图 4.30 所示，主动曲柄的动力通过连杆作用于摇杆上的 C 点，驱动力 F 必然沿 BC 方向，将 F 分解为切线方向和径向方向两个分力 F_t 和 F_r，切向分力 F_t 与 C 点的运动方向 v_C 同向。由图知

$F_t=F\cos\alpha$ 或 $F_t=F\sin\gamma$

$F_r=F\sin\alpha$ 或 $F_r=F\cos\gamma$

α 是 F_t 与 F 的夹角，称为机构的压力角，即驱动力 F 与 C 点的运动方向的夹角。α 随机构的不同位置有不同的值。它表明了在驱动力 F 不变时，推动摇杆摆动的有效分力 F_t 的变化规律，α 越小 F_t 就越大。

压力角 α 的余角 γ 是连杆与摇杆所夹锐角，称为传动角。由于 γ 更便于观察，所以通常用来检验机构的传力性能。传动角 γ 随机构

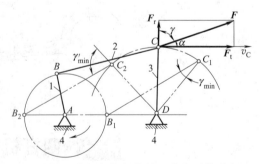

图 4.30 曲柄摇杆机构的压力角和传动角

的不断运动而相应变化，为保证机构有较好的传力性能，应控制机构的最小传动角 γ_{min}。一般可取 $\gamma_{min}\geq40°$，重载高速场合取 $\gamma_{min}\geq50°$。曲柄摇杆机构的最小传动角出现在曲柄与机架共线的两个位置之一，如图 4.30 所示的 B_1 点或 B_2 点位置。

　　偏置曲柄滑块机构，以曲柄为主动件，滑块为工作件，传动角 γ 为连杆与导路垂线所夹锐角，如图 4.31 所示。最小传动角 γ_{min} 出现在曲柄垂直于导路时的位置，并且位于与偏距方向相反一侧。对于对心曲柄滑块机构，即偏距 $e=0$ 的情况，显然其最小传动角 γ_{min} 出现在曲柄垂直于导路时的位置。

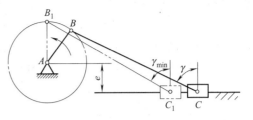

图 4.31　曲柄滑块机构的传动角

　　对以曲柄为主动件的摆动导杆机构，因为滑块对导杆的作用力始终垂直于导杆，其传动角 γ 恒为 $90°$，即 $\gamma = \gamma_{min} = \gamma_{max} = 90°$，表明导杆机构具有最好的传力性能。

4.3.3　死点位置

　　从 $F_t = F\cos\alpha$ 知，当压力角 $\alpha = 90°$ 时，对从动件的作用力或力矩为零，此时连杆不能驱动从动件工作。机构处在这种位置称为死止点，又称止点。如图 4.32（a）所示的曲柄摇杆机构，当从动曲柄 AB 与连杆 BC 共线时，出现压力角 $\alpha = 90°$，传动角 $\gamma = 0$。如图 4.32（b）所示的曲柄滑块机构，如果以滑块作主动，则当从动曲柄 AB 与连杆 BC 共线时，外力 F 无法推动从动曲柄转动。机构处于死点位置，一方面驱动力作用降为零，从动件要依靠惯性越过死点；另一方面是方向不定，可能因偶然外力的影响造成反转。

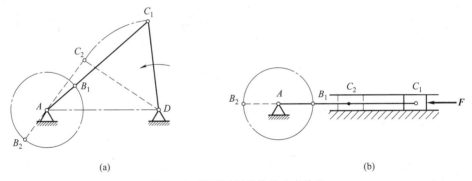

(a)　　　　　　　　　　　　　　　　(b)

图 4.32　平面四杆机构的止点位置

　　四杆机构是否存在死点，取决于从动件是否与连杆共线。如上述图 4.32（a）所示的曲柄摇杆机构，如果改摇杆主动为曲柄主动，则摇杆为从动件，因连杆 BC 与摇杆 CD 不存在共线的位置，故不存在死点。又如前述图 4.32（b）所示的曲柄滑块机构，如果改曲柄为主动，就不存在死点。

　　死点的存在对机构运动是不利的，应尽量避免出现死点。当无法避免出现死点时，一般可以采用加大从动件惯性的方法，靠惯性帮助通过止点，例如内燃机曲轴上的飞轮。也可以采用机构错位排列的方法，靠两组机构死点位置差的作用通过各自的死点。

　　在实际工程应用中，有许多场合是利用死点位置来实现一定工作要求的。如图 4.33（a）所示为一种快速夹具，要求夹紧工件后夹紧反力不能自动松开夹具，所以将夹头构件 1 看成主动件，当连杆 2 和从动件 3 共线时，机构处于止点，夹紧反力 N 对摇杆 3 的作用力矩为零。这样，无论 N 有多大，也无法推动摇杆 3 而松开夹具。当用手搬动连杆 2 的延长部分时，因主动件的转换破坏了止点位置而轻易地松开工件。如图 4.33（b）所示为飞机起落架处于放下机轮的位置，地面反力作用于机轮上使 AB 件为主动件，从动件 CD 与连杆 BC 成一直线，机构处于死点，只要用很小的锁紧力作用于 CD 杆即可有效地保持着支撑状态。当飞机升空离地要收起机轮时，只要用较小力量推动 CD，因主动件改为 CD 破坏了止点位置而轻易地收起机轮。此外，还有汽车发动机盖、折叠椅等。

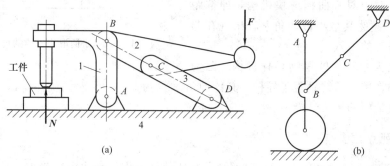

(a) (b)

图 4.33　机构止点位置的应用

4.4.1　按照给定的行程速比系数设计四杆机构

已知行程速度变化系数 K、摇杆长度 l_{CD} 以及摆角 φ，求机构其他构件尺寸，见图 4.34。

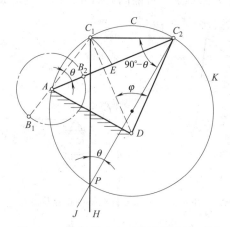

图 4.34　按行程速比系数设计四杆机构

4.4　平面四杆机构的设计

设计步骤：

① 由速比系数 K 计算极位角 θ。由式（4.4）知

$$\theta = 180° \frac{K-1}{K+1}$$

② 选择合适的比例尺，作图求摇杆的极限位置。取摇杆长度 l_{CD} 除以比例尺 μ_1 得图中摇杆长 CD，以 CD 为半径、任定点 D 为圆心、任定点 C_1 为起点做弧 C，使弧 C 所对应的圆心角等于或大于最大摆角 φ，连接 D 点和 C_1 点的线段 C_1D 为摇杆的一个极限位置，过

D 点作与 C_1D 夹角等于最大摆角 φ 的射线交圆弧于 C_2 点得摇杆的另一个极限位置 C_2D。

③ 求曲柄铰链中心。过 C_1 点在 D 点同侧作 C_1C_2 的垂线 H，过 C_2 点作与 D 点同侧与直线段 C_1C_2 夹角为（$90°-\theta$）的直线 J 交直线 H 于点 P，连接 C_2P，在直线段 C_2P 上截取 $C_2P/2$ 得点 O，以 O 点为圆点、OP 为半径，画圆 K，在 C_1C_2 弧段以外在 K 上任取一点 A 为铰链中心。

④ 求曲柄和连杆的铰链中心。连接 A、C_2 点得直线段 AC_2 为曲柄与连杆长度之和，以 A 点为圆心、AC_1 为半径作弧交 AC_2 于点 E，可以证明曲柄长度 $AB=C_2E/2$，于是以 A 点为圆心、$C_2E/2$ 为半径画弧交 AC_2 于点 B_2 为曲柄与连杆的铰接中心。

⑤ 计算各杆的实际长度。分别量取图中 AB_2、AD、B_2C_2 的长度，计算得

$$曲柄长\ l_{AB}=\mu_{1AB2}\quad 连杆长\ l_{BC}=\mu_{1B2C2}\quad 机架长\ l_{AD}=\mu_{1AD}$$

4.4.2　按给定连杆位置设计四杆机构

已知连杆 BC 的长度和依次占据的三个位置 B_1C_1、B_2C_2、B_3C_3，如图 4.35 所示。求确定满足上述条件的铰链四杆机构的其他各杆件的长度和位置。

设计步骤：显然 B 点的运动轨迹是由 B_1、B_2、B_3 三点所确定的圆弧，C 点的运动轨迹是由 C_1、C_2、C_3 三点所确定的圆弧，分别找出这两段圆弧的圆心 A 和 D，也就完成了本四杆机构的设计。因为此时机架 AD 已定，连架杆 CD 和 AB 也已定。具体作法如下：

① 确定比例尺，画出给定连杆的三个位置。实际机构往往要通过缩小或放大比例后才便于作图设计，应根据实际情况选择适当的比例尺 μ_1，见式（4.1）。

② 连接 B_1B_2、B_2B_3，分别作直线段 B_1B_2 和 B_2B_3 的垂直平分线 b_{12} 和 b_{23}（图中细实线），此两垂直平分线的交点 A 即为所求 B_1、B_2、B_3 三点所确定圆弧的圆心。

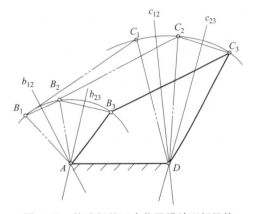

图 4.35　按连杆的三个位置设计四杆机构

③ 连接 C_1C_2、C_2C_3，分别作直线段 C_1C_2 和 C_2C_3 的垂直平分线 c_{12}、c_{23}（图中细实线）交于点 D，即为所求 C_1、C_2、C_3 三点所确定圆弧的圆心。

④ 以 A 点和 D 点作为连架铰链中心，分别连接 AB_3、B_3C_3、C_3D（图中粗实线）即得所求四杆机构。从图中量得各杆的长度再乘以比例尺，就得到实际结构长度尺寸。

单元练习题

一、选择题

1. 一个低副引入的约束数为（　　）。

A. 1 个约束　　　　　　B. 2 个约束　　　　　　C. 3 个约束　　　　　　D. 4 个约束

2. 高副是指两构件之间是（　　）。

A. 移动副接触　　　　　B. 转动副接触　　　　　C. 面接触　　　　　　　D. 点、线接触

3. 机构具有确定运动的条件是自由度数（　　）原动件数。

A. 大于　　　　　　　　B. 等于　　　　　　　　C. 小于　　　　　　　　D. 不确定

4. 在下列平面四杆机构中，无论以哪一构件为主动件，都不存在死点位置（　　）。

A. 曲柄摇杆机构　　　　B. 双摇杆机构　　　　C. 双曲柄机构　　　　D. 曲柄滑块机构

5. 无急回特性的平面四杆机构，其极位夹角为（　　）。

A. $\theta < 0°$　　　　B. $\theta = 0°$　　　　C. $\theta \geq 0°$　　　　D. $\theta > 0°$

6. 一曲柄摇杆机构，若改为以曲柄为机架，则将演化为（　　）。

A. 曲柄摇杆机构　　　B. 双曲柄机构　　　C. 双摇杆机构　　　D. 导杆机构

7. 铰链四杆机构 $ABCD$ 中，AB 为曲柄，CD 为摇杆，BC 为连杆。若杆长 $l_{AB} = 30\text{mm}$，$l_{BC} = 70\text{mm}$，$l_{CD} = 80\text{mm}$，则机架最大杆长为（　　）。

A. 80mm　　　　B. 100mm　　　　C. 120mm　　　　D. 150mm

8. 在下列平面四杆机构中，一定无急回特性的机构是（　　）。

A. 曲柄摇杆机构　　　　　　　　　　B. 摆动导杆机构

C. 对心曲柄滑块机构　　　　　　　　D. 偏置曲柄滑块机构

9. 曲柄摇杆机构中，摇杆为主动件时，（　　）死点位置。

A. 不存在　　　　　　　　　　　　　B. 曲柄与连杆共线时为

C. 摇杆与连杆共线时为　　　　　　　D. 曲柄与连杆不共线时为

10. 为保证四杆机构良好的机械性能，（　　）不应小于最小许用值。

A. 压力角　　　　B. 传动角　　　　C. 极位夹角　　　　D. 摆动角

二、填空题

1. 机构是由若干构件以＿＿＿＿＿＿相连接，并具有＿＿＿＿＿＿＿＿＿＿＿＿＿＿＿的组合体。

2. 两构件通过＿＿＿＿或＿＿＿＿接触组成的运动副为高副。

3. m 个构件组成同轴复合铰链时具有＿＿＿＿＿个回转副。

4. 自由度的计算公式＿＿＿＿＿＿＿＿＿＿＿＿＿＿＿。

5. 一个做平面运动的自由构件有＿＿＿＿＿个自由度。

6. 机构中固定不动的构件称为＿＿＿＿＿＿＿。

7. 在曲柄摇杆机构中，摇杆往复摆动的平均速度不同的运动特性称为＿＿＿＿＿＿＿＿。

8. 平面四杆机构中，已知行程速比系数为 K，则极位夹角的计算公式为＿＿＿＿＿＿。

9. 连架杆均为曲柄的四杆机构称为＿＿＿＿＿＿＿＿＿。

10. 两连架杆中一个为＿＿＿＿＿，另一个为＿＿＿＿＿＿的四杆机构，称为曲柄摇杆机构。

三、判断题

1. 两构件通过点或线接触组成的运动副为低副。　　　　　　　　　　　（　　）

2. 机械运动简图是用来表示机械结构的简单图形。　　　　　　　　　　（　　）

3. 两构件用平面低副连接时相对自由度为1。　　　　　　　　　　　　（　　）

4. 将构件用运动副连接成具有确定运动的机构的条件是自由度数为1。　（　　）

5. 运动副是两构件之间具有相对运动的连接。　　　　　　　　　　　　（　　）

6. 任何平面四杆机构出现死点时对工作都是不利的，因此应设法避免。　（　　）

7. 铰链四杆机构存在曲柄的条件是最短杆与最长杆之和大于或等于其余两杆长度之和。　　　　　　　　　　　　　　　　　　　　　　　　　　　（　　）

8. 机构处于死点位置时，机构中的从动件将出现自锁或运动不确定现象。（　　）

9. 极位夹角是从动件在两个极限位置时的夹角。　　　　　　　　　　　（　　）

10. 平面四杆机构中，压力角越小，传动角越大，机构的传动性能越好，效率越高。

（　　）

四、简答题

1. 什么是平面机构？

2. 复合铰链、局部自由度和虚约束的含义是什么？

3. 平面四杆机构具有哪些基本特征？

4. 铰链四杆机构有哪几种形式？如何判断？

5. 铰链四杆机构中曲柄存在的条件是什么？曲柄是否一定是最短杆？

6. 何谓连杆机构的死点？举出避免死点和利用死点的例子。

五、计算题

1. 计算自由度（图 4.36）。

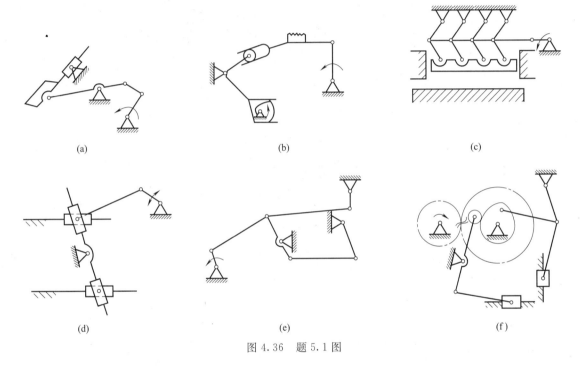

(a) (b) (c)

(d) (e) (f)

图 4.36　题 5.1 图

2. 一铰链四杆机构中，已知 $l_{BC} = 500\text{mm}$，$l_{CD} = 350\text{mm}$，$l_{AD} = 300\text{mm}$，AD 为机架。试问：若此机构为双曲柄机构，且 AB 为曲柄，求 l_{AB} 的最大值。若此机构为双曲柄机构，求 l_{AB} 的最小值。若此机构为双摇杆机构，求 l_{AB} 的取值范围。

3. 如图 4.37 所示的偏置曲柄滑块机构，已知行程速度变化系数 $K = 1.5$，滑块行程 $h = 50\text{mm}$，偏距 $e = 20\text{mm}$，试用图解法求曲柄长度 l_{AB} 和连杆长度 l_{BC}；滑块为原动件时机构的死点位置。

4. 试设计一个曲柄摇杆机构。已知摇杆的长 $l_{CD} = 290\text{mm}$，机架的长度 $l_{AD} = 230\text{mm}$，摇杆在两个极限位置间的夹角 $\psi = 45°$，行程数比系数 $K = 1.4$。按比例作图设计该机构，并求取曲柄 l_{AB} 和连杆 l_{BC} 的长度（图解法）；验算设计的机构曲柄是否存在；标注机构的最大传动角及机构处于由极限位置时的压力角。

5. 在图 4.38 中标出压力角和传动角。

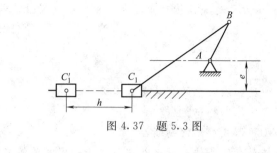

图 4.37 题 5.3 图

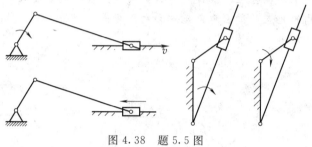

图 4.38 题 5.5 图

第5章 凸轮机构

5.1 凸轮机构的应用

在各种机械中，为了实现各种复杂的运动要求，广泛地应用着凸轮机构。

图5.1是内燃机的配气机构。当凸轮1等速回转时，带动推杆2上下运动，并通过摇臂3使气阀4做往复移动，实现其适时地开启和关闭，以便及时地进气和排气。气阀的运动规律即靠凸轮1的轮廓线规律来实现。由于推杆2是往复直线运动，故称为直动推杆。

图5.2是自动送料机构，构件1是带沟槽的凸轮，当其匀速转动时，迫使嵌在其沟槽内的送料杆2作往复的左右移动，达到送料的目的。

图5.3是仿形刀架，构件1是具有曲线轮廓且只能作相对往复直线运动的凸轮，当刀架3水平移动时，凸轮1的轮廓使从动件2带动刀头按相同的轨迹移动，从而切出与凸轮轮廓相同的旋转曲面。

凸轮机构主要由凸轮、从动件和机架三部分组成。凸轮和从动件之间的接触可以依靠弹簧力、重力、气体压力或几何封闭等方法来实现。凸轮机构结构简单，只要设计出适当的凸轮轮廓曲线，就可以使从动件实现任何预期的运动规律。但由于凸轮机构是高副机构，易于磨损，因此只适用于传递动力不大的场合。

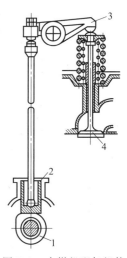

图5.1 内燃机配气机构

1—凸轮；2—推杆；

3—摇臂；4—气阀

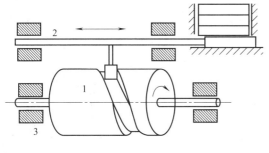

图5.2 自动送料机构

1—凸轮；2—送料杆；3—机架

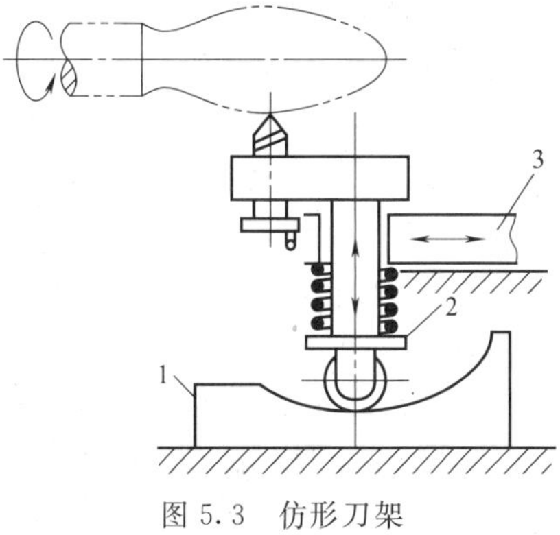

图5.3 仿形刀架

1—凸轮；2—从动件；3—刀架

凸轮机构的种类繁多，常按照下述方法来分类。

（1）按凸轮的形状来分

① 盘形凸轮（图5.1）凸轮绕固定轴心转动且向径是变化的，其从动件在垂直于凸轮轴的平面内运动，是最常用的基本形类型。

② 移动凸轮（图5.3）凸轮作往复直线移动，它可看作是轴心在无穷远处的盘形凸轮。

③ 圆柱凸轮（图5.2）凸轮是在圆柱上开曲线凹槽，或在圆柱端面上做出曲线轮廓的构件。

盘形凸轮和移动凸轮与从动件之间的相对运动都是平面运动，属于平面凸轮机构。圆柱凸轮与从动件之间的运动是空间运动，属于空间凸轮机构。

（2）按从动件的形状来分

① 尖顶从动件 如图5.4（a）所示，该从动件结构简单，尖顶能与任意复杂的凸轮轮廓保持接触，可实现从动件的任意运动规律。但尖顶易磨损，所以只适用于作用力很小的低速凸轮机构，如仪表机构中。

② 滚子从动件 如图5.4（b）所示，该从动件的端部装有可自由转动的滚子，使其与凸轮间为滚动摩擦，可减少摩擦和磨损，能传递较大的动力，应用广泛。但结构复杂，端部质量较大，所以不宜用于高速场合。

③ 平底从动件 如图5.4（c）所示，若不考虑摩擦，凸轮对从动件的作用力始终垂直于平底，传动效率最高，且平底与凸轮轮廓间易形成油膜，有利于润滑，所以可用于高速场合。但是平底不能用于有内凹曲线或直线的凸轮轮廓的凸轮机构。

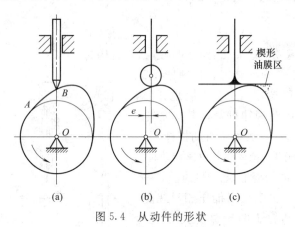

图5.4 从动件的形状

5.2 从动件常用的运动规律

图5.5所示为一对心直动尖顶从动件盘形凸轮机构。以凸轮轴心 O 为圆心，凸轮轮廓最小向径为半径所作的圆称为凸轮的基圆，其半径称为基圆半径，用 r_0 表示。通常取基圆与轮廓的连接点 A 为凸轮轮廓曲线的起始点。从动件与轮廓在 A 点接触时，它距轴心 O 最近。当凸轮顺时针方向转动时，轮廓上的点依次与从动件的顶尖接触。由于 AB 段的向径值是逐渐增大的，所以导致从动件逐渐远离凸轮轴心 O，当转到最大向径 OB 位置时，从动件运动到 B' 最高位置（即距固定轴心 O 最远位置），这一运动过程称为推程，相对应转过的角度 $\angle AOB$ 为推程运动角，用 θ_0 表示，这时从动件移动的距离为升程，用 h 表示。当凸轮继续回转，以 O 为圆心的圆弧 BC 上的点依次与从动件接触，由于向径不变，所以从动件处于最远位置静止不动，所对应的角度 $\angle BOC$ 为远休止角，用 θ_s 表示。当凸轮继续回转，轮廓 CD 段与从动件接触，由于 CD 段向径是逐渐减小的，所以从动件从最远位置逐渐回到最初位置，这一运动过程称为回程，对应所转过的角度 $\angle COD$ 称为回程运动角，用 θ_h 表示。凸轮继续回转，基圆上的圆弧 DA 段与从动件接触，从动件在距轴心最近位置静止不动，对应转过的角度 $\angle DOA$ 为近运动角，用 θ_s' 表示。当凸轮连续回转时，从动件将重复进行

升—停—降—停的运动循环。

通过上述分析可知，从动件的运动规律取决于凸轮轮廓曲线的形状，也就是说，从动件的不同运动规律要求凸轮具有不同的轮廓曲线。所以设计凸轮轮廓曲线时，首先根据适应工作要求选定的从动件的运动规律，得出相应的轮廓曲线。

从动件的运动规律就是从动件的位移（s）、速度（v）和加速度（a）随时间（t）变化的规律。通常凸轮作匀速转动，其转角 θ 与时间 t 成正比（$\theta = \omega t$），所以从动件的运动规律也可用从动件的运动参数随凸轮转角 θ 的变化规律来表示。

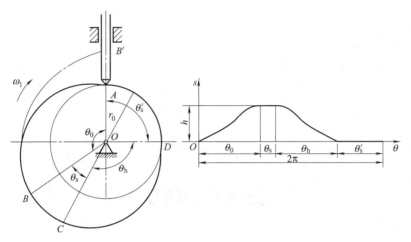

图 5.5　凸轮机构的运动过程

常用的从动件运动规律有等速运动规律、等加速-等减速运动规律、余弦加速度运动规律等，它们的运动线图如图 5.6～图 5.8 所示。

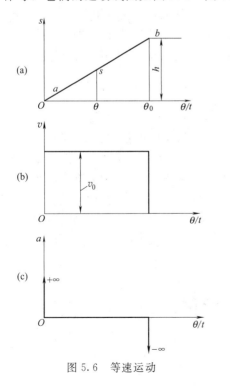

图 5.6　等速运动

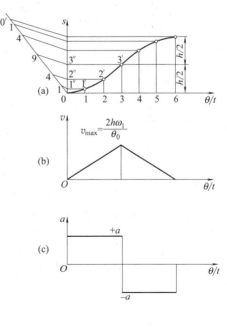

图 5.7　等加速-等减速运动

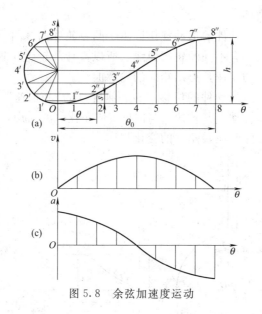

图 5.8　余弦加速度运动

5.3　凸轮机构的压力角

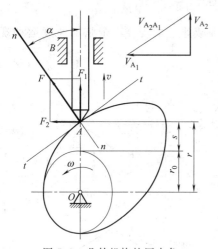

图 5.9　凸轮机构的压力角

如图 5.9 所示，凸轮与从动件在 A 点接触，不考虑摩擦时，凸轮作用于从动件上的法向力 F 沿着 A 点法线 nn 方向。将力 F 分解为 F_1 和 F_2 两个分力，分力 F_1 推动从动件沿 B 处上移，是有用分力；分力 F_2 与从动件运动方向垂直，使从动件在 B 处紧压在导路上，而产生摩擦力，阻止从动件上移，是有害分力。F_1 和 F_2 的大小为

$$F_1 = F\cos\alpha$$
$$F_2 = F\sin\alpha$$

(5.1)

式中，α 是凸轮对从动件的法向力 F 与从动件上该力作用点的速度 v 之间所夹的锐角，称为凸轮机构在该位置的压力角。很明显，压力角 α 越大，有用分力 F_1 越小，有害分力 F_2 越大，传力性能越差。当压力角 α 增大到一定程度，由有害分力 F_2 产生的摩擦力大于有用分力 F_1，则无论凸轮对从动件施加多大的力，从动件都不能运动，即机构出现自锁。由以上分析可知，为改善传力性能，避免自锁，压力角越小越好。

5.4　凸轮的基圆半径

凸轮基圆半径的特点如下。

① 基圆半径越小，凸轮的外廓尺寸越小。

② 基圆半径越小，凸轮理论廓线的最小曲率半径越小，滚子凸轮的实际轮廓容易变尖和交叉。

③ 基圆半径越小，压力角越大，凸轮机构容易自锁。

④ 基圆半径过小，不便于凸轮与轴进行连接。从图 5.9 可见，按结构要求和经验公式确定基圆半径为

$$r_b \geqslant 1.8r_h + 4 \sim 10\text{mm} \tag{5.2}$$

式中　r_h——安装凸轮处轴的半径，mm。

5.5　按给定运动规律设计盘形凸轮轮廓

5.5.1　反转法原理

凸轮机构的形式很多，从动件的运动规律也各不相同，但用图解法设计凸轮轮廓曲线时，所依据的基本原理基本相同。

图 5.10 所示为一对心直动尖顶从动件盘形凸轮机构。凸轮以角速度 ω 绕其固定轴心 O 回转时，从动件的顶尖沿凸轮轮廓曲线相对其导路按预定的运动规律移动。假设给整个凸轮机构加一个绕轴心 O 回转的公共角速度 $-\omega$，根据相对运动原理，凸轮与从动件之间的相对运动关系不变。但是此时，凸轮将静止不动，而从动件一方面以给定的运动规律在其导路内作相对移动；另一方面将随导路一起以角速度（$-\omega$）绕固定轴心 O 回转。由于从动件的尖顶始终与凸轮轮廓相接触，所以，从动件在这种复合运动中，其尖顶的运动轨迹即是凸轮轮廓曲线。这种以凸轮作动参考系，按相对运动原理设计凸轮轮廓曲线的方法称为"反转法"。

同理，若为滚子从动件凸轮机构，从动件在这种复合运动中，滚子的轨迹将形成一个圆族，而该凸轮轮廓曲线为与此圆族相切的曲线，即此圆族的包络线。若为平底从动件的凸轮机构，如图 5.10 所示，则从动件的复合运动中，其平底的轨迹将形成一个直线族，而凸轮轮廓曲线即为该直线族的包络线。

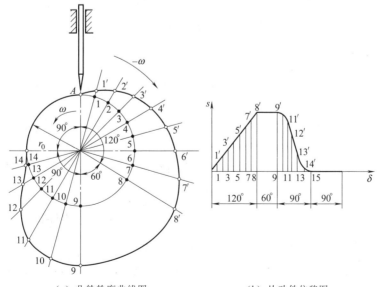

（a）凸轮轮廓曲线图　　　　（b）从动件位移图

图 5.10　对心直动尖顶从动件盘形凸轮机构

5.5.2　对心直动尖顶从动件盘形凸轮轮廓曲线的设计

在该凸轮机构中，凸轮以等角速度 ω 逆时针转动，凸轮基圆半径 r_0，从动件的运动规律是，当凸轮转过推程运动角 θ_0 时，从动件等速上升距离 h；凸轮转过远休止角 θ_s，从动件在最高位置停留不动；凸轮继续转过回程运动角 θ_h，从动件以等加速等减速运动下降距离 h；最后凸轮转过近休止角 θ'_s，从动件在最低位置停留不动（此时凸轮转动一周）。根据此运动规律，则凸轮轮廓曲线的绘制步骤如下。

① 选择长度比例尺 μ_l（实际线性尺寸/图样线性尺寸）和角度比例尺 μ_θ（实际角度/图样线性尺寸），作从动件位移曲线 $s=s(\theta)$。

② 将位移曲线图的推程和回程所对应的转角分成若干等份（图中推程分 8 份，回程分 6 份）。

③ 按长度比例尺 μ_l 作图，以 r_0 为半径作基圆，此基圆与导路的交点 A 便是从动件尖顶的起始位置。

④ 自 OA 沿 ω 的相反方向取角度 θ_0、θ_s、θ_h、θ'_s，并将它们各分成与图 5.10（b）对应的若干等份得 1、2、3、…点。连接 O_1、O_2、O_3、…，并延长各径向线，它们便是反转后从动件导路线的各个位置。

⑤ 在图 5.10（b）的位移曲线中量取各个位移量 $11'$，$22'$，$33'$…，随后在图 5.10（a）中沿各径向等分线对应由基圆向外量取，得到 $1'$、$2'$、$3'$、…点，即为推杆在复合运动中其尖顶所占据的一系列位置。

⑥ 将 $1'$、$2'$、$3'$、…点连成光滑的曲线，即是所要求的凸轮轮廓。

5.5.3　对心直动滚子从动件盘形凸轮轮廓曲线的设计

前述条件作为已知条件，滚子半径为 r_T 为已知条件。

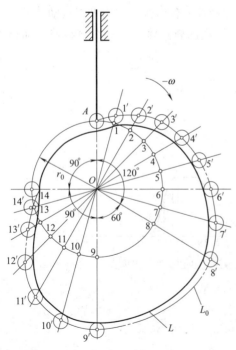

图 5.11　滚子从动轮盘形凸轮机构

滚子从动件盘形凸轮轮廓曲线绘制与尖顶从动件的基本相同，如图 5.11 所示，其步骤如下。

① 将滚子中心作为尖顶从动件的尖顶，按上述尖顶从动件凸轮轮廓曲线的绘制方法画出理论轮廓曲线 L_0。

② 以理论轮廓曲线 L_0 上各点为圆心，以滚子半径 r_T 为半径画出一系列圆，作这些圆的内包络线 L。L 就是所要设计的滚子从动件盘形凸轮的工作轮廓曲线。

需注意的是，在盘形凸轮机构中，以凸轮轴心为圆心，凸轮轮廓最小向径值为半径作的圆，称为凸轮工作轮廓基圆，作图中的 r_0 是指凸轮理论轮廓基圆的半径。

5.5.4　滚子半径的选择

在滚子从动件盘形凸轮结构设计中，滚子半径的选择会影响到从动件的运动规律的实现、受力情况和是否便于安装。

如图 5.12 所示，设理论轮廓上最小曲率半

径为 ρ_{min}，滚子半径为 r_T，对应的工作轮廓曲率半径 ρ_a，它们之间关系如下。

（1）凸轮理论轮廓的内凹部分

由图 5.12（a）可知，$\rho_a = \rho_{min} + r_T$，可见，工作轮廓曲率半径总大于理论轮廓曲率半径。所以，滚子半径无论大小，都能做出工作轮廓。

（2）凸轮理论轮廓的外凸部分

由图 5.12（b）可知，$\rho_a = \rho_{min} - r_T$，当 $\rho_{min} > r_T$ 时，则 $\rho_a > 0$，凸轮工作轮廓为一平滑曲线；当 $\rho_{min} = r_T$ 时，则 $\rho_a = 0$，凸轮工作轮廓曲线上出现尖点，如图 5.12（c）所示，尖点极易磨损，磨损后会影响从动件的运动规律；当 $\rho_{min} < r_T$ 时，则 $\rho_a < 0$，凸轮工作轮廓曲线相交，如图 5.12（d）所示，图中小曲边三角形轮廓在实际加工时会被切掉，使这部分从动件的运动规律无法实现，即出现运动失真。为避免上述缺陷，应保证

$$\rho_a = \rho_{min} - r_T > 3mm \quad 或 \quad \rho_{min} > r_T + 3mm \tag{5.3}$$

滚子半径虽不宜过大，但也不宜太小，不然会使凸轮与滚子接触应力过大，并且难安装。在实际设计中，通常可根据滚子结构要求，按下面经验公式选取滚子半径，再按式（5.3）进行校核。

$$r_T = (0.1 \sim 0.5) r_b \tag{5.4}$$

ρ_{min} 理论轮廓的最小曲率半径可近似地用作图方法求得。如图 5.13 所示，在凸轮理论轮廓上估计曲率半径最小位置取一小段曲线 $B_1 B_2$，将它二等分作出中间 B 点，然后分别以 B_1、B、B_2 为圆心，以适当长度为半径作圆 a_1、a、a_2。连接 a_1、a 两圆和 a、a_2 两圆交点，将此两连线延长地交点 O，OB 长度即为该处曲率半径 ρ_{min}。

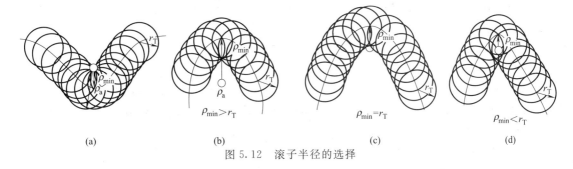

图 5.12 滚子半径的选择

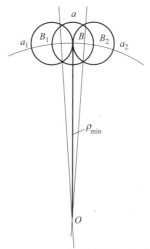

图 5.13 凸轮最小曲率半径

单元练习题

一、选择题

1. 设计凸轮机构，当凸轮角速度和从动件运动规律已知时，则（　　）。

A. 基圆半径越大，压力角越大　　　　B. 基圆半径越小，压力角越大

C. 滚子半径越小，压力角越小　　　　D. 滚子半径越大，压力角越小

2. 凸轮机构的从动件选用等加速等减速运动规律时，其从动件的运动（　　）。

A. 将产生刚性冲击　　　　　　　　　B. 将产生柔性冲击

C. 没有冲击　　　　　　　　　　　　D. 既有刚性冲击又有柔性冲击

3. 在设计直动滚子从动件盘形凸轮机构时，若发生运动失真现象，可以（　　）。

A. 增大滚子半径　　　　　　　　　　B. 减少基圆半径

C. 增大基圆半径　　　　　　　　　　D. 增加从动件长度

4. 在下列凸轮机构中，从动件与凸轮的运动不在同一平面中的是（　　）。

A. 直动滚子从动件盘形凸轮机构　　　B. 摆动滚子从动件盘形凸轮机构

C. 直动平底从动件盘形凸轮机构　　　D. 摆动从动件圆柱凸轮机构

5. 与连杆机构相比，凸轮机构最大的缺点是（　　）。

A. 设计较为复杂　　　　　　　　　　B. 惯性力难以平衡

C. 点、线接触，易磨损　　　　　　　D. 不能实现间歇运动

6. （　　）有限值的突变引起的冲击为刚性冲击。

A. 位移　　　　　B. 速度　　　　　C. 加速度　　　　　D. 频率

二、填空题

1. 设计凸轮机构，若量得其中某点的压力角超过许用值，可以用＿＿＿＿＿＿＿＿方法使最大压力角减小。

2. 凸轮机构是由＿＿＿＿＿＿、＿＿＿＿＿＿、＿＿＿＿＿＿三个基本构件组成的。

3. 理论轮廓曲线相同而实际轮廓曲线不同的两个对心直动滚子从动件盘形凸轮机构，其从动件的运动规律是＿＿＿＿＿＿的。

4. 凸轮轮廓形状由从动件的＿＿＿＿＿＿决定。

5. 对于外凸凸轮，为了保证有正常的实际轮廓，其滚子半径应＿＿＿＿＿＿理论轮廓线的最小曲率半径。

6. 滚子从动件盘形凸轮的基圆半径是从＿＿＿＿＿＿到＿＿＿＿＿＿的最短距离。

7. 在直动尖底从动件盘形凸轮机构中，若压力角＿＿＿＿＿＿，可用加大基圆半径的办法解决。

8. 绘制凸轮轮廓曲线时，常采用＿＿＿＿＿＿法，其原理是，假设给整个凸轮机构加上一个与凸轮转动角速度＿＿＿＿＿＿的公共角，使得凸轮相对固定。

三、判断题

1. 凸轮机构出现自锁是由于驱动力小造成的。　　　　　　　　　　　　（　　）

2. 在凸轮从动件运动规律中，等速运动的加速度冲击最小。　　　　　　（　　）

3. 适用于高速运动的凸轮机构从动件运动规律为余弦加速度运动。　　　（　　）

4. 基圆是凸轮实际廓线上到凸轮回转中心距离最小为半径的圆。　　　　（　　）

5. 若要使凸轮机构压力角减小，应增大基圆半径。　　　　　　　　　　（　　）

6. 凸轮机构的从动件按简谐运动规律运动时，不产生冲击。　　　　　　（　　）

7. 从动件作等速运动的凸轮机构有柔性冲击。 （　　）

8. 凸轮的基圆一般是指以理论轮廓线上最小向径所作的圆。 （　　）

四、简答题

1. 什么叫凸轮的压力角？压力角的大小对凸轮机构有何影响？

2. 说明凸轮机构从动件常用运动规律、冲击特性及应用场合。

五、计算题

1. 试用作图法设计一个对心直动从动件盘形凸轮。已知理论轮廓基圆半径 $r_0 = 50$mm，滚子半径 $r_T = 15$mm，凸轮顺时针匀速转动。当凸轮转过 $120°$ 时，从动件以等速运动规律上升 30mm；再转过 $150°$ 时，从动件以余弦加速度运动规律回到原位；凸轮转过其余 $90°$ 时，从动件静止不动。

2. 设计一对心直动尖顶从动件盘型凸轮。如图 5.14 所示，已知凸轮顺时针以等角速度 ω_1 回转，凸轮基圆半径 $r_0 = 25$mm，从动件运动规律如图所示（要求写出作图步骤，保留作图痕迹）。

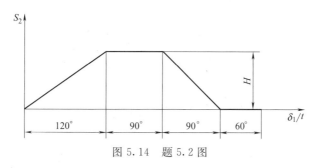

图 5.14　题 5.2 图

第6章 带传动

带传动是机械设备中应用很广的传动形式。带传动由主动带轮 1、从动带轮 2 和张紧在两轮上的传动带组成，如图 6.1 所示。当驱动力矩使主动轮转动时，依靠带和带轮间摩擦力的作用，拖动从动轮一起转动。带传动适用于圆周速度大且圆周力较小时的工作条件。当主动轴和从动轴间距较远时，常采用带传动。

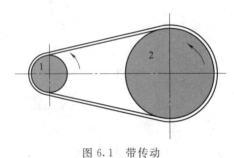

图 6.1　带传动

6.1　带传动概述

6.1.1　带传动的主要类型

（1）按传动原理分类

① 摩擦带传动　靠传动带与带轮之间的摩擦力实现传动，如 V 带传动、平带传动等。

② 啮合带传动　靠带内侧凸齿与带轮外缘上的齿槽相啮合实现传动，如同步带传动。

（2）按用途分类

① 传动带　传递动力用。

② 输送带　输送物品用。

（3）按传动带的截面形状分类（见表 6.1）

表 6.1　传动带的截面形状

平带（截面为扁平矩形）		平带传动中带的截面形状为矩形，工作时带的内面是工作面，与圆柱形带轮工作面接触，属于平面摩擦传动

续表

V带(截面为梯形)	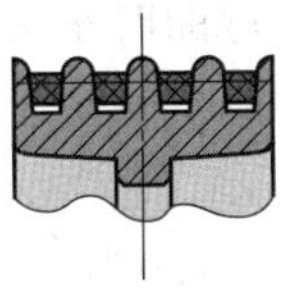	V带传动中带的截面形状为等腰梯形。工作时带的两侧面是工作面,与带轮的环槽侧面接触,属于楔面摩擦传动。在相同的带张紧程度下,V带传动的摩擦力要比平带传动约大70%,其承载能力因而比平带传动高。在一般的机械传动中,V带传动现已取代了平带传动而成为常用的带传动装置
多楔带	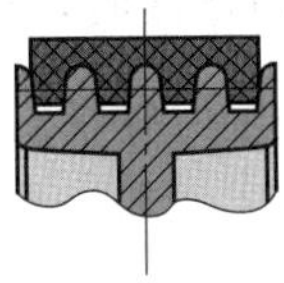	多楔带传动中带的截面形状为多楔形,其工作面为楔的侧面,它具有平带的柔软、V带摩擦力大的特点
圆形带	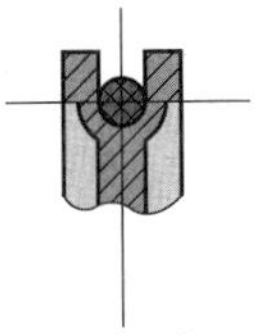	圆带传动中带的截面形状为圆形,其传动能力小,主要用于$v<15\text{m/s}, i=0.5\sim3$的小功率传动,如仪器和家用器械中
同步带	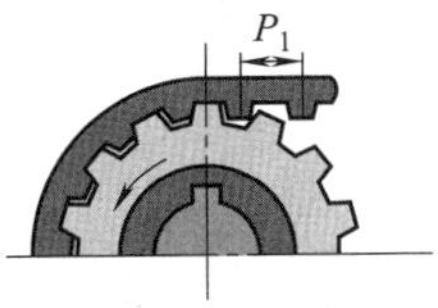	同步带传动是靠带上的齿与带轮上的齿槽的啮合作用来传递运动和动力的。同步带传动工作时带与带轮之间不会产生相对滑动,能够获得准确的传动比,因此它兼有带传动和齿轮啮合传动的特性和优点

6.1.2 带传动的特点和应用

与其他传动相比，带传动具有的优点如下。

① 有良好的弹性，能吸振缓冲，工作平稳，噪声小。

② 过载时，带在轮上打滑，能保护其他零件免遭损坏。

③ 能适应两轴中心距较大的场合。

④ 结构简单，制造容易、维护方便，成本低。

其主要缺点如下。

① 工作时有弹性滑动，传动比不准确，不能用于要求传动比精确的场合。

② 外廓尺寸较大，不紧凑。

③ 转动效率低，V带传动的效率一般 $\eta=0.94\sim0.96$。

④ 由于磨损较快，带的寿命较低，作用在轴上的力较大。

⑤ 由于带与带轮间的摩擦生电，可能产生火花，不宜用于易燃易爆的地方。

带传动多用于高速级传动。高速带传动可达 $60\sim100\text{m/s}$。平带传动的传动比 $i\leqslant5$（常用 $i\leqslant3$），V带传动比 $i\leqslant7$（常用 $i\leqslant5$），若使用张紧轮，则传动比可达 $i\leqslant10$。

6.2 普通V带与V带轮

6.2.1 普通V带

V带有普通V带、窄V带、宽V带、大楔角V带和汽车V带等多种形式，其中普通V带应用最广。本节主要介绍普通V带及带轮。

标准普通 V 带都制成无接头的环形，其结构如图 6.2 所示。V 带结构分为包布层，用胶帆布制成，起保护作用；顶胶层，用橡胶制成，当带弯曲时承受拉伸；抗拉体，用几层胶帘布（帘布芯结构）或一层胶线绳（绳芯结构）组成，用来承受基本的拉力；底胶层，用橡胶制成，当带弯曲时承受压缩。

当 V 带受弯曲时，带中保持其原长度不变的周线称为节线，由全部节线构成节面。带的节面宽度称为节宽（b_d），如图 6.3 所示，V 带受纵向弯曲时，该宽度保持不变。

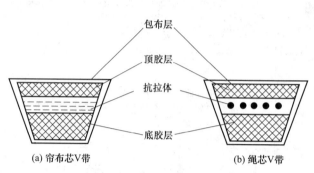

图 6.2　普通 V 带的结构

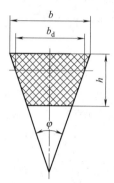

图 6.3　V 带截面

普通 V 带两侧楔角 φ 为 40°，相对高度约 $h/b_d \approx 0.7$，并按其截面尺寸（表 6.2）的不同将其分为 Y、Z、A、B、C、D、E 七种型号。窄 V 带分为 SPZ、SPA、SPB、SPC 4 种。

普通 V 带已标准化，其周线长度 L_d 为带的基准长度。普通 V 带的基准长度系列见表 6.3。

表 6.2　普通 V 带截面尺寸　　　　　　　　　　　　　　　　　　　mm

型号	Y	Z	A	B	C	D	E
顶宽 b/mm	6	10	13	17	22	32	38
节宽 b_d/mm	5.3	8.5	11	14	19	27	32
高度 h/mm	4.0	6.0	8.0	11	14	19	25
楔角 φ/(°)				40			
每米质量 q/(kg/m)	0.04	0.06	0.10	0.17	0.30	0.60	0.87

表 6.3　普通 V 带的基准长度系列及长度系数 K_L

基准长度 L_d/mm	型　号						
	Y	Z	A	B	C	D	E
200	0.81						
224	0.82						
250	0.84						
280	0.87						
315	0.89						
355	0.92						
400	0.96	0.87					
450	1.00	0.89					
500	1.02	0.91					
560		0.94					
630		0.96	0.81				
710		0.99	0.82				
800		1.00	0.85				
900		1.03	0.87	0.81			

基准长度 L_d/mm	型号						
	Y	Z	A	B	C	D	E
1000		1.06	0.89	0.84			
1120		1.08	0.91	0.86			
1250		1.11	0.93	0.88			
1400		1.14	0.96	0.90			
1600		1.16	0.99	0.93	0.84		
1800		1.18	1.01	0.95	0.85		
2000			1.03	0.98	0.88		
2240			1.06	1.00	0.91		
2500			1.09	1.03	0.93		
2800			1.11	1.05	0.95	0.83	
3150			1.13	1.07	0.97	0.86	
3550			1.17	1.10	0.98	0.89	
4000			1.19	1.13	1.02	0.91	
4500				1.15	1.04	0.93	0.90
5000				1.18	1.07	0.96	0.92
5600					1.09	0.98	0.95
6300					1.12	1.00	0.97
7100					1.15	1.03	1.00
8000					1.18	1.06	1.02
9000					1.21	1.08	1.05
10000					1.23	1.11	1.07
11200						1.14	1.10
12500						1.17	1.12
14000						1.20	1.15
16000						1.22	1.18

6.2.2 V带轮

(1) V带轮的材料

带传动一般安装在传动系统的高速级，带轮的转速较高，故要求带轮要有足够的强度。带轮常用灰铸铁铸造，有时也采用铸钢、铝合金或非金属材料。当带轮圆周速度 $v<25\text{m/s}$ 时，采用HT150；当 $v=25\sim30\text{m/s}$ 时，采用HT200；速度更高时，可采用铸钢或钢板冲压后焊接；传递功率较小时，带轮材料可采用铝合金或工程塑料。

(2) V带轮的结构

带轮的结构一般由轮缘、轮毂、轮辐等部分组成。轮缘是带轮具有轮槽的部分，如图6.4所示。轮槽的形状和尺寸与相应型号的带截面尺寸相适应。并规定梯形轮槽的槽角 φ 为32°、34°、36°和38°四种，都小于V带两侧面的夹角40°。这是为了使胶带能紧贴轮槽两侧。

带轮的基准直径是指与所配用V带的节宽相对应的带轮直径，以 d 表示。普通V带轮的轮槽尺寸见表6.4。

对V带轮的设计要求是质量小、工艺性好、质量分布均匀、内应力小、高速应经动平衡，工作面应精细加工。V带轮的设计主要是根据带轮的基准直径选择结构形式，根据带的型号确定轮槽尺寸。带轮直径 $\leqslant(2.5\sim3)d$（d 为轮轴直径，单位为mm）时，采用实心式，如图6.5（a）所示；带轮直径 $d<300\text{mm}$ 时，采用腹板式，如图6.5（b）所示。带轮直径 $d>300\text{mm}$ 时，采用轮辐式，如图6.5（c）所示。

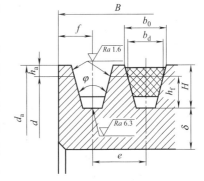

图6.4 V带轮结构（一）

表 6.4 普通 V 带轮的轮槽尺寸   mm

槽型		Y	Z	A	B	C
b_d		5.3	8.5	11	14	19
h_{amin}		1.6	2.0	2.75	3.5	4.8
e		8	12	15	19	25.5
f_{min}		6	7	9	11.5	16
h_{fmin}		4.7	7.0	8.7	10.8	14.3
δ_{min}		5	5.5	6	7.5	10
相应的基准直径 d	$\varphi=32°$	≤60	—	—	—	—
	$\varphi=34°$	—	≤80	≤118	≤190	≤315
	$\varphi=36°$	>60	—	—	—	—
	$\varphi=38°$	—	>80	>118	>190	>315

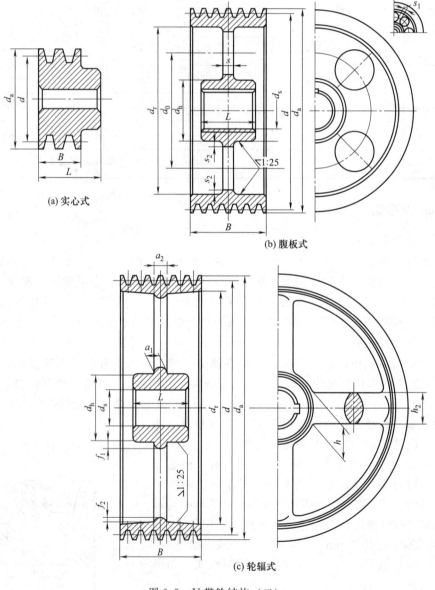

(a) 实心式

(b) 腹板式

(c) 轮辐式

图 6.5 V 带轮结构（二）

6.3　带传动工作能力分析

6.3.1　带传动中的受力分析

带传递的力带呈环形，以一定的张紧力 F_0 套在带轮上，使带和带轮相互压紧。静止时，带两边的拉力相等，均为 F_0 ［图 6.6（a）］；传动时，由于带与轮面间摩擦力的作用，带两边的拉力不再相等 ［图 6.6（b）］。绕进主动轮的一边，拉力由 F_0 增加到 F_1，称为紧边拉力；而另一边带的拉力由 F_0 减为 F_2，称为松边拉力。设环形带的总长度不变，则紧边拉力的增加量应等于松边拉力的减少量，即

$$2F_0 = F_1 + F_2 \tag{6.1}$$

两边拉力之差 $F = F_1 - F_2$ 即为带的有效拉力，它等于沿带轮的接触弧上摩擦力的总和。在一定条件下，摩擦力有一极限值，如果工作阻力超过极限值，带就在轮面上打滑，传动不能正常工作。

设带传动传递的功率为 P（kW）、带速为 v（m/s），则有效拉力 F（N）为

$$F = F_f = F_1 - F_2 = 1000P/v \tag{6.2}$$

由式（6.2）可知，在传动能力范围内，F 的大小和传递的功率 P 及带的速度 v 有关。当传递功率增大时，带的有效拉力即带两边拉力差值也要相应增大。带的两边拉力的这种变化，实际上反映了带和带轮接触面上摩擦力的变化。当带有打滑趋势时摩擦力即达到了极限值，打滑一般首先发生在小带轮上，即将打滑时，带传动中 F_1 与 F_2 的关系可利用柔韧体摩擦的欧拉公式表示。

$$F_1 = F_2 e^{f\alpha} \tag{6.3}$$

式中　e——自然对数的底，e＝2.718；

f——带与带轮接触面间的摩擦因数（V 带为当量摩擦因数 f_v）；

α——带在带轮上的包角，rad。

将式（6.1）、式（6.2）及式（6.3）整理后，可得到初拉力为 F_0 时，带所能传递的最大有效拉力为

$$F_{max} = 2F_0 \frac{e^{f\alpha} - 1}{e^{f\alpha} + 1} \tag{6.4}$$

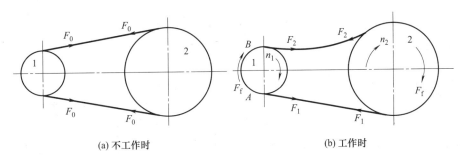

(a) 不工作时　　　　　　　　　　　　(b) 工作时

图 6.6　带传动的工作原理图

带所传递的圆周力 F 与下列因素有关。

① F_0 增大，F_{max} 增大，但 F_0 过大时，会降低带的使用寿命，同时会产生过大的压轴力。

② f 增大，摩擦力也增大，F_{max} 增大。

③ α 增大，F_{max} 增大。因为 $\alpha_1 < \alpha_2$，故打滑首先发生在小带轮上，一般要求 $\alpha_1 \geqslant 120°$，至少不小于 $90°$。

④ 当 $F > F_{max}$ 时，带传动发生打滑而失效，故应避免。

6.3.2 带传动的应力分析

带传动工作时，带中的应力由以下三部分组成。

（1）拉应力

紧边拉应力
$$\sigma_1 = \frac{F_1}{A}(\text{MPa}) \tag{6.5}$$

松边拉应力
$$\sigma_2 = \frac{F_2}{A}(\text{MPa}) \tag{6.6}$$

式中，A 为带的横截面面积，mm^2。

（2）离心应力

当带以速度 v 沿着带轮轮缘做圆周运动时，带自身的质量将产生离心力。虽然离心力只产生在带做圆周运动的部分，但由离心力产生的离心拉力作用于带的全长。离心应力可用下式计算。

$$\sigma_c = \frac{qv^2}{A} \tag{6.7}$$

式中　q——带单位长度的质量（见表 6.5），kg/m；

　　　v——带的线速度，m/s。

表 6.5　基准宽度制 V 带单位长度的质量 q 及带轮最小基准直径

带型	Y	Z	A	B	C	D	E
$q/(\text{kg/m})$	0.02	0.06	0.10	0.17	0.30	0.62	0.90
d_{dmin}/mm	20	50	75	125	200	355	500

（3）弯曲应力

带绕在带轮上时因弯曲而引起弯曲应力，如图 6.7 所示，其大小由下式计算。

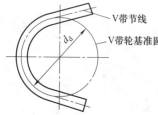

$$\sigma_b \approx \frac{Eh}{d_d} \tag{6.8}$$

式中　h——带的高度，mm；

　　　d_d——带轮的计算直径，对于 V 带轮，d_d 为基准直径，mm；

　　　E——带的弹性模量，N/mm^2。

图 6.7　带的弯曲应力

显然，带的弯曲应力因带轮的直径不同而不同，带轮的直径越小，带的弯曲应力越大。为了避免带的弯曲应力过大，各种型号的 V 带都规定了最小带轮基准直径（见表 6.5）。

带工作时的应力分布情况如图 6.8 所示，各截面应力的大小用自该处引出的径向线或垂直线的长短来表示。很明显，在传动过程中，带处于变应力状态下工作，最大应力发生在带的紧边开始绕入小带轮处，其值为

$$\sigma_{max} = \sigma_1 + \sigma_c + \sigma_{b1} \tag{6.9}$$

由图 6.8 可知，带在工作过程中，其应力是在 $\sigma_{min} = \sigma_2 + \sigma_c$ 与 $\sigma_{max} = \sigma_1 + \sigma_c + \sigma_{b1}$ 之间

不断变化的，因此，带经长期运行后即当应力循环次数达到一定值后，带将因此产生疲劳破坏而失效。

为保证带具有足够的疲劳强度，应满足

$$\sigma_{max} = \sigma_1 + \sigma_c + \sigma_{b1} \leqslant [\sigma] \tag{6.10}$$

式中，$[\sigma]$ 为根据疲劳寿命决定的带的许用应力，其单位为 MPa，其值由疲劳实验得出。

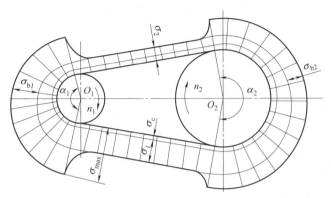

图 6.8　带工作时的应力分布

6.3.3　带传动的弹性滑动和传动比

带传动在工作时，由于带是弹性体，受到拉力后会产生弹性变形。因为紧边与松边的拉力不同，所以带的变形量也会不同。如图 6.6（b）所示，当带在 A 点绕上主动轮时，带的速度 v 和带轮的速度 v_1 相同。带由 A 点转到 B 点的过程中，带的拉力由 F_1 逐渐减小到 F_2，带的弹性伸长量也随之减小，带沿带轮的运动是一面绕进，一面向后收缩，带速 v 也逐渐低于主动轮的四周速度 v_1，此时带与带轮间必然发生相对滑动。这种现象也发生在从动轮上，不过情况恰好相反。这种由于带的弹性变形而引起的带与带轮间的滑动，称为弹性滑动。它是带传动正常工作时固有的特性，是不可避免的。它造成功率损失，增加带的磨损，也是带传动不能保证准确传动比的根本原因。

弹性滑动导致从动轮的圆周速度 v_2（m/s）低于主动轮的圆周速度 v_1（m/s），其降低量用滑动率 ε 表示

$$\varepsilon = \frac{v_1 - v_2}{v_1} \times 100\% \tag{6.11}$$

$$v_1 = \frac{\pi d_{d1} n_1}{60 \times 1000} \tag{6.12}$$

$$v_2 = \frac{\pi d_{d2} n_2}{60 \times 1000} \tag{6.13}$$

式中　n_1，n_2——主、从动轮转速，r/min。

带传动的实际传动比

$$i = \frac{n_1}{n_2} = \frac{d_{d2}}{d_{d1}(1-\varepsilon)} \tag{6.13}$$

V 带传动的滑动率 $\varepsilon = 0.01 \sim 0.02$，一般可不考虑，其传动比计算式为

$$i = \frac{n_1}{n_2} \approx \frac{d_{d2}}{d_{d1}} \tag{6.14}$$

6.4 V 带传动的设计

6.4.1 带传动的主要失效形式

带传动的主要失效形式是打滑和带的疲劳断裂。由于带传动中的弹性滑动，带和带轮之间不可避免地存在有相对滑动。因此，带和带轮的磨损也是带传动的一种常见失效形式。

6.4.2 设计准则和单根 V 带的额定功率

带传动的设计准则是，在保证带传动在工作时不打滑的条件下，具有一定的疲劳强度和寿命。

单根 V 带所能传递的功率与带的型号、长度、带速、带轮直径、包角大小及载荷性质等有关。为便于设计，将实验测得的在载荷平稳、包角为 180° 及特定长度条件下的单根 V 带在保证不打滑并具有一定寿命时所能传递的功率 P_0 称为基本额定功率，依此作为设计的依据。各种型号 V 带的 P_0 值见表 6.6。

当实际使用条件与实验条件不符时，P_0 值应当加以修正，故 V 带的额定功率还要再附加一个 ΔP_0 增量，增量 ΔP_0 见表 6.7。

表 6.6　单根普通 V 带的额定功率 P_0　　　　　　　　　　kW

型号	小带轮基准直径 /mm	小带轮转速 n_1/(r/min)										
		200	400	600	700	800	950	1200	1450	1600	1800	200
Y	20						0.01	0.02	0.02	0.03		0.03
	25					0.03	0.03	0.03	0.04	0.05		0.05
	28					0.03	0.04	0.04	0.05	0.05		0.06
	31.5				0.03	0.04	0.04	0.05	0.06	0.06		0.07
	35.5				0.04	0.05	0.05	0.06	0.06	0.07		0.08
	40				0.04	0.05	0.06	0.07	0.08	0.09		0.11
	45		0.04		0.05	0.06	0.07	0.08	0.09	0.11		0.12
	50		0.05		0.06	0.07	0.08	0.09	0.11	0.12		0.14
Z	50		0.06		0.09	0.10	0.12	0.14	0.16	0.17		0.20
	56		0.06		0.11	0.12	0.14	0.17	0.19	0.20		0.25
	63		0.08		0.13	0.15	0.18	0.22	0.25	0.27		0.32
	71		0.09		0.17	0.20	0.23	0.27	0.30	0.33		0.39
	80		0.14		0.20	0.22	0.26	0.30	0.35	0.39		0.44
	90		0.14		0.22	0.24	0.28	0.33	0.36	0.40		1.48
A	80		0.31		0.47	0.52	0.61	0.71	0.81	0.87		0.94
	90		0.39		0.61	0.68	0.77	0.93	1.07	1.15		1.34
	100		0.47		0.74	0.83	0.95	1.14	1.32	1.42		1.66
	112		0.56		0.90	1.00	1.15	1.39	1.61	1.74		2.04
	125		0.67		1.07	1.19	1.37	1.66	1.92	2.07		2.44
	140		0.78		1.26	1.41	1.62	1.96	2.28	2.45		2.87
	160		0.94		1.51	1.69	1.95	2.36	2.73	2.94		3.42
	180		1.09		1.76	1.97	2.27	2.74	3.16	3.40		3.93

续表

型号	小带轮基准直径/mm	小带轮转速 n_1/(r/min)										
		200	400	600	700	800	950	1200	1450	1600	1800	200
B	125		0.84			1.44	1.64	1.93	2.19	2.33	2.50	2.64
	140		1.05			1.82	2.08	2.47	2.82	3.00	3.23	3.42
	160		1.32			2.32	2.66	3.17	3.62	3.86	4.15	4.40
	180		1.59			2.81	3.22	3.85	4.39	4.68	5.02	5.30
	200		1.85			3.30	3.77	4.50	5.13	5.46	5.83	6.13
	240		2.17			3.86	4.42	5.26	5.97	6.33	6.73	7.02
	250		2.50			4.46	5.10	6.04	6.82	7.20	7.63	7.87
	280		2.89			5.13	5.85	6.90	7.76	8.13	8.46	8.63
C	200			3.30		4.07	4.58	5.29	5.84	6.07	6.28	6.34
	224			4.12		5.12	5.78	6.71	7.45	7.75	8.00	8.06
	250			5.00		6.23	7.04	8.21	9.04	9.38	9.63	9.62
	280			6.00		7.52	8.49	9.81	10.72	11.06	11.22	11.04
	315			7.14		8.92	10.05	11.53	12.46	12.72	12.67	12.14
	355			8.45		10.46	11.73	13.31	14.12	14.19	13.73	12.59
	400			9.82		12.10	13.48	15.04	15.53	15.24	14.08	11.95
	450			11.29		13.80	15.23	16.59	16.47	15.57	13.29	9.64
D	355	5.31			13.70		16.15	17.25	16.77	15.63		
	400	6.52			17.70		20.06	21.20	20.15	18.31		
	450	7.90			20.63		24.01	24.48	22.62	19.59		
	500	9.21			23.99		27.50	26.71	23.59	18.88		
	560	10.76			27.73		31.04	29.67	22.58	15.13		
	630	12.54			31.68		34.19	30.15	18.06	6.25		
	710	14.55			35.59		36.35	27.88	7.99			
	800	16.76			39.14		36.67	21.32				

表 6.7　单根普通 V 带额定功率的增量 ΔP_0　　　　kW

型号	传动比 i	小带轮转速 n_1/(r/min)								
		200	400	700	800	950	1200	1450	1600	2000
Z	1.09~1.12									
	1.13~1.18									
	1.19~1.24									
	1.25~1.34									
	1.35~1.50			0.01	0.01	0.01	0.02	0.03	0.02	0.03
	≥2		0.01	0.01	0.02	0.02	0.03	0.03	0.03	0.04
A	1.09~1.12									
	1.13~1.18	0.01	0.02	0.04	0.04	0.05	0.07	0.08	0.09	0.11
	1.19~1.24	0.01	0.03	0.05	0.05	0.06	0.08	0.09	0.11	0.13
	1.25~1.34	0.02	0.04	0.06	0.06	0.07	0.10	0.11	0.13	0.16
	1.35~1.50	0.02	0.04	0.07	0.07	0.08	0.11	0.13	0.15	0.19
	≥2	0.03	0.05	0.09	0.09	0.11	0.15	0.17	0.19	0.24
B	1.09~1.12	0.02	0.04	0.07	0.08	0.10	0.13	0.15	0.17	0.21
	1.13~1.18	0.03	0.06	0.10	0.11	0.13	0.17	0.20	0.23	0.28
	1.19~1.24	0.04	0.07	0.12	0.14	0.17	0.21	0.25	0.28	0.35
	1.25~1.34	0.04	0.08	0.15	0.17	0.20	0.25	0.31	0.34	0.42
	1.35~1.50	0.05	0.10	0.17	0.20	0.23	0.30	0.36	0.39	0.49
	≥2	0.06	0.13	0.20	0.25	0.30	0.38	0.46	0.51	0.63
C	1.09~1.12	0.06	0.12	0.21	0.23	0.27	0.35	0.42	0.47	0.59
	1.13~1.18	0.08	0.16	0.27	0.31	0.37	0.47	0.58	0.63	0.78
	1.19~1.24	0.10	0.20	0.34	0.39	0.47	0.59	0.71	0.78	0.98
	1.25~1.34	0.12	0.23	0.41	0.47	0.56	0.70	0.85	0.94	1.17
	1.35~1.50	0.14	0.27	0.48	0.55	0.65	0.82	0.99	1.10	1.37
	≥2	0.18	0.35	0.62	0.71	0.83	1.06	1.27	1.41	1.76

6.4.3 设计步骤和参数选择

设计 V 带传动时，一般已知条件是传动的用途、工作条件、传递的功率、主从动轮的转速（或传动比）、传动的位置要求及原动机类型等；设计的内容是确定 V 带的型号、长度和根数，传动中心距，带轮的材料、结构和尺寸，作用于轴上的压力等。

设计步骤如下。

① 确定计算功率 P_c

$$P_c = K_A P \tag{6.15}$$

式中，K_A 为工况系数，查表 6.8 确定；P 为传递名义功率（如电动机的额定功率），kW。

表 6.8 工作情况系数 K_A

工 作 情 况		K_A					
		软启动			硬启动		
		每天工作小时数/h					
		<10	10~16	>16	<10	10~16	>16
载荷变动微小	离心式水泵和压缩机、轻型输送机等	1.0	1.1	1.2	1.1	1.2	1.3
载荷变动小	压缩机、发电机、金属切削机床、印刷机、木工机械等	1.1	1.2	1.3	1.2	1.3	1.4
载荷变动较大	制砖机、斗式提升机、起重机、冲剪机床、纺织机械、橡胶机械、重载输送机、磨粉机等	1.2	1.3	1.4	1.4	1.5	1.6
载荷变动大	破碎机、摩碎机等	1.3	1.4	1.5	1.5	1.6	1.8

② 选择带的型号 带的型号可根据计算功率 P_c 和小带轮转速 n_1 由图 6.9 选取。临近两种型号的交界线时，一般选小型号，或按两种型号同时计算，分析比较后决定取舍。

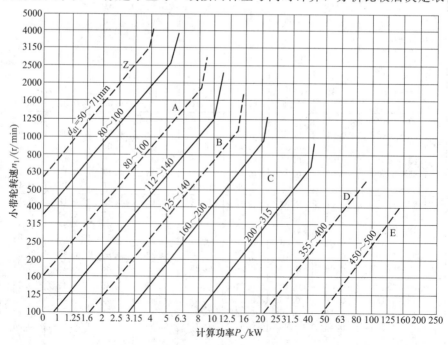

图 6.9 普通 V 带选型图

③ 确定小带轮直径 d_{d1} 和大带轮直径 d_{d2} 小带轮直径愈小，传动所占空间愈小，但弯曲应力愈大，带愈易疲劳。表6.9列出了普通V带轮的最小基准直径。设计时，应使小带轮基准直径 $d_{d1} \geqslant d_{dmin}$。大带轮基准直径 d_{d2} 按下式进行计算：

$$d_{d2} = \frac{n_1}{n_2} d_{d1} \tag{6.16}$$

计算结果按表6.9的基准直径系列圆整。

表6.9 普通V带带轮的最小基准直径及基准直径系列　　　　　　　mm

型号	Y		Z		A		B		C		D		E	
d_{dmin}	20		50		75		125		200		355		500	
基准直径系列	22.4	25	(56)	63	(80)	(85)	(132)	140	(212)	224	375	400	530	560
	28	31.5	71	75	90	100	150	160	236	250	425	450	600	630
	35.5	40	80	90	106	112	170	180	265	280	475	500	670	710
	45	50	100	112	118	125	200	224	300	315	560	600	800	900
	56	63	125	132	132	140	250	280	335	355	630	710	1000	1120
	71	80	140	150	150	160	315	355	400	450	750	800	1250	1400
	90	100	160	180	180	200	400	450	500	560	900	1000	1500	1600
	112	125	200	224	224	250	500	560	600	630	1060	1120	1800	1900
			250	280	280	315	600	630	710	750	1250	1400	2000	2240
			315	355	355	400	710	750	800	900	1500	1600	2500	
			400	500	450	500	800	900	1000	1200	1800	2000		
				630	560	630	1000	1200	1250	1400				
					710	800			1600	2000				

④ 验算带速 v 普通V带质量较大，带速较高，会因惯性离心力过大而降低带与带轮间的正压力，从而降低摩擦力和传动能力；带速过低，则在传递相同功率的条件下所需有效拉力 F 较大，要求带的根数较多。一般以 $v = 5 \sim 25 \text{m/s}$ 为宜。

带速的计算公式为

$$v = \frac{\pi d_{d1} n_1}{60 \times 10^3} \tag{6.17}$$

⑤ 确定中心距 a 和带的基准长度 L_d 当中心距较小时，传动较为紧凑，但带长也减小，在单位时间内带绕过带轮的次数增多，即带内应力循环次数增加，会加速带的疲劳；而中心距过大时，传动的外廓尺寸大，且高速运转时易引起带的颤动，影响正常工作。一般初定中心距 a_0 可根据题目要求或按以下范围估算。

$$0.7(d_{d1} + d_{d2}) < a_0 < 2(d_{d1} + d_{d2}) \tag{6.18}$$

初选后，可根据下式计算V带的初选长度 L_0。

$$L_0 \approx 2a_0 + \frac{\pi}{2}(d_{d1} + d_{d2}) + \frac{(d_{d2} - d_{d1})^2}{4a_0} \tag{6.19}$$

根据 L_0，按表6.3选取接近的基准长度 L_d。传动的实际中心距可近似按下式确定。

$$a \approx a_0 + \frac{L_d - L_0}{2} \tag{6.20}$$

考虑到安装、调整和带松弛后张紧的需要，中心距应当可调，并留有调整余量，其变动范围为

$$a_{min} = a - 0.015 L_d$$
$$a_{max} = a + 0.03 L_d \tag{6.21}$$

⑥ 验算小带轮上的包角 α_1 包角是影响带传动工作能力的主要参数之一。包角大，带的承载能力高；反之易打滑。在 V 带传动中，一般小带轮上的包角不宜小于 $120°$，个别情况下可小到 $90°$，否则应增大中心距或减小传动比，也可以加张紧轮。α_1 的计算公式为

$$\alpha_1 = 180° - \frac{d_{d2} - d_{d1}}{a} \times 57.3° \qquad (6.22)$$

如果检验不符合要求，可增大中心距或加装张紧轮。

⑦ 确定 V 带的根数 z V 带的根数 z 可由下式计算。

$$z = \frac{P_c}{(P_0 + \Delta P_0) K_\alpha K_L} \qquad (6.23)$$

式中，K_α 为包角系数，考虑不同包角对传动能力的影响，其值见表 6.10；K_L 为长度系数，考虑不同带长对传动能力的影响，其值见表 6.3；ΔP_0 为功率增量，kW；P_0 为特定条件单根 V 带的额定功率，kW；P_c 为计算功率，kW。

表 6.10 小带轮包角系数 K_α

$\alpha/(°)$	180	175	170	165	160	155	150	145	140	135	130	125	120	110	100	90
K_α	1	0.99	0.98	0.96	0.95	0.93	0.92	0.91	0.89	0.88	0.86	0.84	0.82	0.78	0.73	0.68

⑧ 计算初拉力 F_0 初拉力是保证带传动正常工作的重要参数。初拉力不足，易出现打滑；初拉力过大，V 带寿命缩短，压轴力增大。既保证传动功率，又不出现打滑的单根 V 带所需的初拉力 F_0 可由下式计算。

$$F_0 = \frac{500 P_c}{zv} \left(\frac{2.5}{K_\alpha} - 1 \right) + qv^2 \qquad (6.24)$$

⑨ 计算轴上压力 F_y 为了设计支承带轮的轴和轴承，需知带作用在轴上的载荷 F_y 的大小。为了简化计算，可近似地按 2 倍带初拉力 F_0 进行计算。

$$F_y = 2 z F_0 \sin \frac{\alpha_1}{2} \qquad (6.25)$$

式中，F_y 为作用在带轮轴的径向压力，N；z 为带的根数；F_0 为单根带的初拉力，N；α_1 为小带轮上的包角，$(°)$。

例 6-1 设计驱动带式运输机的普通 V 带传动。已知电动机的额定功率 $P = 5.5 \text{kW}$，转速 $n_1 = 960 \text{r/min}$，要求从动轮转速 $n_2 = 320 \text{r/min}$，两班制工作，传动带水平布置。

解： ① 确定计算功率 P_c

由表 6.8 查得工作情况系数 $K_A = 1.2$，故

$$P_c = K_A P = 1.2 \times 5.5 = 6.6 \text{kW}$$

② 选取 V 带型号

根据 P_c 和 n_1，由图 6.9 确定选用 A 型 V 带。

③ 确定带轮基准直径

a. 按设计要求，参考图 6.9 及表 6.5，选取小带轮直径 $d_{d1} = 140 \text{mm}$。

b. 计算从动轮直径 d_{d2}

$$d_{d2} = \frac{n_1}{n_2} d_{d1} = \frac{960}{320} \times 140 \text{mm} = 420 \text{mm}$$

按标准取 $d_{d2} = 400 \text{mm}$，对转速 n_2 影响不大。

④ 验算带速 v

$$v = \frac{\pi d_{d1} n_1}{60 \times 1000} \text{m/s} - \frac{\pi \times 140 \times 960}{60 \times 1000} \text{m/s} = 7.037 \text{m/s}$$

满足要求。

⑤ 确定中心距 a 和 V 带长度 L_d

由 $0.7 \times (d_{d1} + d_{d2}) < a_0 < 2 \times (d_{d1} + d_{d2})$，初步选取中心距 $a_0 = 650 \text{mm}$。

求所需要的基准带长 L_0

$$
\begin{aligned}
L_0 &= 2a_0 + \frac{\pi}{2}(d_{d1} + d_{d2}) + \frac{(d_{d2} - d_{d1})^2}{4a_0} \\
&= \left[2 \times 650 + \frac{\pi}{2}(400 + 140) + \frac{(400 - 140)^2}{4 \times 650} \right] \text{mm} \\
&= 2173.8 \text{mm}
\end{aligned}
$$

查表 6.3，取带的基准长度 $L_d = 2240 \text{mm}$。

计算实际中心距

$$a = a_0 + \frac{L_d - L_0}{2} = \left(650 + \frac{2240 - 2173.8}{2} \right) \text{mm} = 683.1 \text{mm}$$

⑥ 校核小带轮的包角 α_1

$$
\begin{aligned}
\alpha_1 &= 180° - \frac{d_{d2} - d_{d1}}{a} \times 57.3° \\
&= 180° - \frac{400 - 140}{683.1} \times 57.3° = 158.2° > 120°
\end{aligned}
$$

⑦ 确定 V 带根数

$$z = \frac{P_c}{(P_0 + \Delta P_0) K_\alpha K_L}$$

由表 6.6 查得 $d_{d1} = 140 \text{mm}$、$n_1 = 950 \text{r/min}$ 及 $n_1 = 1200 \text{r/min}$ 时单根 A 型 V 带的额定功率分别为 1.62kW 和 1.96kW。$n_1 = 960 \text{r/min}$ 时的额定功率可用线性插值法求出。

$$P_0 = 1.62 \text{kW} + \frac{1.96 - 1.62}{1200 - 950} \times (960 - 950) \text{kW} = 1.634 \text{kW}$$

由表 6.7 查得 $\Delta P_0 = 0.11 \text{kW}$。

查表 6.10 得 $K_\alpha = 0.943$，查表 6.3 得 $K_L = 1.06$，则

$$z = \frac{6.6}{(1.634 + 0.11) \times 0.943 \times 1.06} = 3.786$$

取 $z = 4$ 根。

⑧ 计算单根 V 带初拉力 F_0

$$F_0 = 500 \frac{P_c}{vz}\left(\frac{2.5}{K_\alpha} - 1 \right) + qv^2$$

查表 6.5 得 $q = 0.1 \text{kg/m}$，故

$$F_0 = \left[500 \times \frac{6.6}{7.037 \times 4}\left(\frac{2.5}{0.943} - 1 \right) + 0.1 \times 7.037^2 \right] \text{N} = 198.52 \text{N}$$

⑨ 计算对轴的压力 F_Q

$$F_Q = 2F_0 z \sin\frac{\alpha_1}{2} = \left(2 \times 198.52 \times 4 \times \sin\frac{158.2°}{2} \right) \text{N} = 1559.30 \text{N}$$

6.5 带传动的安装、维护和张紧

6.5.1 V带传动的安装和维护

V带传动的安装和维护需注意以下几点。

① 安装时，两带轮轴必须平行，两轮轮槽要对齐，否则将加剧带的摩擦，甚至使带从带轮上脱落。

② 胶带不宜与酸、碱或油接触，工作温度不应超过60℃。

③ 带传动装置应加保护罩。

④ 定期检查胶带，发现其中一根过度松弛或疲劳损坏时，应全部更换新带，不能新旧并用。如果旧胶带尚可使用，应测量长度，选长度相同的带组合使用。

6.5.2 V带传动的张紧

由于V带工作一段时间后，会因永久性伸长而松弛，影响带传动的正常工作。为了保证带传动具有足够的工作能力，应采用张紧装置来调整带的张紧力。常见的张紧装置有三种。

（1）定期张紧

采用定期改变中心距的方法来调节带的预紧力，使带重新张紧，如图6.10（a）所示为滑轨式张紧装置，图6.10（b）所示为摆架式张紧装置。

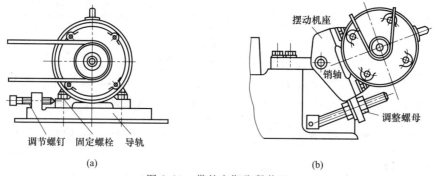

(a)　　　　　　　　　　　　(b)

图6.10　带的定期张紧装置

（2）自动张紧装置

将装有带轮的电动机安装在浮动的摆架上，利用电动机的自重，使带轮随同电动机绕固定轴摆动，以自动保持张紧力，如图6.11所示。

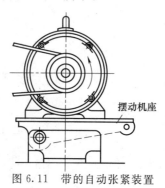

图6.11　带的自动张紧装置

（3）采用张紧轮的装置

当中心距不能调节时，可使用张紧轮把带张紧，如图 6.12 所示。张紧轮一般应放在松边的内侧，使带只受单向弯曲。同时张紧轮应尽量靠近大轮，以免过分影响在小带轮上的包角。张紧轮的轮槽尺寸与带轮的相同

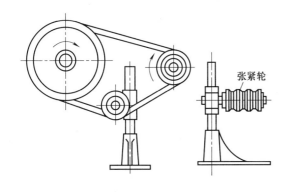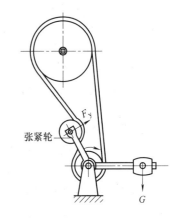

图 6.12　张紧轮装置

单元练习题

一、选择题

1. 带传动的设计准则是（　　　）。

A. 保证带具有一定的寿命

B. 保证带不被拉断

C. 保证不发生弹性滑动的情况下，带又不被拉断

D. 保证传动不打滑的条件下，带具有一定的疲劳强度

2. 正常工作条件下的带传动，在接触面上带与带轮间（　　　）。

A. 速度完全一致　　　B. 存在弹性滑动　　　C. 存在打滑　　　D. 存在弹性滑动与打滑

3. 普通 V 带传动是依靠（　　）来传递运动和动力的。

A. 带与带轮接触面之间的正压力　　　　　B. 带与带轮接触面之间的摩擦力

C. 带的紧边拉力　　　　　　　　　　　　D. 带的松边拉力

4. 带传动工作中张紧的目的是（　　　）。

A. 减轻带的弹性滑动　　　　　　　　　　B. 提高带的寿命

C. 改变带的运动方向　　　　　　　　　　D. 使带具有一定的初拉力

5. 在其他条件相同的情况下，普通 V 带传动比平带传动能传递更大的功率，这是因为（　　　）。

A. 带与带轮的材料组合具有较高的摩擦因数

B. 带的质量轻，离心力小

C. 带与带轮槽之间的摩擦是楔面摩擦

D. 带无接头

6. 中心距一定的带传动，小带轮上包角的大小主要由（　　　）决定。

A. 小带轮直径　　　　　　　　　　　　　B. 大带轮直径

C. 两带轮直径之和   D. 两带轮直径之差

7. 设计 V 带传动时，为了防止（   ），应限制小带轮的最小直径。

A. 带内的弯曲应力过大   B. 小带轮上的包角过小

C. 带的离心力过大   D. 带的长度过长

8. 带传动在工作时，假定小带轮为主动轮，则带内应力的最大值发生在带（   ）。

A. 进入大带轮处   B. 紧边进入小带轮处

C. 离开大带轮处   D. 离开小带轮处

9. 带传动在工作中产生弹性滑动的原因是（   ）。

A. 带与带轮之间的摩擦因数较小   B. 带绕过带轮产生了离心力

C. 带的弹性与紧边和松边存在拉力差   D. 带传递的中心距大

二、填空题

1. 三角胶带按剖面尺寸大小分 _____ 等型号，其公称长度是指 _____ 的长度。

2. 带传动最大的有效圆周力随着 _____ ，_____ ，_____ 的增大而增大。

3. 带是处于 _____ 应力下工作的，这将使带容易产生 _____ 破坏。

4. 一般带传动的失效形式是 _____ 和 _____ 。

5. 带传动工作时，由于存在 _____ ，主、从动轮的转速比不能保持准确。

6. 带传动工作时，带中将产生 _____ 、_____ 和 _____ 三种应力，其中 _____ 应力对带的疲劳强度影响最大。

三、判断题

1. 带传动由于工作中存在打滑，造成转速比不能保持准确。   （   ）

2. V 带传动比平带传动允许较大的传动比和较小的中心距，原因是其无接头。

                                                            （   ）

3. 一般带传动包角越大，其所能传递的功率就越大。   （   ）

4. 由于带工作时存在弹性滑动，从动带轮的实际圆周速度小于主动带轮的圆周速度。

                                                            （   ）

5. 增加带的初拉力可以避免带传动工作时的弹性滑动。   （   ）

6. 在带的线速度一定时，增加带的长度可以提高带的疲劳寿命。   （   ）

7. 带的离心应力取决于单位长度的带质量、带的线速度和带的截面积三个因素。

                                                            （   ）

四、简答题

1. 影响带传动工作能力的因素有哪些？

2. 带传动的带速为什么不宜太高也不宜太低？

3. 带传动中的弹性滑动和打滑是怎样产生的？对带传动有何影响？

4. 带工作时，截面上产生哪几种应力？这些应力对带传动的工作能力有什么影响？最大应力在什么位置？

5. 什么是滑动率？滑动率如何计算？为什么说弹性滑动是带传动的固有特性？由于弹性滑动的影响，带传动的速度将如何变化？

五、计算题

1. 有一带式输送装置，其异步电动机与齿轮减速器之间用普通 V 带传动，电动机功率

$P＝7kW$，转速 $n_1＝960r/min$，减速器输入轴的转速 $n_2＝330r/min$，允许误差为 $\pm5\%$，运输装置工作时有轻微冲击，两班制工作，试设计此带传动。

2. 已知带传动的功率 $P＝7.5kW$，主动轮直径 $d_1＝100mm$，转速 $n_1＝1200rpm$，紧边拉力 F_1 是松边拉力 F_2 的两倍，试求 F_1、F_2 的值。

第7章 齿轮传动

7.1 齿轮传动的特点和基本类型

齿轮传动是现代机械设备中应用最广泛的一种机械传动。齿轮传动是依靠两齿轮轮齿之间互相推压作用的啮合传动。它可以用来传递平行轴、相交轴和交错轴之间的运动和动力。与其他传动相比，齿轮传动有着突出的优点，如能保证两齿轮瞬时传动比恒定不变；能实现两平行轴、相交轴和交错轴间的各种传动；圆周速度和功率适用范围广，效率高；工作可靠、使用寿命长。齿轮传动也有不可避免的缺点，如对制造和安装精度要求较高，加工齿轮需要专用机床和设备，成本较高；不适合两轴相距较远的传动；对冲击和振动较为敏感。

齿轮传动的类型很多，可根据两齿轮轴线的相对位置、啮合方式和轮齿形状的不同分类，如图 7.1 所示。

齿轮传动
- 平行轴
  - 按轮齿方向分
    - 直齿圆柱齿轮传动[图7.1 (a)]
    - 斜齿圆柱齿轮传动[图7.1 (b)]
    - 人字齿轮传动[图7.1 (c)]
  - 按啮合方式分
    - 外啮合齿轮传动[图7.1 (a)、(b)、(c)]
    - 内啮合齿轮传动[图7.1 (d)]
    - 齿轮齿条啮合传动[图7.1 (e)]
- 相交轴-圆锥齿轮传动[图7.1 (f)]
- 交错轴
  - 螺旋齿轮传动[图7.1 (g)]
  - 蜗杆传动[图7.1 (h)]

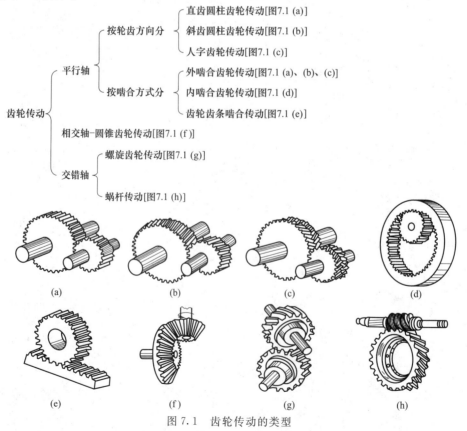

图 7.1 齿轮传动的类型

7.2 渐开线齿廓

7.2.1　渐开线的形成

如图 7.2 所示，一条直线沿一个半径为 r_b 的圆周作纯滚动，该直线上任一点 K 的轨迹称为该圆的渐开线。这个圆称为基圆，该直线称为渐开线的发生线。齿轮的齿廓就是由两段对称渐开线组成的，如图 7.3 所示。

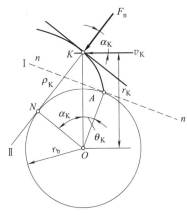

图 7.2　渐开线的形成

图 7.3　渐开线齿廓

7.2.2　渐开线的性质

① 发生线沿基圆滚过的线段长度等于基圆上被滚过的相应弧长即 $\overline{NK}=\overset{\frown}{NA}$，如图 7.2 所示。

② 渐开线上任意一点法线必然与基圆相切。换言之，基圆的切线必为渐开线上某点的法线。

因为当发生线在基圆上作纯滚动时，它与基圆的切点 N 是发生线上各点在这一瞬时的速度瞬心，渐开线上 K 点的轨迹可视为以 N 点为圆心，NK 为半径所作的极小圆弧，故 N 点为渐开线上 K 点的曲率中心，NK 为其曲率半径和 K 点的法线，而发生线始终相切于基圆，所以渐开线上任意一点法线必然与基圆相切。

③ 渐开线的弯曲程度取决于基圆的大小，如图 7.4 所示。基圆越大，渐开线越平直，当基圆半径趋于无穷大时，渐开线变成直线。齿条的齿廓就是这种直线齿廓。

④ 作用于渐开线 K 点的正压力 F_n 的方向（法线方向）与其作用点 K 的速度 v_K 方向所夹的锐角称为渐开线在 K 点的压力角 α_K（图 7.2），K 点离圆心越远，压力角 α_K 越大，基圆压力角 α_b 为 $0°$。

⑤ 因为发生线切于基圆，所以基圆以内没有渐开线。

7.2.3　渐开线齿廓的啮合特点

（1）瞬时传动比为常数

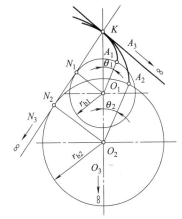

图 7.4　不同基圆上的渐开线

如图 7.5 所示，两渐开线齿廓在任意点 K 接触，按刚体传动规律，两齿廓在 K 点的速度 v_{K1} $(O_1 K \omega_1)$、v_{K2} $(O_2 K \omega_2)$ 的法向速度 v_{K1}^n $(v_{K1} \cos\alpha_{K1})$、v_{K2}^n $(v_{K2} \cos\alpha_{K2})$ 必须相等，即

$$\omega_1 O_1 K \cos\alpha_{K1} = \omega_2 O_2 K \cos\alpha_{K2}$$

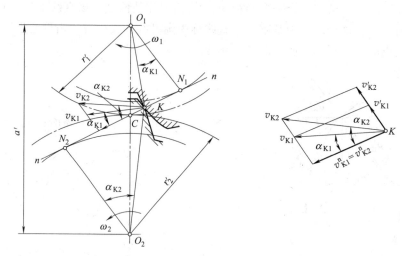

图 7.5 齿廓的瞬时传动比

又按渐开线性质 2，过 K 点的公法线 nn，同时切于两基圆，切点为 N_1、N_2，基圆半径为 r_{b1} $(O_1 N_1)$、r_{b2} $(O_2 N_2)$。由图 7.5 可知

$$O_1 K \cos\alpha_{K1} = O_1 N_1 = r_{b1}, O_2 K \cos\alpha_{K2} = O_2 N_2 = r_{b2}$$

故瞬时传动比为

$$i = \frac{\omega_1}{\omega_2} = \frac{O_2 K \cos\alpha_{K2}}{O_1 K \cos\alpha_{K1}} = \frac{O_2 N_2}{O_1 N_1} = \frac{r_{b2}}{r_{b1}} \tag{7.1}$$

由于渐开线的两基圆半径 r_{b1}、r_{b2} 不变，且 K 点是任意点，所以渐开线齿廓在任意点啮合，两齿轮瞬时传动比 ω_1/ω_2 为常数，且与其基圆半径成反比。

（2）中心距可分性

若一对渐开线齿轮传动由于制造、安装、轴的变形及轴承磨损等原因，使实际中心距比理论中心距稍有增大时，两轮的瞬时传动比能否保持不变呢？根据齿廓啮合基本定律，由图 7.5 可知 $\triangle O_1 C N_1 \backsim \triangle O_2 C N_2$，按式（7.1）可得

$$i = \frac{\omega_1}{\omega_2} = \frac{r_2'}{r_1'} = \frac{r_{b2}}{r_{b1}} \tag{7.2}$$

由于两轮的基圆半径 r_{b1}、r_{b2} 仍保持原值，两齿轮瞬时传动比仍为常数。

中心距稍有增大，其瞬时传动比不变的特性，称为中心距可分性。中心距变化后，两轮的节圆半径虽有变化，但是它们的比值不变。渐开线齿轮具有的中心距可分性，为渐开线齿轮制造和安装带来方便。

（3）齿廓啮合线、压力线方向不变

根据渐开线性质 2，两轮齿廓在任意点 K 啮合时，过 K 点的公法线 $N_1 N_2$，也是两轮基圆一侧的内公切线，它只有一条，且方向不变。

两轮齿廓啮合点的轨迹，称为啮合线。两渐开线齿轮齿廓的所有啮合点都位于唯一的公法线 N_1N_2 上，故啮合线与公法线重合。啮合线 N_1N_2 与两节圆的公切线 tt 的夹角 α' 称为啮合角，如图 7.6 所示。

两齿廓啮合，如不计摩擦，则压力沿法线方向传递，这时法线也就是压力线。可见，两渐开线齿廓啮合，其啮合线、压力线都与公法线重合，它们的方向都不变，同时啮合角也不变。

由于压力线方向不变，所以经齿廓传于机架的力相对稳定。节圆上的压力角，是压力方向 N_1N_2 与节点 C 的速度方向 tt 间的夹角，它与啮合角 α' 重合，用同一符号表示。

根据渐开线性质 5，基圆内没有渐开线，所以与两基圆啮合线 nn 的切点 N_1、N_2 就是理论极限啮合点，$\overline{N_1N_2}$ 便是理论啮合线长度。

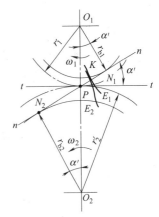

图 7.6 齿廓啮合线

7.3 渐开线标准直齿圆柱齿轮的主要参数和几何尺寸计算

7.3.1 齿轮各部名称与符号

如图 7.7 所示为标准直齿圆柱齿轮，各部分名称如下。

① 齿宽 沿齿轮轴线方向量得轮齿宽度，用 b 表示。

② 齿槽宽 一个齿槽齿廓间在任意圆周上的弧长，用 e_k 表示。

③ 齿厚 任意圆周上量得轮齿厚度（弧长），用 s_k 表示。

④ 齿距 任意圆周上相邻两齿对应点间的弧长，用 p_k 表示，$p_k = s_k + e_k$。

⑤ 齿顶圆 由轮齿顶部所确定的圆，其直径用 d_a 表示，如图 7.8 所示。

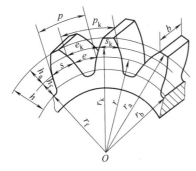

图 7.7 齿轮各部分的名称（一）

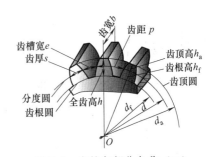

图 7.8 齿轮各部分名称（二）

⑥ 齿根圆 由轮齿根部所确定的圆，其直径用 d_f 表示。

⑦ 分度圆 渐开线齿廓上压力角为 $20°$ 处之圆。它是齿轮加工、几何尺寸计算的基准。分度圆直径用 d 表示，分度圆上的齿厚、齿槽宽、齿距分别为 s、e、p 表示，且 $s = e = p/2$。

⑧ 齿顶高 齿顶圆与分度圆之间的径向距离，称为齿顶高，用 h_a 表示。

⑨ 齿根高 齿根圆与分度圆之间的径向距离，称为齿根高，用 h_f 表示。

⑩ 全齿高 齿顶圆与齿根圆之间的径向距离，称为全齿高，用 h 表示。

7.3.2 渐开线齿轮主要参数

① 齿数　形状相同、沿圆周方向均布的轮齿个数，称为齿数。齿轮的齿数与传动比有关，通常由工作条件确定。

② 压力角　渐开线齿轮压力角指渐开线齿廓在分度圆处的压力角。分度圆上的压力角标准值为 20°。

③ 模数 m　分度圆直径与齿数之间有如下关系。

$$\pi d = mz \quad 或 \quad d = \frac{p}{\pi} z \tag{7.3}$$

式中，π 是一个无理数，为使计算和测量方便。工程上令 $\frac{p}{\pi} = m$，称为模数，并定为标准值，见表 7.1。于是上式可改写为

$$d = mz \tag{7.4}$$

表 7.1　标准模数系列（摘自 GB/T 1357—1987）　　　　　　mm

第一系列	0.1	0.12	0.15	0.2	0.25	0.3	0.4	0.5
	0.6	0.8	1	1.25	1.5	2	2.5	3
	4	5	6	8	10	12	16	20
	25	32	40	50				
第二系列	0.35	0.7	0.9	1.75	2.25	2.75	(3.25)	3.5
	(3.75)	4.5	5.5	(6.5)	7	9	(11)	14
	18	22	28	36	45			

注：1. 本表适用于渐开线圆柱齿轮，对斜齿轮是指法向模数。
2. 优先用第一系列，括号内模数尽可能不用。

④ 齿顶高系数 h_a^* 和顶隙系数 c^*　由于齿距与模数成正比，取齿高的尺寸也与模数成正比，即

$$h_a = h_a^* m \tag{7.5}$$

$$h_f = h_a + c = (h_a^* + c^*) m \tag{7.6}$$

$$h = h_a + h_f = (2h_a^* + c^*) m \tag{7.7}$$

式中，h_a^* 称为齿顶高系数；c^* 称为顶隙系数（径向间隙系数），如图 7.9 所示。

$$c = c^* m$$

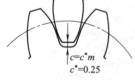

图 7.9　齿轮顶隙

标准齿轮规定：

$m > 1\text{mm}$ 时，正常齿制，$h_a^* = 1$、$c^* = 0.25$；短齿制，$h_a^* = 0.8$、$c^* = 0.3$。

$m \leqslant 1\text{mm}$ 时，$h_a^* = 1$、$c^* = 0.35$。

由上面各式看出，当 m、α、h_a^* 与 c^* 均为标准值且 $e = s$ 的齿轮称为标准齿轮。渐开线齿轮的几何尺寸由模数 m、齿数 z、压力角 α、齿顶高系数 h_a^*、顶隙系数 c^* 决定。所以它们是渐开线齿轮的基本参数。

渐开线标准直齿圆柱齿轮的几何尺寸计算公式见表 7.2。

表 7.2　渐开线标准直齿圆柱齿轮的几何尺寸计算公式

名　　　称	符　　号	计 算 公 式
齿距	p	$p = m\pi$
齿厚	s	$s = m\pi / 2$

名　　称	符　　号	计 算 公 式
齿槽宽	e	$e=m\pi/2$
齿顶高	h_a	$h_a=h_a^* m$
齿根高	h_f	$h_f=(h_a^*+c^*)m$
全齿高	h	$h=(2h_a^*+c^*)m$
分度圆直径	d	$d=mz$
齿顶圆直径	d_a	$d_a=d\pm 2h_a=m(z\pm 2h_a^*)$
齿根圆直径	d_f	$d_f=d\mp 2h_f=m(z\mp 2h_a^*\mp 2c^*)$
基圆直径	d_b	$d_b=d\cos\alpha=mz\cos\alpha$
中心距	a	$a=\dfrac{1}{2}(d_1\pm d_2)=\dfrac{1}{2}m(z_1\pm z_2)$

注：同一式中有"±"号者，上面的符号用于外啮合（外齿轮），下面的符号用于内啮合（内齿轮）。

7.3.3 渐开线标准齿轮的公法线长度和分度圆弦齿厚

齿轮在加工、检验时，常用测量公法线长度和分度圆弦齿厚的方法来保证轮齿的精度。

（1）公法线长度

基圆切线与齿轮某两条反向齿廓交点的距离称为公法线长度，用 W 表示（图 7.10）。测量公法线长度需用公法线千分尺（或普通卡尺），测量方法简便，在齿轮加工中应用较广。标准齿轮的公法线长度的计算公式为

$$W=m\left[2.9521(k-0.5)+0.014z\right] \tag{7.8}$$

式中，k 为跨齿数，由下式计算。计算出的跨齿数 k 应四舍五入取整数，再代入式（7.8）计算 W 值。

$$k=z/9+0.5=0.111z+0.5 \tag{7.9}$$

（2）分度圆弦齿厚

测量公法线长度，对于斜齿圆柱齿轮将受到齿宽条件的限制，对于大模数齿轮，测量也有困难。此外，还不能用于检测锥齿轮和蜗轮，通常改测齿轮的分度圆弦齿厚。

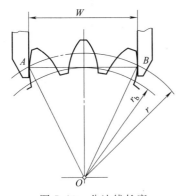

图 7.10 公法线长度

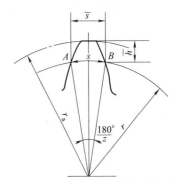

图 7.11 分度圆弦齿厚与弦齿高

分度圆上齿厚的弦长 AB 称分度圆弦齿厚，用 $\overline{s}$ 表示（图 7.11）。为了确定测量位置，把齿顶到分度圆弦齿厚的径向距离称为分度圆弦齿高，用 $\overline{h}$ 表示。标准齿轮分度圆弦齿厚和弦齿高的计算公式分别为

$$\left.\begin{array}{l} \overline{s}=mz\sin\dfrac{90^\circ}{z}\\[3mm] \overline{h}=m\left[h_a^*+\dfrac{z}{2}\left(1-\cos\dfrac{90^\circ}{z}\right)\right] \end{array}\right\} \tag{7.10}$$

7.4 渐开线直齿圆柱齿轮的啮合传动

7.4.1 正确啮条件

如图 7.12 所示，一对齿轮啮合过程中，两轮齿廓的啮合点是沿啮合线移动的，当前一对轮齿在 K 点啮合，后一对轮齿在 K' 点啮合时，为保证两对齿廓均在啮合线上相切接触，则必须使两齿轮的法向齿距相等。即

$$p_{b1} = p_{b2}$$

因 $p_b = \pi m \cos\alpha$，将其代入上式可得

$$\pi m_1 \cos\alpha_1 = \pi m_2 \cos\alpha_2$$

由于 m、α 都已标准化，故两齿轮正确啮合条件为

$$\left. \begin{array}{c} m_1 = m_2 = m \\ \alpha_1 = \alpha_2 = \alpha \end{array} \right\} \tag{7.11}$$

即一对渐开线直齿圆柱齿轮正确啮合的条件是，两轮的模数和压力角应分别相等。

这样，一对齿轮的传动比公式可写为

$$i_{12} = \frac{\omega_1}{\omega_2} = \frac{d_2'}{d_1'} = \frac{d_{b2}}{d_{b1}} = \frac{d_2}{d_1} = \frac{z_2}{z_1} \tag{7.12}$$

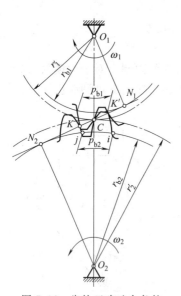

图 7.12 齿轮正确啮合条件

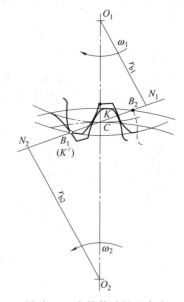

图 7.13 齿轮传动的重合度

7.4.2 连续传动条件

如图 7.13 所示，两轮的一对轮齿沿啮合线 N_1N_2 的啮合过程是，先由主动轮 1 的齿根推动从动轮 2 的齿顶（虚线位置），开始进入啮合，直至主动轮 1 的齿顶推动从动轮 2 的齿根（实线位置），退出啮合。所以轮 2、轮 1 齿顶圆与实际啮合线 N_1N_2 的交点 B_2、B_1，分别是实际起始啮合点和终止啮合点，$\overline{B_2B_1}$ 称为实际啮合线。当前一对齿退出啮合前，后

一对齿必须进入啮合，才能保证齿轮传动连续，所以实际啮合线长$\overline{B_2B_1}$必须大于前后两齿同侧齿廓在啮合线上的距离$\overline{KK'}$，也就是说$\overline{B_2B_1}$应大于基圆齿距p_b。$\overline{B_2B_1}$与p_b之比，称为重合度ε。因此，连续传动条件为

$$\varepsilon = \frac{\overline{B_2B_1}}{p_b} = \frac{\overline{B_2B_1}}{m\pi\cos\alpha} > 1 \tag{7.13}$$

ε越大，表示啮合线$\overline{B_2B_1}$内，同时参加啮合的轮齿对数越多。标准齿轮、标准安装、齿数$z > 17$时，ε都大于1。一般$1 < \varepsilon < 2$，齿数越多，重合度ε越大，传动越平稳。

7.4.3 标准齿轮安装

一对正确安装的渐开线标准齿轮，其分度圆与节圆相重合，这种安装称为标准安装，标准安装时的中心距称为标准中心距。

（1）外啮合齿轮机构

如图7.14所示，外啮合齿轮机构的标准中心距为

$$a = r_1 + r_2 = m(z_1 + z_2) \tag{7.14}$$

两轮转向相反，传动比取负号，即

$$i_{12} = \frac{\omega_1}{\omega_2} = -\frac{r_2}{r_1} = -\frac{z_2}{z_1} \tag{7.15}$$

（2）内啮合齿轮机构

如图7.15所示，内啮合齿轮机构的标准中心距为

$$a = r_2 - r_1 = m(z_2 - z_1)/2 \tag{7.16}$$

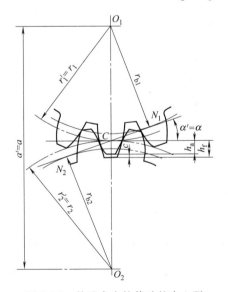

图7.14 外啮合齿轮传动的中心距

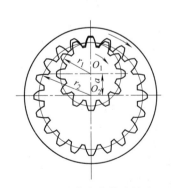

图7.15 内啮合齿轮传动的中心距

两轮转向相同，传动比取正号，即

$$i_{12} = \frac{\omega_1}{\omega_2} = \frac{r_2}{r_1} = \frac{z_2}{z_1} \tag{7.17}$$

（3）齿轮齿条机构

齿轮齿条机构标准安装时，如图7.16所示，齿条中线与节线重合，齿轮中心到齿条中

心线的距离为

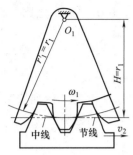

图 7.16　齿轮齿条机构

$$H = r_1 = r_1' = mz_1 \qquad (7.18)$$

齿轮角速度 ω_1 与齿条速度 v_2 间的关系为

$$\omega_1 r_1 = v_2 \qquad (7.19)$$

为了便于测量，通常要求中心距的尾数圆整为 0、2、5、8 的整数。

标准安装的齿轮机构，有以下特点。

① 啮合角（节圆压力角）与压力角（分度圆压力角）相等。

② 齿侧没有间隙。

③ 顶隙为标准顶隙 $c = c^* m$。

7.5　渐开线齿轮的加工方法与根切现象

7.5.1　渐开线齿轮加工方法

齿轮加工方法很多，根据轮齿成形原理来分，有仿形法和展成法两类。

（1）仿形法

仿形法是采用与齿廓形状相同的刀具或模具加工齿轮。如图 7.17 所示，铣刀形状与齿槽形状相同，只是刀顶比齿顶高高出 $c^* m$，以便铣出顶隙。加工时，铣刀绕刀轴转动进行铣削，轮坯沿轮轴线进刀。每铣完一个齿槽，将轮坯转动 $360°/z$，再铣下一个齿槽，铣削加工属于间断切削。由于渐开线齿形由 m、z、α、h_a^*、c^* 五个参数决定，而标准齿制中，α、h_a^*、c^* 为定值，故铣刀只需按 m、z 选择。为了减少铣刀数量，齿数在一定范围内的齿轮，用同一把刀加工。铣刀的刀号及其加工的齿数范围见表 7.3。仿形铣削，由于不同齿数合用一把刀，因

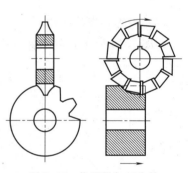

图 7.17　仿形法加工齿轮

此齿形近似，精度低；又因是间断加工，故生产率低；但加工方法简单，不用专用机床，适合于修配和单件生产；此外，模锻、精铸齿轮也是利用仿形原理。

表 7.3　铣刀的刀号及其加工的齿数范围

刀号	1	2	3	4	5	6	7	8
加工齿数范围	12～13	14～16	17～20	21～25	26～34	35～54	55～134	135 以上

（2）展成法（范成法）

展成法是利用一对齿轮（或齿轮与齿条），相互啮合时（两轮节圆相互滚动），两轮齿廓互为包络线的原理加工齿轮。

展成法切齿用的刀具，有齿轮插刀、齿条插刀和齿轮滚刀。

图 7.18（a）为齿轮插刀加工齿轮。齿轮插刀是一个具有切削刃的渐开线齿轮。其顶部比正常齿高出 $c^* m$，以便切出顶隙部分。它与轮坯安装在插齿机上按一定的传动比转动，就像一对齿轮啮合传动一样，称为展成运动，同时插刀沿轮坯齿宽方向做往复运动，插刀刀刃各个位置的包络线就形成了齿轮的渐开线齿廓［图 7.18（b）］。

图 7.19（a）为齿条插刀加工齿轮，加工原理与齿轮插刀加工齿轮相同。当轮坯转动时，刀具沿轮坯周向移动，移动速度与被加工齿轮的分度圆圆周速度相等，同时齿条插刀沿轮坯的齿宽方向做往复切削运动，刀具刀刃在各个位置时的包络线［图 7.19（b）］就是被加工齿轮的齿廓曲线。

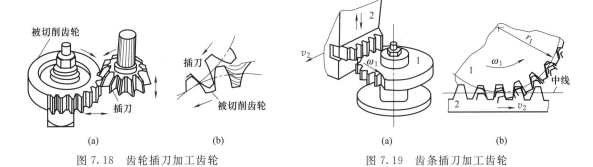

图 7.18 齿轮插刀加工齿轮　　　　　　图 7.19 齿条插刀加工齿轮

图 7.20 为利用滚刀在滚齿轮机上加工齿轮。加工原理与用齿条插刀加工齿轮基本相同。齿轮滚刀呈螺旋形，沿纵向开出沟槽，其轴向剖面与齿条相同。当齿轮滚刀绕本身回转时，就相当于一个无限长假想齿条连续地向一个方向移动，齿轮滚刀还同时沿轮坯轴线方向缓慢移动。直至切出完整的齿形为止。

用展成法加工齿轮，同一把刀可精确加工出同一模数、同压力角而不同齿数的任意齿轮。插齿方法加工齿轮为间断切削，生产率较低。而滚齿方法加工齿轮为连续加工，生产率较高。

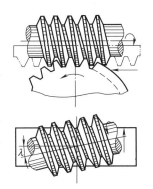

7.5.2 根切现象及最少齿数

图 7.20 滚刀加工齿轮

用展成法加工齿轮，有时出现轮齿根部渐开线被刀具齿顶切去一部分的现象［见图 7.21（a）中所示］，称为根切。根切将削弱轮齿的弯曲强度，减少重合度，影响传动质量，所以应尽量避免。

经过分析证明，用展成法切削齿轮时，若刀具的齿顶线或齿顶圆与啮合线的交点超过被

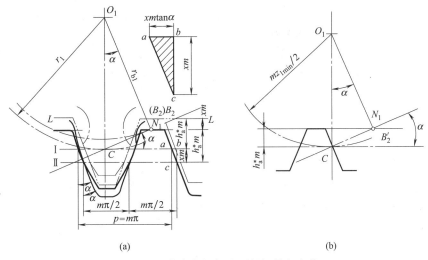

(a)　　　　　　　　　　　　　　(b)

图 7.21 轮齿的根切及不根切最少齿数

加工齿轮的啮合极限点 N_1 时，就会产生根切。

由上述可知，不发生根切的条件是 B_2 点不超过 N_1 点，[图 7.21（b）]即

$$CB_2 \leqslant CN_1$$

$$h_a / \sin\alpha \leqslant r \sin\alpha$$

$$h_a^* m / \sin\alpha \leqslant (mz\sin\alpha) / 2$$

则不根切的最少齿数为

$$z_{\min} = 2h_a^* / \sin\alpha \qquad (7.20)$$

当 $\alpha = 20°$ 时，正常齿制 $h_a^* = 1$，$z_{\min} = 17$；对于短齿制，$z_{\min} = 14$。

7.6　变位齿轮传动

7.6.1　标准齿轮的局限性

渐开线标准齿轮设计计算简单，互换性好，因而应用广泛。但标准齿轮存在一些缺点，主要有，标准齿轮的齿数受到根切的限制，齿数不能太少，难以获得很紧凑的齿轮结构；标准齿轮传动不适用中心距有变化的场合；一对标准齿轮传动，小齿轮齿根厚度小而啮合次数多，齿面最大滑动率高而磨损快，故比大齿轮的强度低而容易过早失效，不利于实现等寿命传动。这些局限可采用变位齿轮来弥补。

7.6.2　变位齿轮及最小变位系数

（1）变位齿轮

如图 7.21（a）所示，齿条刀具中线（加工节线）在位置Ⅰ与轮坯分度圆（加工节圆）相切，因为刀具中线齿厚 s_2 等于槽宽 e_2，所以轮坯分度圆上的齿厚 s_1 等于槽宽 e_2，切出的是标准齿轮，如图中虚线所示。

齿条刀具中线由原来位置Ⅰ移位置Ⅱ，齿条新的加工节线与轮坯分度圆相切，因为新节线上的齿厚 s_2 不等于槽宽 e_2，所以轮坯分度圆上的齿厚 s_1（$=e_2$）也不等于槽宽 e_1（$=s_2$），切出的是非标准齿轮，如图中实线所示。在刀具位置移动后，切出的非标准齿轮，称为变位齿轮。

刀具中线由切削标准齿轮的位置Ⅰ移位置Ⅱ的距离 xm，称为变位量；x 称为变位系数。是变位齿轮的重要参数。由轮坯中心向外移，x 取正值，切出的齿轮称为正变位齿轮；向内移，x 取负值，切出的齿轮称为负位齿轮。

由于齿条刀具变位后，加工节线上的齿距（$p = m\pi$）、压力角（α）与中线上的相同，所以切出的变位齿轮的 m、z、α 仍保持变位前的原值，即齿轮的分度圆（mz）、基圆（$mz\cos\alpha$）都不变，用展成法切制的一对变位齿轮，瞬时传动比仍为常数。由图 7.22 可知，正变位齿轮齿根部分的齿厚增大，提高了齿轮的抗弯强度，但齿顶减薄，负变位齿轮则与其相反。

变位齿轮与标准齿轮相比，参数、尺寸变化情况列于表 7.4。

表 7.4　变位齿轮与标准齿轮比较的变化情况

项目	模数 m	压力角 α	分度圆 d	基圆 d_b	齿根圆 d_f	齿根高 h_f	齿厚 s	齿槽宽 e	齿根厚 s_f
正变位			不变		增大	减小	增大	减小	增大
负变位					减小	增大	减小	增大	减小

（2）最小变位系数

用范成法切制齿数小于最小齿数的齿轮时，为避免根切必须采用正变位齿轮。当刀具的

齿顶正好通过 N_1 点时，刀具的移动量为最小，此时的变位系数为最小变位系数，用 $x_{\min}$ 表示，可以明证

$$x_{\min} = h_a^* \frac{z_{\min} - z}{z_{\min}}$$

当 $\alpha = 20°$，$h_a^* = 1$，$z_{\min} = 17$，则

$$x_{\min} = \frac{17 - z}{17} \tag{7.21}$$

式（7.21）表示，被加工齿轮的齿数 $z < z_{\min}$ 时，$x_{\min}$ 为正值，说明为避免根切，该齿轮必须采用正变位，且变位系数 $x \geq x_{\min}$。反之，当齿数 $z > z_{\min}$ 时，$x_{\min}$ 为负值，说明该齿轮在变位系数 $x \geq x_{\min}$ 的条件下，采用负变位也不会发生根切。

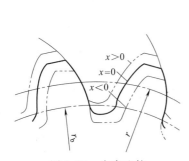

图 7.22 齿廓比较

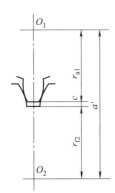

图 7.23 变位齿轮齿顶圆直径计算

7.6.3 变位齿轮几何尺寸计算

与标准齿轮相比，变位齿轮的模数 m、压力角 α、齿数 z 均不变，所以分度圆直径 d、基圆直径 d_b 亦不变，但齿厚 s、齿槽 e、齿根圆直径 d_f、齿顶圆直径 d_a 都会发生变化，这些尺寸计算如下。

① 齿厚 s

$$s = \frac{m\pi}{2} + 2xm\tan\alpha \tag{7.22}$$

② 齿槽 e

$$e = \frac{m\pi}{2} - 2xm\tan\alpha \tag{7.23}$$

③ 齿根圆直径 d_f

$$d_f = 2\left[\frac{mz}{2} - (h_a^* + c^*)m + xm\right] = m\left[z - 2h_a^* - 2c^* + 2x\right] \tag{7.24}$$

④ 齿顶圆直径 d_a

为储存润滑油，须保持顶隙 c^*m 不变，由图 7.23 可知齿顶圆半径为

$$r_{a1} = a' - r_{f2} - cm^*$$

故齿顶圆直径为

$$d_{a1} = 2a' - d_{f2} - 2c^*m \tag{7.25}$$

$$d_{a2} = 2a' - d_{f1} - 2c^*m \tag{7.26}$$

7.6.4　齿轮传动类型

变位齿轮组成的机构称为齿轮机构，按两轮变位系数之和的大小，分为不同传动类型，见表7.5。

表 7.5　变位齿轮传动类型

传动类型	x_1+x_2		a' 与 α'	齿数要求	应用场合
标准传动	$x_1+x_2=0$	$x_1=x_2=0$	$a'=a$ $\alpha'=\alpha$	$z_1 \geqslant z_{\min}$ $z_2 \geqslant z_{\min}$	要求互换
零传动		$\|x_1\|=\|x_2\| \neq 0$		$z_1+z_2 \geqslant 2z_{\min}$	避免根切,提高齿轮强度,修复齿轮,缩小结构尺寸
正传动	$x_1+x_2>0$		$a'>a$ $\alpha'>\alpha$	不限	调整中心距,避免根切,提高齿轮强度
负传动	$x_1+x_2<0$		$a'<a$ $\alpha'<\alpha$	$z_1+z_2>2z_{\min}$	调整中心距

7.7　齿轮的失效形式与设计准则

7.7.1　失效形式

齿轮传动，除要求传动平稳外，还要求齿轮的轮齿要有足够的强度。齿轮在传动过程中，由于载荷的作用，齿轮轮齿表面会发生部分的或整体的损坏或永久的变形，影响齿轮传动质量，严重时甚至使齿轮丧失工作能力，像这类损坏或变形称为轮齿的失效。齿轮传动的失效主要发生在轮齿上，其他部位很少失效，影响齿轮轮齿失效的因素很多。常见的轮齿失效形式有以下几种：轮齿折断、齿面点蚀、齿面胶合、齿面磨损、齿面的塑性变形五种。

（1）轮齿折断

轮齿折断一般发生在齿根部位。折断有两种：一种是齿根弯曲应力不断变化，同时有应力集中，致使根部发生弯曲疲劳裂纹，经历长期应力循环，裂纹不断扩展，导致整个轮齿折断，这种折断称为弯曲疲劳折断，如图7.24所示；另一种是由于短时间严重过载，致使轮齿突然折断，这种折断称为弯曲过载折断。

（2）齿面点蚀

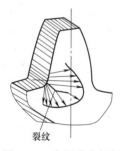

图 7.24　齿根疲劳折断

齿轮传动中，两齿面是线接触，表层产生很大接触应力，由于力的作用点沿齿面移动，接触应力按脉动循环变化；经历长期应力循环，便在齿面节点附近，由于疲劳而产生小片金属剥落，形成麻点，如图7.25（a）所示，这种疲劳称为疲劳点蚀或接触疲劳。由于齿面损坏，啮合迅速恶化，从而导致轮齿失效。

疲劳点蚀首先出现在靠近齿根一侧的节线附近，齿面疲劳点蚀是闭式软齿面（HBS≤350）齿轮传动的主要失效形式。

（3）齿面胶合

高速重载传动中，由于轮齿啮合区局部温度升高，油膜脱落，失去润滑作用，使两金属表面直接接触，相互黏结在一起，当齿面相对滑动时，将较软金属表面沿滑动方向划伤、撕脱，形成沟纹，如图 7.25（b）所示，严重时甚至相互咬死，这种现象统称为胶合。此时齿面严重损坏而失效。低速重载，齿面间油膜不易形成，也会产生胶合。防止胶合的办法有，采用黏度大或有抗胶合添加剂的润滑油（如硫化油），提高齿面硬度，改善齿面粗糙度，配对齿轮采用不同材料，对于高速重载传动还要加强散热措施。

（4）齿面磨损

齿轮传动中的磨损有两种，一种是跑合，一种是磨粒磨损。新齿轮在使用前，先加轻载，经短期运行后，两齿面逐渐磨光、贴合，称为跑合。跑合有利于改善轮齿啮合状况，但跑合后，应清洗磨损的金属屑，金属屑对齿面会形成磨粒磨损。开式齿轮传动，油池中有灰尘等硬的屑粒，会破坏正确齿形，引起附加动载荷和噪声，致使轮齿失效，磨损使齿厚磨薄后会造成轮齿折断。如图 7.25（c）所示。

（a）齿面点蚀　　　（b）齿面胶合　　　（c）齿面磨损

图 7.25　齿面的失效

（5）齿面的塑性变形

在严重过载、启动频繁或重载传动中，较软齿面会发生塑性变形，破坏正常的齿形，使传动失效。在工作条件与设计相符的情况下，这种失效形式一般不常发生。

7.7.2　设计准则

齿轮失效形式的分析，为齿轮的设计和制造、使用与维护提供了科学的依据。目前，对于齿面磨损和齿面塑性变形，还没较成熟的计算方法。关于齿面胶合，我国虽已制订出渐开线圆柱齿轮胶合承载能力计算方法（GB/T 6413—1986），但只是在设计高速重载齿轮传动中，才作胶合计算。对于一般齿轮传动，通常只按齿根弯曲疲劳强度或齿面接触疲劳强度或齿面接触疲劳强度进行计算。

对于软齿面（≤350HBS）闭式齿轮传动，由于主要失效形式是齿面点蚀，故应按齿面接触疲劳强度进行设计计算，再校核齿根弯曲疲劳强度。

对于硬齿面（>350HBS）闭式齿轮传动，由于主要失效形式是轮齿折断，故应按齿根弯曲疲劳强度进行设计计算，再校核齿面接触疲劳强度。

开式齿轮传动或铸铁齿轮，仅按齿根弯曲疲劳强度设计计算，考虑磨损的影响可将模数加大 10%～20%。

7.8　齿轮常用材料及精度等级

7.8.1　齿轮的材料及热处理

（1）齿轮常用材料

齿轮材料对轮齿的失效有一定影响，在实际生产中，正确选用齿轮材料，能延长齿轮的使用寿命。通过轮齿失效分析可知，对齿轮材料的基本要求是，轮齿表面应具有较高的硬度和耐磨性，以增强它抵抗点蚀、磨损、胶合的能力；轮齿芯部要有较好的韧性，以增强它承受冲击抵抗弯曲断齿的能力；还应有良好的加工工艺性能及热处理性能，使其满足加工精度和力学性能的要求。

（2）齿轮常用材料及其热处理

常用的齿轮材料有锻钢、铸钢、铸铁。在某些情况下也选用工程塑料等非金属材料。

① 锻钢　锻钢具有强度高、韧性好、便于制造等特点，且可通过各种热处理方法来改善其力学性能，故大多数齿轮都用锻钢制造。锻钢齿轮按其齿面硬度不同，可分为软齿面齿轮和硬齿面齿轮两类。

a. 软齿面齿轮，这类齿轮的齿面硬度≤350HBS。它常用优质中碳钢制成，并经调质或正火处理。在一对齿轮中，由于小齿轮轮齿受载循环次数多于大齿轮轮齿，且小齿轮齿根较薄、弯曲强度较低，因此，选择材料及热处理时，应使小齿轮齿面硬度比大齿轮的齿面硬度高 $25\sim50$HBS。

b. 硬齿面齿轮，这类齿轮的齿面硬度＞350HBS。它常用优质中碳钢或中碳合金钢制成，并经表面淬火处理。若用优质低碳钢或低碳合金钢制造，可经渗碳淬火处理。经热处理后，其齿面硬度一般为 $45\sim65$HRC。若选硬齿面齿轮，需要磨齿。

② 铸钢　铸钢常用于不便锻造的大直径（大于 $400\sim600$mm）齿轮。可用铸造方法制成铸钢齿坯，由于铸钢晶粒较粗，故需进行正火处理。

上述几种钢的热处理中，调质处理后的齿轮可提高其机械强度和韧性。正火处理可以消除内应力、细化晶粒和改善切削性能。表面淬火和渗碳淬火后，能提高轮齿的齿面硬度，使齿面接触强度高、耐磨性能好，而芯部仍具有良好的韧性。钢制齿轮一般用于载荷较高的重要的齿轮传动中。

③ 铸铁　普通灰铸铁的抗弯强度、抗冲击和耐磨性能较差，但铸造时浇铸容易、加工方便、成本较低，故铸铁齿轮一般仅用于低速、轻载、冲击小的不重要的齿轮传动中。由于铸铁性能较脆，为了避免载荷集中造成齿端局部裂断，所以铸铁齿轮的齿宽应取得小些。

球墨铸铁的力学性能和抗冲击能力比灰铸铁高。高强度球墨铸铁可以代替铸钢铸造大直径的齿轮坯。

齿轮常用材料牌号、热处理方法、硬度及应用范围见表 7.6。

表 7.6　齿轮常用材料

类别	牌号	热 处 理	硬 度	应 用 范 围
优质碳素钢	45	正火	$170\sim210$HBS	低速轻载
		调质	$210\sim230$HBS	低速中载
	50	表面淬火	$43\sim48$HRC	高速中载或低速重载，冲击很小
		正火	$180\sim220$HBS	低速轻载
合金结构钢	40Cr	调质	$240\sim285$HBS	中速中载
		表面淬火	$52\sim56$HRC	高速中载无剧烈冲击
	35SiMn	调质	$200\sim260$HBS	高速中载
		表面淬火	$40\sim45$HRC	无剧烈冲击
	40MnB	调质	$240\sim280$HBS	高速中载
	20Cr	渗碳淬火回火	$56\sim62$HRC	高速中载
	20CrMnTi	渗碳淬火回火	$56\sim62$HRC	承受冲击
铸钢	ZG310-570	正火	$160\sim200$HBS	中速中载
	ZG35SiMn	正火	$160\sim220$HBS	大直径

续表

类别	牌号	热 处 理	硬 度	应 用 范 围
铸钢	ZG35SiMn	调质	200～250HBS	
灰铸铁	HT200	人工时效（低温退火）	170～230HBS	低速轻载
	HT300	人工时效（低温退火）	187～255HBS	冲击很小
球墨铸铁	QT500-5	正火	147～241HBS	中、低速轻载
	QT600-2	正火	229～302HBS	小冲击

7.8.2 许用应力

齿轮的作用应力与齿轮材料、热处理及齿面硬度有关。

（1）许用接触应力

$$[\sigma_H] = \frac{\sigma_{Hlim}}{S_{Hmin}} \tag{7.27}$$

式中 σ_{Hlim}——试验齿轮的接触疲劳极限，该数据由实验获得，按图7.26查取；

S_{Hmin}——接触疲劳强度的安全系数，按表7.7选取。

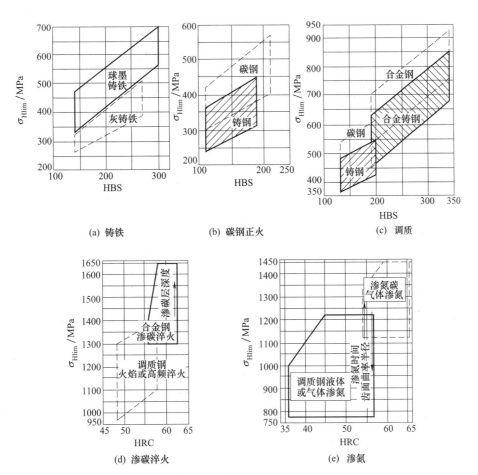

图 7.26 齿轮材料的 σ_{Hlim}

（2）许用弯曲应力

$$[\sigma_F] = \frac{\sigma_{Flim}}{S_{Fmin}} \tag{7.28}$$

式中 σ_{Flim}——试验齿轮的齿根弯曲疲劳极限，该数据由实验获得，按图7.27查取；

S_{Fmin}——轮齿弯曲疲劳强度安全系数，按表7.7选取。

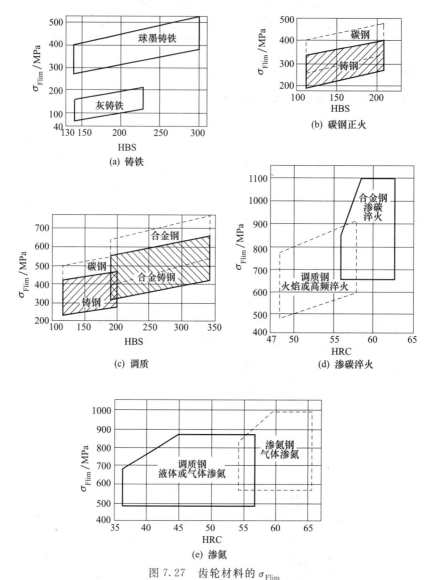

图 7.27   齿轮材料的 σ_{Flim}

表 7.7   最小安全系数

齿轮传动的重要性	S_{Hmin}	S_{Fmin}
一般	1	1
齿轮损坏会引起严重后果	1.25	1.5

7.8.3   齿轮传动精度

（1）传动精度的内容

① 传递运动的准确性。要求齿轮在一转内最大转角误差不超过允许的限度。其相应公

差定为第Ⅰ组。

② 传动的平稳性。要求齿轮在一转内瞬时传动比变化不能过大，以免引出冲击，产生噪声和振动。其相应公差定为第Ⅱ组。

③ 载荷分布的均匀性。要求齿轮在啮合时齿面接触良好、以免引起载荷集中，造成集中，造成齿面局部磨损，影响齿轮寿命。其相应公差定为第Ⅲ组。

④ 齿侧间隙。在齿轮传动中，为防止由于齿轮的制造误差和摩擦生热产生的热变形而使轮齿卡住且齿廓间能存储润滑油，要求有一定的齿侧间隙。

（2）齿轮传动的精度等级

① 精度等级　GB 10095—88 和 GB 11365—89 规定渐开线圆柱齿轮和锥齿轮的精度分为 12 级，1 级最高，12 级最低，常用 6～9 级。

② 精度等级的选择　精度等级的选择可按用途、速度、齿面硬度、齿轮类型由表 7.8 选出第Ⅱ公差组精度等级，第Ⅰ、第Ⅲ公差组可与第Ⅱ公差组同级，也可按需要上、下相差 1 级。

表 7.8　齿轮传动平稳性要求的精度选择

精度等级	最大圆周速度 v/(m/s)						应用举例
	圆柱齿轮				直齿锥齿轮		
	直齿		斜齿				
	≤350HBS	>350HBS	≤350HBS	>350HBS	≤350HBS	>350HBS	
6	18	15	36	30	10	9	普通分度机构或高速传动的重要齿轮，飞机、汽车、机床的重要齿轮
7	12	10	25	20	7	6	一般机械制造业的重要齿轮，飞机、汽车、机床的一般齿轮
8	6	5	12	9	4	3	一般机械制造业的齿轮，飞机、汽车、机床的不重要齿轮，农业机械中的重要齿轮
9	4	3	8	6	3	2.5	低速传动用齿轮、农业机械中的一般齿轮
10	1	1	2	1.5	0.8	0.8	辅助、手动或粗糙机械中的齿轮

注：锥齿轮传动的圆周速度按平均直径计算。

齿侧间隙根据工作条件选取，对于在高速、高温、重载条件下工件的闭式或开式齿轮传动，应取较大的齿侧间隙；对于一般条件下工作的闭式齿轮传动，可取中等齿侧间隙；对于级常正、反转且转速不高的齿轮传动，应取较小的齿侧间隙。侧隙由齿厚公差控制。

具体选用可查阅《机械设计手册》或相关资料。

③ 齿轮传动精度标注示例　在齿轮工作图上，应用数字和代号分别标出精度等级和齿厚（或公法线平均长度）上、下偏差，具体标法如下。

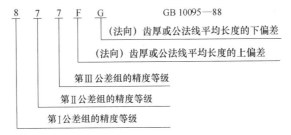

如三个精度等级相同时，则可用一个数字表标注，简写为 8FG　GB 10095—88。

7.9 渐开线直齿圆柱齿轮传动的强度计算

7.9.1 轮齿的受力分析

为了计算齿轮的强度，同时也为轴和轴承计算做准备，首先需要对轮齿进行受力分析。图 7.28 所示为一对标准直齿轮啮合传动时的受力情况，其齿廓在节点接触，省去齿面间的摩擦力。轮齿间的相互作用力 F_n 分别作用在主、从动齿轮上，其大小相等，方向相反。该力沿公法线 N_1N_2 方向，指向齿廓，称为法向力 F_n。

$$F_n = \frac{2T_1}{d_1 \cos\alpha} \tag{7.29}$$

式中，d_1 为主动齿轮的分度圆直径，mm；T_1 为作用在主动齿轮上的转矩，N·mm；α 为分度圆压力角，$\alpha = 20°$。

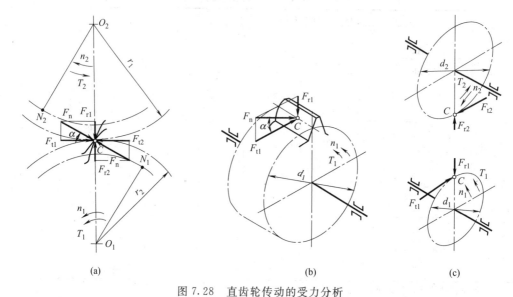

(a)　　　　　　　　　　　(b)　　　　　　　　　　(c)

图 7.28　直齿轮传动的受力分析

通常已知主动齿轮传递的功率 P_1（kW）及其转速 n_1（$r/\min$），所以小齿轮上的理论转矩为：

$$T_1 = 9.55 \times 10^6 \frac{P_1}{n_1} (\text{N·mm}) \tag{7.30}$$

为了计算轴和轴承的方便，将法向力分解为相互垂直的圆周力和径向力两个分力。
圆周力

$$F_t = \frac{2T_1}{d_1} (\text{N}) \tag{7.31}$$

径向力

$$F_r = F_t \tan\alpha (\text{N}) \tag{7.32}$$

圆周力 F_t 的方向，在主动轮上与运动方向相反，在从动轮上与运动方向相同。径向力 F_r 的方向，对两轮都是由作用点指向各自轮心，如图 7.28（c）所示。

7.9.2 轮齿的计算载荷

由于多种因素的影响，所受载荷要比名义载荷大，为了使计算的齿轮受载情况尽量符合实际，引入载荷系数 K，得到计算载荷为

$$F_{nc} = KF_n \quad 或 \quad F_{tc} = KF_t$$

式中，载荷系数 K 可根据原动机和工作机情况查表 7.9。

表 7.9 载荷系数 K

原动机	工作机械的载荷特性		
	平稳	中等冲击	大的冲击
电动机	1～1.2	1.2～1.6	1.6～1.8
多缸内燃机	1.2～1.6	1.6～1.8	1.9～2.1
单缸内燃机	1.6～1.8	1.8～2.0	2.2～2.4

注：斜齿、圆周速度低、精度高、齿宽系数小时取小值；直齿、圆周速度高、精度低、齿宽系数大时取大值。齿轮在两轴之间并对称布置时取小值，齿轮在两轴承之间不对称布置及悬臂布置时取大值。

7.9.3 齿面接触疲劳强度计算

计算目的是限制齿面点蚀出现，即限制接触应力，如图 7.29 所示，两曲率半径不同的平行圆柱体相互接触、受载前为线接触，在法向力 F_n 作用下，接触表面被压产生弹性变形，变为小面积接触，此面上的局部表面应力，称为接触应力，此时的零件强度称为接触强度。

由于两齿面在节线附近出现疲劳点蚀，响应以节点 C 处（图 7.30）的接触应力为依据，计算齿面接触强度。根据弹性力学公式，代入齿轮相应参数经过整理得到一对钢制标准直齿圆柱齿轮在节点处最大接触应力的计算公式，限制点蚀，其接触强度条件为

$$\sigma_H = 671 \sqrt{\frac{KT_1(i \pm 1)}{bd_1^2 i}} \leqslant [\sigma_H] \tag{7.33}$$

式中，b 为齿宽；i 为传动比，$i = z_2/z_1$；其他各项的含义与单位同前。

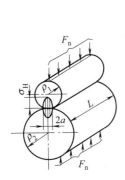

图 7.29 平行轴圆柱体接触应力简图

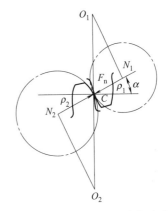

图 7.30 渐开线齿轮的接触应力

令齿宽 $b = \psi_d d_1$，得齿面接触疲劳强度公式为

$$d_1 \geqslant \sqrt[3]{\left(\frac{671}{[\sigma_H]}\right)^2 \times \frac{KT_1(i \pm 1)}{\psi_d i}} \tag{7.34}$$

参数选择和公式使用说明如下。

① 啮合时 $\sigma_{H1} = \sigma_{H2}$。由于两轮材料、热处理不同，导致齿面硬度不同，故 $[\sigma_H]_1 \neq [\sigma_H]_2$，设计时代入小值。

② 如材料组合不是钢和钢，式中常数 671 应修正为 $671 \times \dfrac{Z_E}{189.8}$，$Z_E$ 为材料系数，见表 7.10。

表 7.10 材料系数 Z_E

小齿轮材料	大齿轮材料			
	钢	铸钢	球墨铸铁	铸铁
钢	189.8	188.9	181.4	162.0
铸钢		188.0	180.5	161.4
球墨铸铁			173.9	156.9
铸铁				143.7

注：设计时考虑使大小齿轮强度趋于相等，故表中只取小齿轮材料优于大齿轮的组合。

③ 齿宽系数 ψ_d 查表 7.11。

表 7.11 齿宽系数 ψ_d

小齿轮相对于轴承的位置	齿面硬度	
	软齿面（硬度小于 350HBS）	硬齿面（硬度大于 350HBS）
对称布置	0.8～1.4	0.4～0.9
非对称布置	0.6～1.2	0.3～0.6
悬臂布置	0.3～0.4	0.2～0.25

注：直齿轮圆柱齿轮取小值，斜齿可取大值；载荷稳定、轴的刚度大宜取大值，反之取小值。

④ 式（7.34）中正号用于外啮合，负号用于内啮合。

7.9.4 齿根弯曲疲劳强度计算

计算目的是限制轮齿疲劳拆断的产生，即限制齿根的弯曲应力。轮齿受力时，可看作是悬臂梁。实验研究表明，轮齿的危险截面位于和齿廓对称中心线成 30°角的直线与齿根相切处，即 ac 截面，如图 7.31 所示。根据力学知识，经推导整理得齿根弯曲疲劳强度校核公式为

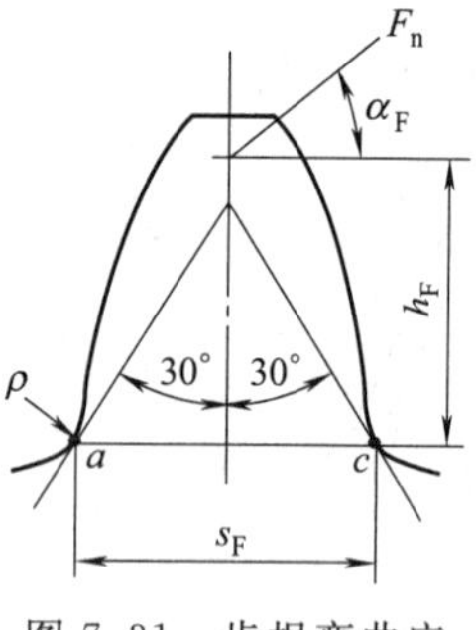

$$\sigma_F = \frac{KF_t Y_{FS}}{bm} = \frac{2KT_1 Y_{FS}}{d_1 bm} \leqslant [\sigma_F] \qquad (7.35)$$

代入 $b = \psi_d d_1$，得到弯曲强度设计公式

$$m \geqslant \sqrt[3]{\frac{2KT_1 Y_{FS}}{\psi_d Z_1^2 [\sigma_F]}} \qquad (7.36)$$

图 7.31 齿根弯曲应力计算简图

式中，Y_{FS} 为复合齿形系数，它是考虑齿形和齿根应力集中以及压力、切应力对弯曲应力的影响引入的系数，可由图 7.32 查得。

参数选择和公式使用说明如下。

① 齿数 z_1。对于软齿面（≤350HBS）的闭式传动，容易产生齿面点蚀，在满足弯曲强度条件下，中心距不变，适当增加齿数，减少模数，能加大重合度，对于传动的平稳有利，并减少了轮坯直径和齿高，减少加工工时和提高加工精度。一般推荐 $z_1 = 20 \sim 40$；对于开式传动及硬齿面（>350HBS）或铸铁齿轮的闭式传动，容易断齿，应适当减少齿数，以增大模数。为了避免发生根切，对于标准齿轮一般不少于 17 齿。

② 齿宽 $b = \psi_d d_1$，为减少加工量，也为了装配和调整方便，大齿轮齿宽应小于小齿轮

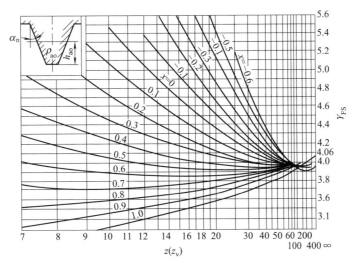

图 7.32 复合齿形系数 Y_{FS}

齿宽。取 $b_2 = \varphi_d d_1$，则 $b_1 = b_2 + (5 \sim 10)$ mm。

③ 大小两齿轮的齿根弯曲应力 $\sigma_{F2} \neq \sigma_{F1}$，又由于两轮材料或热处理不同，两轮的许用弯曲应力也不同，所以，校核时应分别验算大小齿轮的弯曲强度，即使 $\sigma_{F2} \leqslant [\sigma_F]_1$，$\sigma_{F2} \leqslant [\sigma_F]_2$。

④ 根据式 (7.34) 设计时，由于齿数和材料的不同，故应代入 $Y_{FS1}/[\sigma_F]_1$ 与 $Y_{FS2}/[\sigma_F]_2$ 中较大值。

例 7-1 试设计一级直齿圆柱齿轮减速器中的齿轮传动。已知用电动机驱动，载荷平稳，单向运转，小齿轮传递功率 $P = 11kW$，转速 $n = 970/min$，传动比 $i = 4.5$。

解：(1) 选择材料，确定许用应力

减速器无特殊要求，为制造方便，采用软齿面，根据表 7.6，小齿轮选用 45 钢调质，硬度为 220～250HBS；大齿轮采用 45 钢正火，硬度为 170～200HBS。由图 7.26、图 7.27 分别查得

$$\sigma_{Hlim1} = 550MPa, \ \sigma_{Hlim2} = 460MPa$$

$$\sigma_{Flim1} = 190MPa, \ \sigma_{Flim2} = 180MPa$$

由表 7.7 查得 $S_{Hmin} = 1$，$S_{Fmin} = 1$，故

$$[\sigma_H]_1 = \frac{\sigma_{Hlim1}}{S_H} = \frac{550}{1} = 550MPa$$

$$[\sigma_H]_2 = \frac{\sigma_{Hlim2}}{S_H} = \frac{460}{1} = 460MPa$$

$$[\sigma_F]_1 = \frac{\sigma_{Flim1}}{S_F} = \frac{190}{1} = 550MPa$$

$$[\sigma_F]_2 = \frac{\sigma_{Flim2}}{S_F} = \frac{180}{1} = 180MPa$$

(2) 按齿面接触强度设计计算

因硬度小于 350HBS，属软齿面，所以按接触强度设计，再验算弯曲强度。

由式 (7.34) 计算小齿轮 d_1

$$d_1 \geqslant \sqrt[3]{\left(\frac{671}{[\sigma_H]}\right)^2 \times \frac{KT_1(i \pm 1)}{\psi_d i}}$$

由表 7.9，取 $K = 1.2$。

由表 7.11，取 $\psi_d = 1$。

外啮合式中"$\pm$"取 $+$。

$[\sigma_H]$ 取较小的 $[\sigma_H]_2 = 460\text{MPa}$ 代入。

传动比 $i = 4.5$

$$T_1 = 9.55 \times 10^6 \frac{P_1}{n_1} = 9.55 \times 10^6 \frac{11}{970} \text{N} \cdot \text{mm} = 108299 \text{N} \cdot \text{mm}$$

将上面数值代入设计公式

$$d_1 \geqslant \sqrt[3]{\left(\frac{671}{460}\right)^2 \times \frac{1.2 \times 108299(4.5+1)}{1 \times 4.5}} \text{mm} = 69.66 \text{mm}$$

（3）确定齿轮基本参数，计算主要尺寸

① 选择齿数。取 $z_1 = 20$，则 $z_2 = uz_1 = 4.5 \times 20 = 90$。

② 确定模数，由式（7.4）得

$$m = \frac{d_1}{z_1} = \frac{69.66}{20} = 3.48 \text{mm}$$

按表 7.1 圆整取 $m = 3.5 \text{mm}$。

③ 确定中心距离

$$a_0 = \frac{m(z_1 + z_2)}{2} = \frac{3.5(20+90)}{2} = 192.5$$

④ 计算齿宽。取 $b = \psi_d d_1 = 1 \times 70 = 70 \text{mm}$，为了补偿两轮轴向尺寸误差，使小轮宽度略大于大轮，故取 $b_1 = 72 \text{mm}$，$b_2 = 70 \text{mm}$。

⑤ 分度圆直径，由式（7.4）得

$$d_1 = mz_1 = 3.5 \times 20 = 70 \text{mm}$$
$$d_2 = mz_2 = 3.5 \times 90 = 315 \text{mm}$$

已确定主要参数 m、z 后，其余尺寸可按表 7.2 计算，此处从略。

（4）验算齿根弯曲强度

由式（7.35）验算弯曲强度

$$\sigma_F = \frac{2KT_1 Y_{FS}}{d_1 b m} \leqslant [\sigma_F]$$

由 $x = 0$（标准齿轮），$z_1 = 20$，$z_2 = 90$，查图 7.32 得 $Y_{FS1} = 4.32$，$Y_{FS2} = 3.94$

代入验算公式得

$$\sigma_{F1} = \frac{2 \times 1.2 \times 108299 \times 4.32}{70 \times 72 \times 3.5} = 63.65 \text{MPa} \leqslant [\sigma_F]_1, \text{安全}$$

$$\sigma_{F2} = \sigma_{F1} \frac{Y_{FS2}}{Y_{FS1}} = 63.65 \times \frac{3.94}{4.32} = 58.05 \text{MPa} \leqslant [\sigma_F]_2, \text{安全}$$

（5）验算圆周速度

$$v = \frac{\pi d_1 n_1}{60 \times 1000} = \frac{3.14 \times 70 \times 970}{60 \times 1000} = 3.55 \text{m/s}$$

按照表 7.8，选取该齿轮传动精度等级为 8 级。

（6）齿轮结构设计

小齿轮 $d_{a1}=m(z_1+2)=3.5\times(20+2)=77mm$。尺寸较小，采用大齿轮 $d_{a2}=m(z_2+2)=3.5\times(95+2)=339.5mm$，采用辐板式齿轮。

7.10 平行轴斜齿圆柱齿轮传动

7.10.1 齿廓的形成及啮合特点

直齿轮齿廓曲面是发生面 S 在基圆柱上作纯滚动，S 平面上与基圆母线 NN' 平行的 KK' 直线，在空间形成渐开线柱面 $AKK'A'$ ［图 7.33（a）］。两直齿轮轮齿啮合时，由于两齿面接触线 KK' 平行于母线，其全齿宽同时进入啮合和退出啮合 ［图 7.33（b）］，因而轮齿承载和卸载都是突发性的，故引起动载、冲击、振动和噪声，不宜用于高速。

斜齿轮齿廓曲面形成方法与直齿轮相同，只是直线 KK' 与母线 NN' 成 β_b 角（基圆螺旋角）。斜直线 KK' 在空间形成渐开螺旋面 $AKK'A'$ ［图 7.33（a）］。两斜齿轮轮齿啮合时，由于两齿面接触线 KK' 不平行于母线，轮齿由齿宽一端进入啮合，又逐渐由另一端退出啮合 ［图 7.33（b）］，因而轮齿承载和卸载是逐步的，故工作

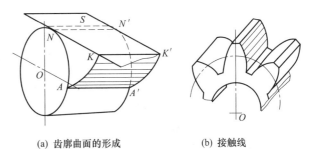

(a) 齿廓曲面的形成　　(b) 接触线

图 7.33 直齿圆柱齿轮齿面的形成

平稳，冲击和噪声较小。此外，一对轮齿从进入到退出，总接触线较长，重合度大，同时参与啮合的齿对多，故承载能力高。

7.10.2 斜齿圆柱齿轮基本参数及几何尺寸计算

（1）斜齿轮基本参数

斜齿轮由于齿向的倾斜，故有法面参数和端面参数之分。法面参数在垂直于轮齿方向的平面上度量；端面参数在垂直于齿轮轴线的平面上度量，分别用脚标 n、t 加以区别。

① 螺旋角　螺旋线的切线与平行于轴线的母线所夹的锐角称螺旋角。斜齿轮轮齿倾斜程度通常用分度圆柱面上的螺旋角来表示。把斜齿轮的分度圆展开成矩形，如图 7.34 所示，分度圆柱面上的螺旋线就成为直线，它与分度圆柱母线的夹角 β 就是分度圆柱上的螺旋角，简称螺旋角。一般取 $\beta=8°\sim25°$。斜齿轮按其轮齿的旋向分为左旋和右旋两种，如图 7.35 所示。

② 模数和压力角　由于轮齿的倾斜，斜齿轮端面上的齿形和垂直于轮齿方向的法向齿形不同 ［图 7.34（a）］。由图 7.34（a）得出法面齿距 p_n 与端面齿距 p_t 关系为

$$p_n=p_t\cos\beta \tag{7.37}$$

即
$$m_n\pi=m_t\pi\cos\beta$$

法面模数 m_n 与端面模数 m_t 关系为

$$m_n=m_t\cos\beta \tag{7.38}$$

由图 7.36 可推导出法面压力角 α_n 与端面压力角 α_t 关系为

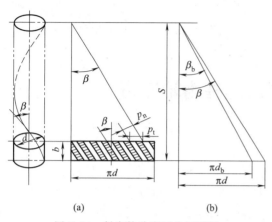

图 7.34 斜齿轮分度圆柱展开图

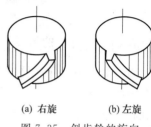

(a) 右旋   (b) 左旋

图 7.35 斜齿轮的旋向

$$\tan\alpha_n = \tan\alpha_t\cos\beta \tag{7.39}$$

③ 齿顶高系数和顶隙系数 斜齿轮的齿顶高和齿根高，不论从法面或端面上度量都是相同的，通常用法面参数来计算。

$$h_a = h_{an}^* m_n \tag{7.40}$$

$$h_f = (h_{an}^* + c_n^*)m_n \tag{7.41}$$

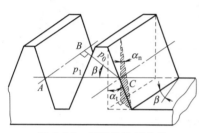

图 7.36 斜齿轮的压力角

式中 h_{an}^*、c_n^* 分别为法面齿顶高系数和法面顶隙系数，为标准值（同直齿轮）。

当用成形刀具加工斜齿轮时，刀具是沿着螺旋线方向进刀的。因此，斜齿轮轮齿的法面齿形与刀具齿形相同，所以法面参数为标准值。

（2）几何尺寸计算

斜齿轮基本参数为 m_n、α_n、h_{an}^*、c_n^*、z_1、z_2、β，标准斜齿轮几何尺寸计算公式见表 7.12。

表 7.12 标准斜齿轮几何尺寸计算公式

名　　称	符　　号	计　算　公　式
齿顶高	h_a	$h_a = h_{an}^* m_n$
齿根高	h_f	$h_f = (h_{an}^* + c_n^*)m_n$
全齿高	h	$h = (2h_{an}^* + c_n^*)m_n$
分度圆直径	d	$d = m_t z = \dfrac{m_n}{\cos\beta}z$
齿顶圆直径	d_a	$d_a = d + 2h_a = m_n\left(\dfrac{z}{\cos\beta} + 2h_{an}^*\right)$
齿根圆直径	d_f	$d_f = d - 2h_f = m_n\left(\dfrac{z}{\cos\beta} - 2h_{an}^* - 2c_n^*\right)$
标准中心距	a	$a = \dfrac{d_1+d_2}{2} = \dfrac{m_n}{2\cos\beta}(z_1 + z_2)$

7.10.3 斜齿轮的正确啮合条件及重合度

（1）斜齿圆柱齿轮的正确啮合条件

由斜齿轮齿廓曲面形成可知，其端面（与轴线垂直的平面）齿廓是渐开线，故端面啮合的瞬时传动比仍为常数。

一对外啮合斜齿轮的正确啮合条件是，模数、压力角、螺旋角 β_1、β_2 相等，对外啮合，两螺旋角旋向相反；对内啮合，两螺旋角旋向相同，旋向判断方法与螺旋机构中所述相同，即

$$\left.\begin{array}{l} m_{n1}=m_{n2}=m \\ \alpha_{n1}=\alpha_{n2}=\alpha \\ \beta_1=\mp\beta_2 \end{array}\right\} \tag{7.42}$$

（2）斜齿圆柱齿轮的重合度

图 7.37 为斜齿轮传动啮合线图，由于螺旋齿面的原因，轮齿从进入啮合点 A 到退出啮合点 A'，比直齿传动的 B 至 B' 要长出 f，而 $f=b\tan\beta$。分析表明，斜齿圆柱齿轮传动的重合度可表示为

$$\varepsilon=\varepsilon_\alpha+\varepsilon_\beta \tag{7.43}$$

式中，ε_α 为端面重合度，其大小与直齿圆柱齿轮机构相同；ε_β 为纵向重合度，$\varepsilon_\beta=b\tan\beta/p_t$。由此可知，斜齿轮传动的重合度随齿宽和螺旋角的增大而增大，故比直齿轮机构传动平稳，承载能力高。

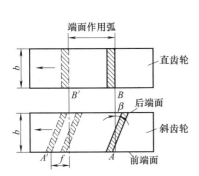

图 7.37 斜齿圆柱齿轮传动的重合度

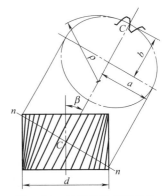

图 7.38 斜齿轮的当量齿轮

7.10.4 当量齿数

加工斜齿轮时，铣刀沿螺旋线齿槽方向铣削，因此必须按螺旋线法向截面齿形选铣刀，即要确定斜齿轮法向的渐开线齿形参数——法向模数 m_n、法向压力角 α_n 和当量齿数 z_v。

如图 7.38 所示，过斜齿轮分度圆螺旋线上 C 点，作螺旋线的法向截面 nn。以所截椭圆上 C 点的曲率半径 ρ 作为分度圆半径，所作的直齿轮称为该斜齿轮的当量齿轮，其齿数称为当量齿数，用 z_v 表示，其模数为 m_n、压力角 α_n。由几何关系知，$\rho=d/(2\cos^2\beta)$，又按分度圆与齿数关系知，$\rho=m_n z_v/2$ 及 $d=m_t z$，可推出当量齿数为

$$z_v=z/\cos^3\beta \tag{7.44}$$

式中，z 为斜齿轮的真实齿数。当量齿数 z_v 不仅用以选铣刀刀号，也用以计算齿轮强度时选齿形系数。用展成法加工时，最少当量齿数 $z_{vmin}=z_{min}/\cos^3\beta$，得最少实际齿数为

$$z_{min}=17\cos^3\beta \quad 或 \quad z_{min}=14\cos^3\beta \tag{7.45}$$

由上可知，斜齿轮避免根切的最少实际齿数比直齿轮的少，尺寸可更紧凑。

7.10.5 斜齿圆柱齿轮的强度计算

（1）斜齿轮的受力分析

图 7.39 所示为斜齿圆柱齿轮传动中的主动轮轮齿的受力情况，其轮齿间的正压力 F_n 是沿着垂直于轮齿的剖面（法面）作用的。当齿轮上作用转矩 T_1 时，若接触面的摩擦力忽略不计，则在轮齿的法面内作用有法向力，其法面压力角为 α_n。在法面上将 F_n 分解为径向力 F_r 和法向分力 F_n'，再将 F_n' 分解为圆周力 F_t 和轴向力 F_a，因此，法向力 F_n 便分解为三个互相垂直的空间分力。由力矩平衡条件可得

圆周力 $$F_t = \frac{2T_1}{d_1} \tag{7.46}$$

径向力 $$F_r = F_n' \tan\alpha_n = \frac{F_t}{\cos\beta}\tan\alpha_n \tag{7.47}$$

轴向力 $$F_a = F_t \tan\beta \tag{7.48}$$

主、从动轮的受力关系见图 7.40。作用在主动轮和从动轮上的圆周力、径向力的方向判别与直齿轮相同，轴向力的方向可以用螺旋定则判定，若主动轮右（左）旋，则用右（左）手定则，如图 7.41 所示，即右（左）手按转动方向握轴，四指弯曲表示齿轮的转动方向，则拇指伸直所表示的方向即为轴向力的方向；而从动轮的轴向力方向则必与主动轮的轴向力方向相反。

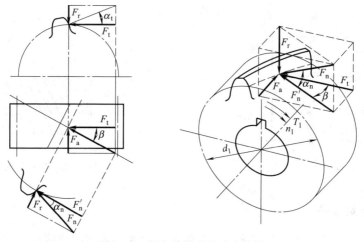

图 7.39 斜齿轮传动的受力分析

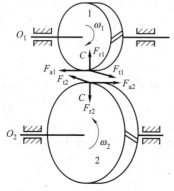

图 7.40 斜齿轮主、从动轮受力关系

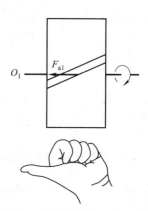

图 7.41 主动轮轴向力方向判别

（2）强度计算

斜齿轮的强度计算公式按其当量直齿轮推导得到，并采用法向参数。

① 齿面接触疲劳强度计算

一对钢制标准齿轮：齿面接触疲劳强度校核公式

$$\sigma_H = 590\sqrt{\frac{KT_1(i\pm1)}{bd_1^2 i}} \leqslant [\sigma_H] \tag{7.49}$$

一对钢制标准齿轮：齿面接触疲劳强度设计公式

$$d_1 \geqslant \sqrt[3]{\left(\frac{590}{[\sigma_H]}\right)^2 \frac{KT_1(i\pm1)}{\psi_d i}} \tag{7.50}$$

若配对材料非钢—钢，则 590 修正为 $590 \times \dfrac{Z_E}{189.8}$，$Z_E$ 查表7.10。

② 齿根弯曲疲劳强度计算

一对钢制标准齿轮：齿根弯曲疲劳强度校核公式

$$\sigma_F = \frac{1.6KF_tY_{FS}}{bm_nd_1} = \frac{1.6KT_1Y_{FS}\cos\beta}{bm_n^2 z_1} \leqslant [\sigma_F] \tag{7.51}$$

一对钢制标准齿轮：齿根弯曲疲劳强度设计公式

$$m \geqslant \sqrt[3]{\frac{1.6KT_1Y_{FS}\cos^2\beta}{\psi_d Z_1^2 [\sigma_F]}} \tag{7.52}$$

式中，Y_{FS}复合齿形系数，应根据当量齿数 z_v 由图7.32查取。其余各参数含义、单位及许用应力计算方法与直齿轮相同。

7.11 直齿圆锥齿轮传动

7.11.1 圆锥齿轮传动特点

锥齿轮用于两轴相交的传动，两轴交角 Σ 可由传动要求确定，常用的轴交角 $\Sigma = 90°$（图7.42）。锥齿轮的特点是轮齿分布在圆锥上，轮齿从大端到小端逐渐缩小。锥齿轮的轮齿有直齿、斜齿和弧齿三种类型，其中直齿锥齿轮在设计、制造和安装方面都比较简便，故应用较广。弧齿圆锥齿轮传动平稳、承载能力高，常用于高速重载场合，斜齿圆锥齿轮应用较少，本节只介绍轴交角 $\Sigma = 90°$ 的直齿锥齿轮传动。

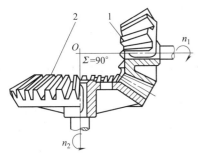

图 7.42　圆锥齿轮传动

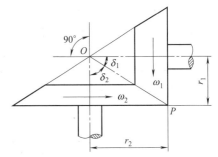

图 7.43　圆锥齿轮传动机构简图

如图 7.43 所示为一对正确安装的标准圆锥齿轮，节圆锥和分度圆锥重合，两齿轮的分度圆锥角分别为 δ_1 和 δ_2，大端分度圆半径分别为 r_1 和 r_2，两轮的传动比为

$$i=\frac{\omega_1}{\omega_2}=\frac{n_1}{n_2}=\frac{z_2}{z_1}=\frac{OP\sin\delta_2}{OP\sin\delta_1}=\frac{\sin\delta_2}{\sin\delta_1} \tag{7.53}$$

当 $\Sigma=\delta_1+\delta_2$ 时

$$i=\tan\delta_2=\cot\delta_1 \tag{7.54}$$

7.11.2　直齿圆锥齿轮齿廓曲面的形成

（1）直齿圆锥齿轮齿廓曲面形成原理

如图 7.44 所示，扇形平面 S 为发生面，圆心 O 与基圆锥顶相重合，当它绕基圆锥作纯滚动时，该平面上任一点在空间展出一条球面渐开线。而发生面上任一径向直线 OA 上展出的无数条球面渐开线形成球面渐开线曲面，即为直齿圆锥齿轮的理论齿廓曲面。

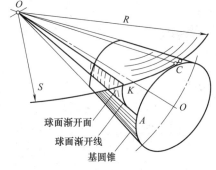

图 7.44　齿廓曲面的形成

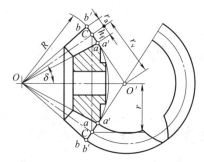

图 7.45　背锥和当量齿轮

（2）背锥和当量齿数

圆锥齿轮的齿廓曲线是球面上的渐开线，不是平面曲线，这对设计、作图都不方便。图 7.45 是锥齿轮的轴向剖面图，大端齿廓球面与轴向剖面交线为圆弧 $a\overset{\frown}{C}b$，它与在 C 点相切的直线段 $\overline{a'Cb'}$ 近似，以其延长线 $\overline{CO'}$ 为母线，绕 $\overline{OO'}$ 轴旋转，得一与大端齿廓相切的、包含分度圆直径 CC 的圆锥面 CCO'，该圆锥面称为背锥面。以背锥面上的渐开线近似地代替大端球面渐开线，背锥面可展成平面，从而得平面扇形齿轮，将此扇形齿轮补成圆形齿轮，这样得到的直齿圆柱齿轮，称为该直齿锥齿轮的当量齿轮，其齿数 z_v 称为当量齿数。由图可知，当量分度圆半径 r_v 与分度圆半径 r 有如下关系。

$$r_v=mz_v/2=r/\cos\delta=mz/\cos\delta$$

得当量齿数

$$z_v=z/\cos\delta \tag{7.55}$$

一对直齿圆锥齿轮啮合过程，可近似看作一对当量圆柱齿轮（齿数 z_{v1}、z_{v2}）的啮合过程。

当量齿数 z_v 是选择铣刀刀号、计算齿轮强度、确定不根切的最少齿数的依据。按 $z_{vmin}=z_{min}/\cos\delta$ 得直齿锥齿轮实际最小齿数为

$$z_{min}=17\cos\delta \tag{7.56}$$

7.11.3　直齿圆锥齿轮传动的几何尺寸

直齿圆锥齿轮的基本参数以大端为准，因为大端的尺寸大，在测量时相对误差小。

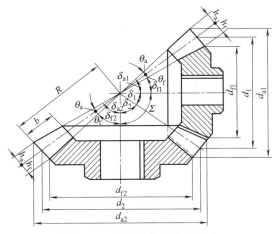

图 7.46 圆锥齿轮的几何尺寸

圆锥齿轮的基本参数有齿数 z_1、z_2，大端模数 m，大端压力角 $\alpha = 20°$，分度圆锥角 δ_1、δ_2，齿顶高系数 $h_a^* = 1$、顶隙系数 $c^* = 0.2$。锥齿轮各部分的几何尺寸，标在图 7.46 中。锥齿轮模数系列见表 7.13。圆锥齿轮几何尺寸公式见表 7.14。

表 7.13 圆锥齿轮模数系列（摘自 GB 12368—1990）　　　　　　　mm

| 1 | 1.125 | 1.25 | 1.375 | 1.5 | 1.75 | 2 | 2.25 | 2.5 | 2.75 | 3 |
| 3.25 | 3.5 | 3.75 | 4 | 4.5 | 5 | 5.5 | 6 | 6.5 | 7 | 8 |

表 7.14 圆锥齿轮几何尺寸计算表（$\Sigma = 90°$）

名　称	符　号	计算公式
分度圆直径	d	$d = mz$
分度圆锥角	δ	$\delta_2 = \arctan(z_2 / z_1)$ ；$\delta_1 = 90° - \delta_2$
锥距	R	$R = mz / (2\sin\delta) = m\sqrt{z_1^2 + z_2^2} / 2$
齿宽	b	$b \leqslant R/3$
齿顶圆直径	d_a	$d_a = d + 2h_a\cos\delta = m(z + 2h_a^*\cos\delta)$
齿根圆直径	d_f	$d_f = d - 2h_f\cos\delta = m[z - 2(h_a^* + c^*)\cos\delta]$
齿顶圆锥角	δ_a	$\delta_a = \delta + \theta_a = \delta + \arctan(h_a^* m / R)$
齿根圆锥角	δ_f	$\delta_f = \delta - \theta_f = \delta - \arctan[(h_a^* + c^*)m / R]$

一对直齿圆锥齿轮的正确啮合条件是，两轮大端模数相等、大端压力角相等、轴交角 $\Sigma = \delta_1 + \delta_2$。

7.11.4 直齿圆锥齿轮的强度计算

（1）轮齿的受力分析

对于两轴相交 90°的直齿锥齿轮传动，其轮齿间的法向作用力可视为集中作用于分度圆锥齿宽中点（齿宽中点为分度圆直径 d_m 处）。若忽略摩擦力，F_n 可分解为三个互相垂直的分力，即圆周力 F_t、径向力 F_r 和轴向力 F_a。由图 7.47 得到圆周力 F_t、径向力 F_r 和轴向力 F_a 的计算式为

$$F_{t1} = \frac{2T_1}{d_{m1}} \tag{7.57}$$

$$F_{r1} = F'\cos\delta = F_{t1}\tan\alpha\cos\delta_1 \tag{7.58}$$

$$F_{a1} = F'\sin\delta = F_{t1}\tan\alpha\sin\delta_1 \tag{7.59}$$

由图 7.48 可知，主、从动轮之间存在以下受力关系

$$F_{t1} = -F_{t2} \qquad F_{r1} = -F_{a2} \qquad F_{a1} = -F_{r2}$$

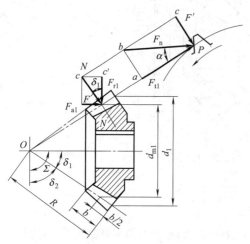

图 7.47 圆锥齿轮传动的受力分析

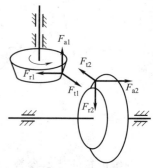

图 7.48 一对直齿锥齿轮的受力

（2）强度计算

锥齿轮传动的强度计算，可近似地按齿宽中点的一对当量直齿圆柱齿轮来考虑，对两轴交角 $\Sigma = 90°$ 的一对钢制标准直齿圆锥齿轮传动，强度计算如下。

① 齿面接触疲劳强度计算

校核公式

$$\sigma_H = \sqrt{\left(\frac{195.1}{d_1}\right)^3 \frac{KT_1}{i}} \leqslant [\sigma_H] \qquad (7.60)$$

设计公式

$$d \geqslant 195.1 \sqrt[3]{\frac{KT_1}{i [\sigma_H]^2}} \qquad (7.61)$$

两式中各项的含义与单位同直齿圆柱齿轮，若材料为钢对铸铁，系数 195.1 改为 175.6，铸铁对铸铁，系数 195.1 改为 163.9。

② 齿根弯曲疲劳强度计算

校核公式

$$\sigma_F = \left(\frac{3.2}{m}\right)^3 \frac{KT_1 Y_{FS}}{z_1^2 \sqrt{i^2+1}} \leqslant [\sigma_F] \qquad (7.62)$$

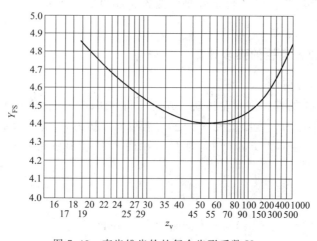

图 7.49 直齿锥齿轮的复合齿形系数 Y_{FS}

设计公式 $$m \geqslant 3.2 \sqrt[3]{\frac{KT_1 Y_{FS}}{z_1^2 \sqrt{i^2+1}\,[\sigma_F]}}$$ (7.63)

复合齿形系数 Y_{FS} 根据 z_v 由图 7.49 查取，其余各项的含义与单位同直齿圆柱齿轮。

7.12 齿轮的结构设计及润滑

7.12.1 齿轮的结构设计

（1）齿轮的结构

按强度条件设计所获得的是齿轮的主要尺寸——轮缘部分尺寸，但为了制造齿轮，还必须设计出全部的结构形状和尺寸。下面介绍几种常用的齿轮结构。

① 齿轮轴 对于直径较小的钢质齿轮，其齿根圆直径 d_f 与轴直径相差很小。如齿根圆到键槽底部的距离 $y<2.5m$ 时（图 7.50），可将齿轮和轴制成一体，称为齿轮轴（图 7.51）。这时，轴必须和齿轮用同一材料制造。若 y 值大于上述尺寸时，一般齿轮与轴分开制造。

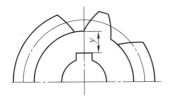

图 7.50 齿根圆与键槽底距离

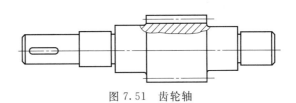

图 7.51 齿轮轴

② 实心式齿轮 当齿顶圆直径 $d_a \leqslant 160$mm 时，可做成实心结构的齿轮（图 7.52）。单件或小批量生产而直径小于 100mm 时，可用轧制圆钢制造齿轮毛坯。

③ 腹板式齿轮 当齿顶圆直径 $d_a \leqslant 500$mm 时，可做成腹板式结构。腹板上开孔是为了减轻重量和加工的需要，孔的直径和数目随结构尺寸的大小而定，图 7.53 为腹板式锻造齿轮结构。不重要的铸造齿轮也可做成不开孔的腹板式结构。

图 7.52 实心式齿轮

④ 轮辐式齿轮 当齿顶圆直径 $d_a>500$mm 时，齿轮的毛坯制造因受锻压设备的限制，往往改为铸铁或铸钢浇铸而成的轮辐式结构（图 7.54），轮辐的截面为十字形。

（2）锥齿轮的结构

① 锥齿轮轴 当齿轮的小端根圆到键槽根部的距离 $y<1.6m$ 时（图 7.55），需将齿轮和轴做成一体，称为锥齿轮轴（图 7.56）。

② 实心式锥齿轮 当 $y \geqslant 1.6m$ 时，应将齿轮与轴分开制造，常采用实心式结构（图 7.55）。

③ 腹板式锥齿轮 齿顶圆直径 $d_a \leqslant 500$mm 的锻造锥齿轮，可做成腹板式结构（图 7.57）。

④ 带肋的腹板式锥齿轮 齿顶圆直径 $d_a>300$mm 的铸造圆锥齿轮，可做成带加强肋的腹板式结构（图 7.58）

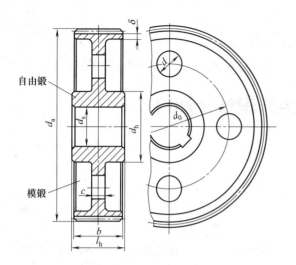

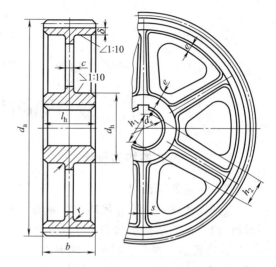

$d_h=1.6d_s$；$l_h=(1.2\sim1.5)d_s$，并使$l_h\geqslant b$；
模锻$c=0.2b$，自由锻$c=0.3b$；
$\delta=(2.5\sim4)m_n$，但不小于8mm；
d_0和d按结构取定，当d较小时可不开孔

图 7.53　腹板式齿轮

$d_h=1.6d_s$(铸钢)，$d_h=1.8d_s$(铸铁)；
$l_h=(1.2\sim1.5)d_s$，并使$l_h\geqslant b$；
$c=0.2b$，但不小于10mm；
$\delta=(2.5\sim4)m_n$，但不小于8mm；
$h_1=0.8d_s$，$h_2=0.8h_1$；
$s=0.15h_1$，但不小于10mm；$e=0.8\delta$

图 7.54　轮辐式齿轮

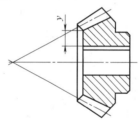

图 7.55　实心式锥齿轮

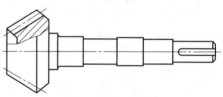

图 7.56　锥齿轮轴

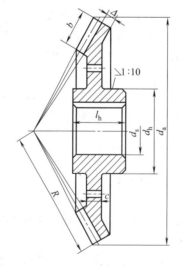

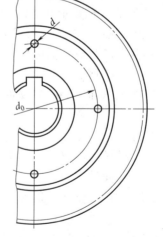

$d_h=1.6d_s$；$l_h=(1.2\sim1.5)d_s$；$c=(0.2\sim0.3)b$；
$\Delta=(2.5\sim4)m$，但不小于10mm；
d_0和d按结构取定

图 7.57　腹板式锥齿轮

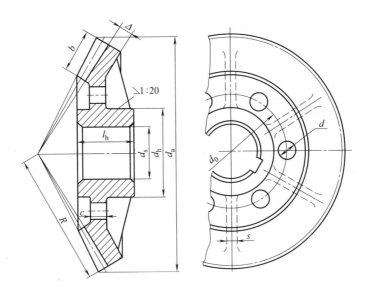

$d_h=(1.6\sim1.8)d_s；l_h=(1.2\sim1.5)d_s；$
$c=(0.2\sim0.3)b,\Delta=(2.5\sim4)m；但不小于10mm；$
$s=0.8；d_0和d按结构取定$

图 7.58 带肋的腹板式锥齿轮

7.12.2 齿轮传动的润滑

齿轮传动时，相啮合的齿面间即有相对滑动，以承受较高的压力，会产生摩擦和磨损，造成动力消耗，使传动效率低。因此，必须考虑齿轮传动的润滑，特别是高速齿轮的润滑问题更加突出。润滑油除了减小摩擦损失外，还可以起散热及防锈蚀等作用。

（1）润滑油的选择

黏度是润滑的主要指标，黏度的大小反映出油的稀稠。润滑油的黏度选择可根据齿轮材料及圆周速度查表 7.15。润滑油的牌号由黏度值确定。

表 7.15 齿轮传动润滑油黏度推荐值

齿轮材料	强度极限 /MPa	圆周速度/(m/s)						
		<0.5	$0.5\sim1$	$1\sim2.5$	$2.5\sim5$	$5\sim12.5$	$12.5\sim25$	>25
钢	$470\sim1000$	460	320	220	150	100	68	46
	$1000\sim1250$	460	460	320	220	150	100	68
	$1250\sim1580$	1000	460	460	320	220	150	100
渗碳或表面淬火的钢	—	1000	460	460	320	220	150	100
塑料、铸铁、青铜	—	320	220	150	100	68	46	—

注：黏度单位 mm^2/s，测试温度40℃。

（2）润滑方式

润滑方式按齿轮圆周速度选择，当 $v\leqslant12m/s$ 时，采用油浴润滑。为了减小搅拌损失和避免油池温度升高，大齿轮浸入油池中的深度约为 $1\sim2$ 个全齿高，但不小于10mm。在两级圆柱齿轮减速器中，高速级的大齿轮（图 7.59）的浸油深度为 $1\sim2$ 齿高，同时要求齿顶距离箱底不少于 $30\sim50mm$，以免搅起箱底的沉淀物及油泥。当圆周速度大于12m/s时，因搅动油太激烈，必须采用喷油润滑。如图 7.60 所示，油泵供应的压力油，经油管、喷嘴直接喷射在齿轮啮合处。

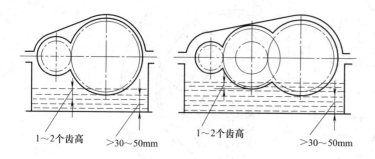

图 7.59　浸油润滑

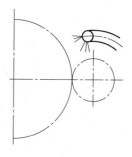

图 7.60　喷油润滑

单元练习题

一、选择题

1. 一对齿轮要正确啮合，它们的（　　）必须相等。

A. 直径　　　　　　　B. 宽度　　　　　　　C. 齿数　　　　　　　D. 模数

2. 一标准直齿圆柱齿轮的齿距 15.7mm，齿顶圆直径 400mm，则该齿轮的齿数为（　　）。

A. 82　　　　　　　　B. 80　　　　　　　　C. 78　　　　　　　　D. 76

3. 对于齿面硬度≤350HBS 的闭式钢制齿轮传动，其主要失效形式为（　　）。

A. 轮齿疲劳折断　　　B. 齿面磨损　　　　　C. 齿面疲劳点蚀　　　D. 齿面胶合

4. 一减速齿轮传动，小齿轮 1 选用 45 号钢调质；大齿轮 2 选用 45 号钢正火，它们的齿面接触应力（　　）。

A. $\sigma_{H1} > \sigma_{H2}$　　　B. $\sigma_{H1} < \sigma_{H2}$　　　C. $\sigma_{H1} = \sigma_{H2}$　　　D. $\sigma_{H1} \leq \sigma_{H2}$

5. 在直齿圆柱齿轮设计中，若中心距保持不变，而增大模数 m，则可以（　　）。

A. 提高齿面的接触强度　　　　　　　　B. 提高轮齿的弯曲强度

C 弯曲与接触强度均可提高　　　　　　D. 弯曲与接触强度均不变

6. 为了提高齿轮传动的接触强度，可采用（　　）的方法。

A. 采用闭式传动　　　B. 增大传动中心距　　C. 减少齿数　　　　　D. 增大模数

7. 轮齿弯曲强度计算中的齿形系数 Y_{Fa} 与（　　）无关。

A. 齿数　　　　　　　B. 变位系数　　　　　C. 模数　　　　　　　D. 斜齿轮螺旋角

8. 一对圆柱齿轮，通常把小齿轮的齿宽做的比大齿轮宽一些，其主要原因是（　　）。

A. 为使传动平稳　　　　　　　　　　　B. 为了提高传动效率

C. 为了提高齿面接触强度　　　　　　　D. 为了便于安装，保证接触线长

9. 一对圆柱齿轮传动中，当齿面产生疲劳点蚀时，通常发生在（　　）。

A. 靠近齿顶处　　　　　　　　　　　　B. 靠近齿根处

C. 靠近节线的齿顶部分　　　　　　　　D. 靠近节线的齿根部分

10. 以下（　　）种做法不能提高齿轮传动的齿面接触承载能力。

A. 分度圆直径不变而增大模数　　　　　B. 改善材料

C. 增大齿宽　　　　　　　　　　　　　D. 增大齿数以增大分度圆直径

二、填空题

1. 在齿轮传动中，齿面疲劳点蚀是由于_____反复作用引起的，点蚀通常首先出现在_____。

2. 在齿轮传动设计中，影响齿面接触应力的主要几何参数是_____和_____，而影响极限接触应力的主要因素是_____和_____。

3. 在直齿圆柱齿轮强度计算中，当齿面接触强度已足够，而齿根弯曲强度不足时，可采用下列措施_____；_____；_____来提高弯曲强度。

4. 一对外啮合斜齿圆柱齿轮的正确啮合条件是_____；_____；_____。

5. 对于硬度≤350HB的齿轮传动，当采取同样钢材来制造时，一般将_____处理。

三、判断题

1. 一对传动齿轮，小齿轮一般应比大齿轮材料好，硬度高。（　）

2. 一对传动齿轮若大小齿轮选择相同的材料和硬度，不利于提高齿面抗胶合能力。（　）

3. 闭式软齿面齿轮传动应以弯曲强度进行设计，以接触强度进行校核。（　）

4. 齿面弯曲强度计算中，许用应力应选两齿轮中较小的许用弯曲应力。（　）

5. 选择齿轮精度主要取决于齿轮的圆周速度。（　）

6. 齿根圆直径与轴头直径相近的应采用齿轮轴结构。（　）

7. 一对渐开线圆柱齿轮传动，当其他条件不变时，仅将齿轮传动所受载荷增为原载荷的 4 倍，其齿间接触应力亦将增为原应力的 4 倍。（　）

四、简答题

1. 齿轮传动常见的失效形式有哪些？简要说明闭式硬齿面、闭式软齿面和开式齿轮传动的设计准则。

2. 何谓齿轮中的分度圆？何谓节圆？二者的直径是否一定相等或一定不相等？

3. 软齿面齿轮传动设计时，为何小齿轮的齿面硬度应比大齿轮的齿面硬度大 30～50HBS？

4. 为何要使小齿轮比配对大齿轮宽 5～10mm？

五、计算题

1. 一渐开线外啮合标准齿轮，$z=26$，$m=3$mm，求其齿廓曲线在分度圆及齿顶圆上的曲率半径及齿顶圆压力角。

2. 一个标准渐开线直齿轮，当齿根圆和基圆重合时，齿数为多少？若齿数大于上述值时，齿根圆和基圆哪个大？

3. 一对标准外啮合直齿圆柱齿轮传动，已知 $z_1=19$，$z_2=68$，$m=2$mm，$\alpha=20°$，计算小齿轮的分度圆直径、齿顶圆直径、基圆直径、齿距以及齿厚和齿槽宽。

4. 如图 7.61 所示的直齿锥齿轮传动，已知传递的功率 $P_1=9$kW，转速 $n_1=970$r/min，齿数 $z_1=20$，$z_2=60$，大端模数 $m=4$mm，齿宽 $b=38$mm，从动大轮转向如图（忽略摩擦力）。试求：（1）确定主动轮的转向；（2）轮齿上各力的大小；（3）画出在啮合点处各力的方向。

5. 图 7.62 所示为两级圆柱齿轮减速器，已知齿轮 1（主动齿轮）的螺旋线方向和Ⅲ轴的转向。试求：（1）为使Ⅱ轴（中间轴）所受轴向力最小，齿轮 3 的螺旋线应为何方向？并画出齿轮 2 和齿轮 4 的螺旋线方向；（2）画出齿轮 2、3 所受各分力的方向；（3）画出 Ⅰ 轴和 Ⅱ 轴的转动方向。

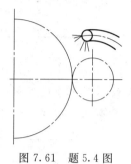

图 7.61　题 5.4 图

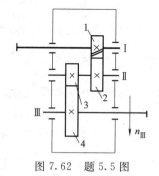

图 7.62　题 5.5 图

第8章 蜗杆传动

8.1 蜗杆传动类型和特点

蜗杆传动属啮合传动，蜗杆传动（图8.1）主要由蜗杆、蜗轮组成，用于传递交错轴间的回转运动和动力。通常蜗杆、蜗轮的轴线在空间成直角交错，即两轴交错角 Σ 为 $90°$。一般以蜗杆为主动件、蜗轮为从动件，和齿轮传动相比，其优点更为突出，它传动平稳、结构紧凑，减速比大、具有自锁性。

蜗杆类似于螺杆，也可看成是齿数很少的宽斜齿轮，蜗轮可以看成是一个具有凹形轮缘的斜齿轮。如图8.2所示，由于蜗杆与蜗轮轴线的投影正交，从侧面看其啮合相当于螺旋副，蜗杆导程角 γ 和蜗轮螺旋角 β_2 必须相等，旋向相同，即 $\gamma=\beta_2$。

图8.1 圆柱蜗杆传动

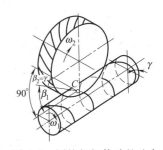

图8.2 圆柱蜗杆传动的啮合

8.1.1 蜗杆传动的特点和应用

① 传动比大、结构紧凑。在动力传动中，其单级传动比为 $8\sim80$；若只传运动，在分度机构中，传动比可达 1000。蜗杆头数（齿数），远小于齿轮的最小齿数，因此，结构紧凑。

② 传动平稳、无噪声。蜗杆带动蜗轮转动如同螺杆带动螺母一样，没有冲击、振动，没有噪声。

③ 可以实现自锁，当蜗杆导程角小于当量摩擦角时，可实现反行程自锁，蜗轮不能带动蜗杆。常用于需要自锁的手动葫芦起重设备中，可防止重物因自重而下坠。

④ 蜗杆传动齿面间相对滑动速度较大。传动效率低。一般效率为 $0.7\sim0.9$，具有自锁性能的蜗杆机构，效率小于 0.5。因此，发热量大，如散热不良，便不能持续工作。为了减摩和耐磨，蜗轮齿圈常用较贵的青铜制造，因而成本较高。

蜗杆传动适用于传动比大，而传递功率不大（一般小于 $50\,\mathrm{kW}$）且作间歇运转的设备中，广泛应用在机床、起重运输机械、印刷机械、包装机械和各类仪器仪表中。

8.1.2 蜗杆传动的类型

根据蜗杆的外形，蜗杆传动主要可分为圆柱蜗杆传动 [图 8.3（a）] 和圆弧面蜗杆传动 [图 8.3（b）] 以及锥蜗杆传动 [图 8.3（c）]。圆柱蜗杆加工方便，应用广泛。圆环面蜗杆承载能力强，但环面蜗杆和锥蜗杆的制造较难，安装要求较高，因而应用不如圆柱蜗杆广泛。本章主要讨论圆柱蜗杆传动。

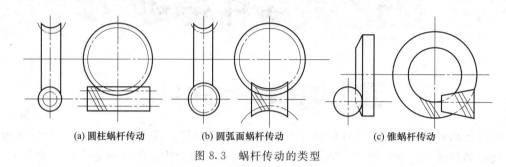

| (a) 圆柱蜗杆传动 | (b) 圆弧面蜗杆传动 | (c) 锥蜗杆传动 |

图 8.3　蜗杆传动的类型

在圆柱蜗杆传动中，根据蜗杆齿廓曲线的不同，又分为四种类型：阿基米德蜗杆（ZA），蜗杆端面齿形为阿基米德螺线，轴面齿廓为直线；渐开线蜗杆（ZI），蜗杆端面齿形为渐开线；延伸渐开线蜗杆（ZN），蜗杆端面齿形为延伸渐开线，法面齿廓为直线；锥面包络蜗杆（ZK），蜗杆端面齿形近似于阿基米德螺线。这四种蜗杆均为普通圆柱蜗杆，其齿廓均由直线刀刃的刀具切制成。国家标准 GB 10085—1988 推荐采用 ZI 和 ZK 蜗杆，这两种蜗杆易于磨削，能得到较高的精度。当对精度要求不高时，普遍采用阿基米德蜗杆。本节主要介绍常用的阿基米德蜗杆。

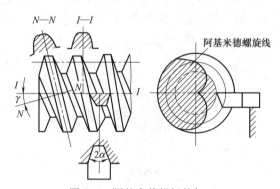

图 8.4　阿基米德蜗杆的加工

阿基米德蜗杆（又称普通蜗杆）加工的方法和车制螺纹的方法相同。如图 8.4 所示，将两边夹角 $2\alpha = 40°$ 的梯形车刀的刀刃平面，置于通过蜗杆轴线的平面（轴向平面）上，这种蜗杆的轴向齿廓如同齿条的直边齿廓，其端面齿廓曲线为阿基米德螺线，故称阿基米德蜗杆。阿基米德蜗杆难于磨削，精度不高，故在精度要求不高的情况下广泛采用。蜗杆有单头、双头和多头之分，也有左旋、右旋之分，常用的是右旋蜗杆。

蜗轮的形状类似于斜齿轮，在齿宽方向有凹弧形轮缘。蜗轮是用蜗轮滚刀在滚齿机上按范成原理滚切而成的。为了保证蜗杆和蜗轮正确啮合，滚刀的齿廓与相配的蜗杆齿廓基本相同，滚切时的中心距也应与蜗杆传动时的中心距相同。

8.2　蜗杆传动主要参数和几何尺寸计算

如图 8.5 所示，蜗杆轴线与蜗轮轴线的公垂线称为连心线。圆柱蜗杆轴线和连心线构成的平面称中间平面。中间平面即通过蜗杆轴线，并与蜗轮轴线垂直的剖面。在中间平面内，蜗杆的齿廓为直线齿廓，与齿条相同。蜗轮的齿廓为渐开线，所以，在中间平面内，蜗轮与蜗杆的啮合就相当于渐开线齿轮与齿条的啮合。规定蜗杆传动的设计计算都以中间平面的参数及其几何尺寸关系为准。

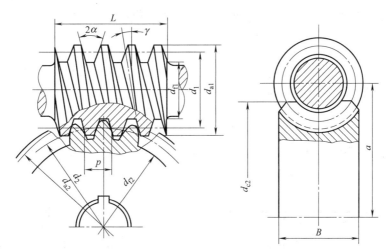

图 8.5　蜗杆传动的主要参数和几何尺寸

8.2.1　主要参数

（1）蜗杆头数 z_1 和蜗轮齿数 z_2

蜗杆头数 z_1 一般为 1～6，z_1 少，效率低；z_1 大，导程角大，制造难度大。通常，蜗杆头数可根据传动比 i，按表 8.1 选择。

表 8.1　蜗杆头数

i	5～6	7～16	15～32	30～83
z_1	6	4	2	1

蜗轮齿数 $z_2 = i z_1$，为了保证传动的平稳性，z_2 不宜小于 27；但 z_2 过大将使蜗轮尺寸增大，通常取 $z_2 = 28～80$。

（2）模数 m 和压力角 α

如图 8.5 所示，在中间平面内，蜗轮与蜗杆的啮合就相当于渐开线齿轮与齿条的啮合。对蜗杆是轴面，对蜗轮是端面，蜗杆的轴面参数（脚标 a1）与蜗轮的端面参数（脚标 t2）分别相等，即蜗杆的轴面齿距 $p_{a1} = \pi m_{a1}$ 应等于蜗轮的端面齿距 $p_{t2} = \pi m_{t2}$，因而，蜗杆的轴面模数与蜗轮的端面模数也应相等，即

$$m_{a1} = m_{t2} = m$$

模数 m 的标准值见表 8.2，

蜗杆的轴面压力角 α_{a1} 等于蜗轮的端面压力角 α_{t2}，并规定 $\alpha = 20°$ 为标准压力角。

$$\alpha_{a1} = \alpha_{t2} = \alpha$$

（3）蜗杆导程角 γ

如图 8.6 所示，将蜗杆沿分度圆展成平面，图中轴向齿距为

$$p_{a1} = \pi m \tag{8.1}$$

由图可知，导程为

$$s = z_1 p_{a1} = z_1 \pi m \tag{8.2}$$

式中 z_1 为蜗杆头数，则分度圆导程角 γ 可由下式求出。

$$\tan\gamma = \frac{s}{\pi d_1} = \frac{z_1 m\pi}{\pi d_1} = \frac{z_1 m}{d_1} \tag{8.3}$$

由图 8.7 可见，蜗杆分度圆导程角 γ 等于蜗轮螺旋角 β_2。

$$\gamma = \beta_2 \tag{8.4}$$

（4）蜗杆分度圆直径 d_1 和直径系数 q

加工蜗轮时，所用蜗轮滚刀的参数、几何尺寸应与和该蜗轮相啮合的蜗杆的参数、几何尺寸基本相同（区别是滚刀的齿顶高比蜗杆的齿顶高大一个顶隙）。由式（8.3）可知

$$d_1 = m\frac{z_1}{\tan\gamma}$$

蜗杆的分度圆直径 d_1 不仅与模数 m 有关，而且与 $z_1/\tan\gamma$ 有关。因此，同一模数会有

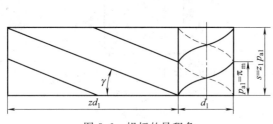

图 8.6　蜗杆的导程角

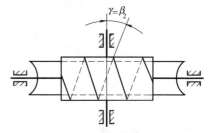

图 8.7　蜗杆导程角和蜗轮螺旋角的关系

不同的分度圆直径的蜗杆，就需配多把蜗轮滚刀，这样很不经济，为限制滚刀数量，将蜗杆分度圆直径 d_1 规定了有限的标准系列值，见表 8.2。即对每一标准模数 m 规定了 $1\sim4$ 个蜗杆分度圆直径 d_1，并把 d_1/m 称为蜗杆的直径系数 q，即

$$q = d_1/m \tag{8.5}$$

将此式代入式（8.3）得

$$d_1 = mq \tag{8.6}$$

（5）蜗杆传动的传动比 i

蜗杆传动的传动比 i_{12} 为主动轮的转速与从动轮的角速度转速之比。通常，蜗杆为主动件，可知，当蜗杆转过一转时，蜗轮转过 z_2/z_1 转，因此，蜗杆传动的传动比为

$$i_{12} = n_1/n_2 = z_2/z_1 \tag{8.7}$$

式中　n_1，n_2——蜗杆和蜗轮的转速，r/min。

应当注意，蜗杆蜗轮的传动比 i 仅与蜗杆的头数和蜗轮的齿数有关，而不等于蜗轮与蜗杆分度圆直径之比。

综上所述，蜗杆传动的基本参数为 z_1、z_2、m、α、q、d_1，GB 10085—1988 中规定 m、z_1、q、d_1 相互配置关系，见表 8.2。

8.2.2　蜗杆蜗轮的几何尺寸计算

标准蜗杆机构见图 8.5，蜗杆节圆与分度圆重合，其中心距 a 为

$$a = \frac{d_1 + d_2}{2} = \frac{m(q + z_2)}{2} \tag{8.8}$$

标准圆柱蜗杆、蜗轮几何尺寸见图 8.5，按表 8.3 中公式计算。

表8.2 蜗杆的模数 m、蜗杆头数 z_1 直径系数 q 与分度圆直径 d_1（GB 10085—1988）

m/mm	d_1/mm	z_1	$m^2 d_1/\text{mm}^3$	q	m/mm	d_1/mm	z_1	$m^2 d_1/\text{mm}^3$	q
1	18	1	18	18	4	(50)	1,2,4	800	12.5
1.25	20	1	31	16		71	1	1136	17.75
	22.4	1	35	17.92	5	(40)	1,2,4	1000	8
1.6	200	1,2,4	51	12.5		50	1,2,4,6	1250	10
	28	1	72	17.5		(63)	1,2,4	1575	12.6
2	(18)	1,2,4	72	9		90	1	2250	18
	22.4	1,2,4,6	90	11.2	6.3	(50)	1,2,4	1985	7.936
	(28)	1,2,4	112	14		63	1,2,4,6	2500	10
	33.5	1	142	17.75		(80)	1,2,4	3175	12.698
2.5	(22.4)	1,2,4	140	8.96		112	1	4445	17.778
	28	1,2,4,6	175	11.2	8	(63)	1,2,4	4032	7.875
	(35.5)	1,2,4	222	14.2		80	1,2,4,6	5120	10
	45	1	281	18		(100)	1,2,4	6400	12.5
3.15	(28)	1,2,4	278	8.889		140	1	8960	17.5
	35.5	1,2,4,6	352	11.27	10	(71)	1,2,4	7100	7.1
	(45)	1,2,4	447	14.286		90	1,2,4,6	9000	9
	56	1	556	17.778		(112)	1,2,4	11200	11.2
4	(31.5)	1,2,4	504	7.875		160	1	16000	16
	40	1,2,4,6	640	10	—	—	—	—	—

注：表中带（ ）的尽量不用。

表8.3 标准圆柱蜗杆传动的几何尺寸计算

名称	计算公式	
	蜗杆	蜗轮
齿顶高	$h_{a1}=m$	$h_{a2}=m$
齿根高	$h_{f1}=1.2m$	$h_{f2}=1.2m$
分度圆直径	$d_1=mq$	$d_2=mz_2$
齿顶圆直径	$d_{a1}=m(q+2)$	$d_{a2}=m(z_2+2)$
齿根圆直径	$d_{f1}=m(q-2.4)$	$d_{f2}=m(z_2-2.4)$
顶隙	$c=0.2m$	
蜗杆轴向齿距 蜗轮端面齿距	$p_{a1}=p_{t2}=\pi m$	
蜗杆分度圆柱的导程角	$\gamma=\arctan\dfrac{z_1}{q}$	
蜗轮分度圆柱螺旋角		$\beta=\gamma$
中心距	$a=\dfrac{m}{2}(q+z_2)$	
蜗杆螺纹部分长度	$z_1=1,2,b_1\geqslant(11+0.06z_2)m$ $z_1=4,b_1\geqslant(12.5+0.09z_2)m$	
蜗轮咽喉母圆半径		$r_{g2}=a-\dfrac{1}{2}d_{a2}$
蜗轮最大外圆直径		$z_1=1,d_{e2}\leqslant d_{a2}+2m$ $z_1=2,d_{e2}\leqslant d_{a2}+1.5m$ $z_1=4,d_{e2}\leqslant d_{a2}+m$
蜗轮轮缘宽度		$z_1=1,2,b_2\leqslant0.75d_{a1}$ $z_1=4,b_2\leqslant0.67d_{a1}$
蜗轮轮齿包角		$\theta=2\arcsin\left(\dfrac{b_2}{d_1}\right)$ 一般动力传动 $\theta=70°\sim90°$ 高速动力传动 $\theta=90°\sim130°$ 分度传动 $\theta=45°\sim60°$

8.2.3 蜗杆蜗轮的正确啮合条件

蜗杆蜗轮正确啮合条件是蜗杆、蜗轮在中间平面的模数、压力角分别相等。因蜗杆蜗轮的两轴线交错为90°（图8.7），所以蜗杆分度圆上的导程角 γ 应与蜗轮分度圆上的螺旋角 β_2 大小相等，且旋向相同，即蜗杆传动的正确啮合条件为

$$m_{a1} = m_{t2} = m$$
$$\alpha_{a1} = \alpha_{t2} = \alpha$$
$$\gamma = \beta_2 \tag{8.9}$$

式中，m_{a1}、α_{a1} 为蜗杆轴向的模数、压力角；m_{t2}、α_{t2} 为蜗轮端面的模数、压力角。中间平面的参数均为标准值。

8.3 蜗杆传动的失效、材料和结构

8.3.1 蜗杆传动的失效形式

蜗杆传动的失效形式与齿轮传动的失效形式相似，有齿面磨损、胶合、点蚀和轮齿折断等。因蜗杆传动啮合齿面间有较大的相对滑动速度，较齿轮传动更易产生磨损及胶合。由于蜗杆材料的强度比蜗轮高且齿形连续，失效主要发生在蜗轮上。实践证明，在闭式传动中，蜗轮的主要失效形式是齿面胶合与点蚀，在开式传动中，主要失效形式是磨损，磨损严重时将导致轮齿折断。

8.3.2 蜗杆、蜗轮常用材料

由蜗杆传动的失效特点，选择蜗杆和蜗轮材料组合时，不但要求有足够的强度，而且要有良好的减摩、耐磨和抗胶合的能力。实践表明，较理想的蜗杆副材料是青铜蜗轮齿圈匹配淬硬磨削的钢制蜗杆。

（1）蜗杆材料

对高速重载的传动，蜗杆常用低碳合金钢（如 20Cr、20CrMnTi）经渗碳淬火后表面硬度达 56～62HRC，并须磨削。对中速中载传动，蜗杆常用 45 钢、40Cr、35SiMn 等，表面经高频淬火后硬度达 45～55 HRC，也须磨削。对一般蜗杆可采用 45、50 等碳钢调质处理（硬度为 210～230HBS）。

（2）蜗轮材料

常用的蜗轮材料为铸造锡青铜（ZCuSn10P1，ZCuSnZn6Pb3）、铸造铝铁青铜（ZCuAl10Fe3）及灰铸铁 HT150、HT200 等。锡青铜的抗胶合、减摩及耐磨性能最好，但价格较高。用于 $v_s \geq 3\text{m/s}$ 的重要传动；铝铁青铜具有足够的强度，并耐冲击，价格便宜，但抗胶合及耐磨性能不如锡青铜，一般用于 $v_s \leq 6\text{m/s}$ 的传动；灰铸铁用于 $v_s \leq 2\text{m/s}$ 的不重要场合。

8.3.3 蜗杆、蜗轮的结构

（1）蜗杆的结构

由于蜗杆螺旋齿部分与轴的直径相差不大，常与轴做成一体，称为蜗杆轴。其齿根圆直径大于相邻轴段的直径时，既可以车制，也可以铣制。其齿根圆直径小于相邻轴段的直径

时，仅能铣制。

（2）蜗轮的结构

铸铁蜗轮或直径小于 100mm 的青铜蜗轮，通常制成整体式，和普通齿轮结构相同。

对于较大直径的蜗轮，为了节省有色金属，常用有色金属制成齿圈，用铸铁制成轮芯，连接的方式有以下 3 种。

① 浇铸式［图 8.8 （a）］。是在铸铁轮芯上浇铸青铜齿圈，为了防止脱落，轮芯两端预先车成倒角，铸后切齿。只用于成批生产的蜗轮。

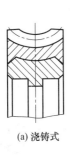 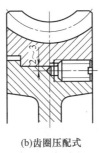 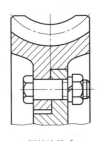

(a) 浇铸式   (b)齿圈压配式   (c)螺栓连接式

图 8.8 蜗轮的结构

② 齿圈压配式［图 8.8 （b）］。将青铜齿圈紧套在铸铁轮芯上，常采用过盈配合。为防止齿圈发热后松动，沿配合面安装 4～6 个紧定螺钉。为了便于钻孔，应将螺孔中心线偏向材料较硬的铸铁一边 2～3mm。此结构多用于中等尺寸及工作温度变化较小的场合，以免热胀冷缩影响过盈配合的质量。

③ 螺栓连接式［图 8.8 （c）］。齿圈与轮芯采用配合螺栓连接，圆周力由螺栓传递，因此螺栓的数目和尺寸必须通过强度核算。该结构成本高，常用于直径较大或齿面易于磨损的场合。

8.4 蜗杆传动受力分析和强度的计算

8.4.1 蜗杆传动的受力分析

蜗杆蜗轮传动的受力分析和斜齿圆柱齿轮相似。齿面上的法向力 F_n 可以分解为三个相互垂直的分力，即圆周力 F_t、轴向力 F_a 和径向力 F_r（图 8.9），由于蜗杆轴和蜗轮轴交错成 $90°$，故蜗杆圆周力 F_{t1} 等于蜗轮轴向力 F_{a2}；蜗轮圆周力 F_{t2} 等于蜗杆轴向力 F_{a1}；蜗杆径向力 F_{r1} 等于蜗轮径向力 F_{r2}，如不计摩擦时，各力的大小可按下式计算。

$$F_{t1} = \frac{2T_1}{d_1} = -F_{a2} \tag{8.10}$$

$$F_{t2} = \frac{2T_2}{d_2} = -F_{a1} \tag{8.11}$$

$$F_{r2} = F_{t2}\tan\alpha = -F_{r1} \tag{8.12}$$

式中　T_1——蜗杆传递的扭矩，N·mm；

　　　T_2——蜗轮传递的扭矩，N·mm；

　　　d_1——蜗杆的分度圆直径，mm；

　　　d_2——蜗轮的分度圆直径，mm；

α——蜗杆轴面压力角（等于蜗轮的端面压力角），其值为 $\alpha = 20°$。

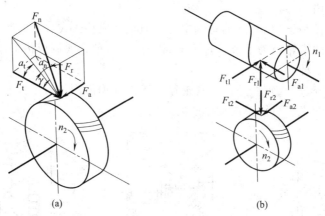

图 8.9　蜗杆蜗轮传动的受力分析

因为蜗杆为主动件，蜗轮为从动件，故圆周力 F_{t1} 的方向与蜗杆在啮合节点上的圆周速度方向相反，圆周力 F_{t2} 的方向与蜗轮在啮合节点上的圆周速度方向相同；轴向力 F_{a1}、F_{a2} 的方向与圆周力 F_{t2}、F_{t1} 的方向相反；径向力 F_{r1}、F_{r2} 的方向分别指向各自的轮心。

蜗杆、蜗轮的旋转方向与其所受圆周力 F_t 的方向有关。一般，蜗轮为从动件，蜗轮的旋转运动是由蜗杆驱动的，它的旋转方向与它在节点处所受的蜗杆对它的驱动力，即圆周力 F_{t2} 的方向相同。而蜗杆为主动件，它的旋转运动是由外力驱动的，它所受的圆周力 F_{t1} 是蜗轮对它的反作用力，不是驱动力，所以，蜗杆的旋转方向与它所受的圆周力 F_{t1} 的方向相反。因此，只要能正确地判定圆周力的方向，就能判定蜗杆、蜗轮的旋转方向。

8.4.2　蜗杆传动强度计算

蜗杆传动中，由于蜗轮材料的强度较差，易引起轮齿失效，因此，设计时，一般只需对蜗轮进行强度计算。必要时可验算蜗杆的刚度，方法与轴的刚度计算相同。

① 蜗轮齿轮面接触疲劳强度计算　蜗轮齿轮面接触疲劳强度计算与斜齿轮相似，仍以赫兹公式为基础。经分析推导得钢制蜗杆与青铜或灰铸铁蜗轮配对时

校核公式　　　　　　　　$$\sigma_H = \frac{500}{d_2}\sqrt{\frac{KT_2}{d_1}} \leqslant [\sigma_H] \qquad (8.13)$$

设计公式　　　　　　　　$$m^2 d_1 \geqslant KT_2 \left(\frac{500}{z_2 [\sigma_H]}\right)^2 \qquad (8.14)$$

式中，K 为载荷系数，通常取 $K = 1.1 \sim 1.5$，载荷平稳、蜗轮圆周速度较低（$v_2 < 3\text{m/s}$）时取较小值，反之取大值；$[\sigma_H]$ 为蜗轮材料的许用接触应力，MPa，查阅有关资料。

② 抗弯强度计算是针对轮齿折断进行的。对于闭式蜗杆传动，轮齿折断较少出现，所以仅在蜗轮承受大的冲击，或采用脆性材料时才进行轮齿弯曲疲劳强度计算。对于开式传动，则按蜗轮轮齿的弯曲疲劳强度设计。需要计算时，可查阅有关资料。

8.5 蜗杆传动的热平衡计算

8.5.1 蜗杆传动的效率

闭式蜗杆传动的总效率一般包括三部分，即传动啮合效率、轴承效率及零件搅油时的溅油损耗。其中影响最大的传动啮合效率可近似按螺旋传动的效率公式计算，后两项效率为 $0.95\sim0.96$。因此，蜗杆传动的总效率为

$$\eta=(0.95\sim0.96)\frac{\tan\gamma}{\tan(\gamma+\rho_v)} \tag{8.15}$$

式中　γ——蜗杆导程角；

ρ_v——当量摩擦角，$\rho_v=\arctan f_v$，f_v 为当量摩擦因数，其值可根据滑动速度由表 8.4 查取。滑动速度为

$$v_s=\frac{\pi d_1 n_1}{60\times1000\cos\gamma}(\text{m/s}) \tag{8.16}$$

式中，n_1 为蜗杆转速，r/min。

表 8.4　当量摩擦因数 f_v 和当量摩擦角 ρ_v

蜗轮材料	锡青铜				无锡青铜	
蜗杆齿面硬度	>45HRC		≤350HBS		>45HRC	
滑动速度 v_s/(m/s)	f_v	ρ_v	f_v	ρ_v	f_v	ρ_v
1.00	0.045	2°35′	0.055	3°09′	0.07	4°00′
2.00	0.035	2°00′	0.045	2°35′	0.055	3°09′
3.00	0.028	1°36′	0.035	2°00′	0.045	2°35′
4.00	0.024	1°22′	0.031	1°47′	0.04	2°17′
5.00	0.022	1°16′	0.029	1°40′	0.035	2°00′
8.00	0.018	1°02′	0.026	1°29′	0.03	1°43′

注：1. 蜗杆齿面粗糙度 $Ra=0.8\sim0.2\mu\text{m}$。

2. 蜗轮材料为灰铸铁时，可按无锡青铜查取 f_v、ρ_v。

由式（8.15）可知，效率在一定范围内随 γ 的增大而增大，所以，动力传动中常采用多头蜗杆，但 γ 过大使蜗杆加工困难，故 $\gamma_{\max}\leqslant27°$。

初步估算中，蜗杆传动的总效率可按表 8.5 数值估取。

表 8.5　蜗杆传动的总效率

闭式传动				开式传动	自锁传动
z_1				1~2	<0.5
1	2	4	6		
0.7~0.75	0.75~0.82	0.82~0.92	0.86~0.95	0.6~0.7	

8.5.2 蜗杆传动的热平衡计算

为限制蜗杆传动的工作温度，必须使工作中产生的热量 Q_1 和发散的热量 Q_2 保持平衡。

① 蜗杆传动由于摩擦产生的热量

$$Q_1=1000P_1(1-\eta)(\text{W}) \tag{8.17}$$

式中，P_1 为蜗杆传动输入功率，kW；η 为传动的总效率。

② 以自然冷却方式经箱体表面发散到周围空气中的热量

$$Q_2=k_t A(t-t_0)(\text{W}) \tag{8.18}$$

式中　A——散热面积，m^2，可按长方体面积估算，但应除去不和空气接触的面积，凸缘和散热片面积按 50% 计算；

　　　t_0——周围空气温度，常温情况下可取 $t_0=20℃$；

　　　t——润滑油的工作温度，一般不超过 70～80℃，最高不超过 90℃；

　　　k_t——箱体表面散热系数，表示单位面积、单位时间、温差 1℃所能散发的热量，根据箱体周围的通风条件，一般取 $k_t=10～17W/(m^2 \cdot ℃)$，通风良好取大值。

上式说明，散热量 Q_2 与散热面积 A、温差（$t-t_0$）成正比。

根据热平衡条件 $Q_1=Q_2$，可得润滑油的工作温度为

$$t=\frac{1000P_1(1-\eta)}{k_t A}+t_0 \tag{8.19}$$

由式（8.19）可得保持正常工作油温所需的散热面积为

$$A=\frac{1000P_1(1-\eta)}{k_t(t-t_0)} \tag{8.20}$$

如 t 超过许可值，就应采取下述散热措施，以提高传动的散热能力（图 8.10）。

① 在箱体外壁加散热片以增大散热面积 A。当自然冷却时，散热片应垂直方向配置，以利空气的对流；当用风扇冷却时，应平行于风扇强迫空气流动的方向配置〔图 8.10（a）〕。

② 在蜗杆轴上装置风扇〔图 8.10（a）〕，此时 $k_t=21～28W/(m^2 \cdot ℃)$。

③ 采用上述方法后，如散热能力还不够，可在箱体油池内铺设冷却水管，用循环水冷却〔图 8.10（b）〕。

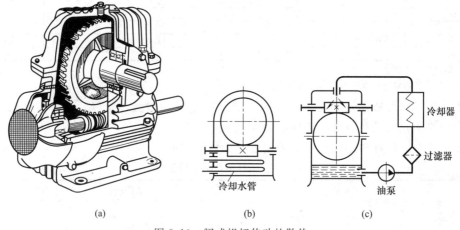

（a）　　　　　　　　　　　（b）　　　　　　　　　　（c）

图 8.10　闭式蜗杆传动的散热

④ 采用压力喷油循环润滑。油泵将高温的润滑油抽到箱体外，经过滤器、冷却器冷却后，喷射到啮合部位〔图 8.10（c）〕。

单元练习题

一、选择题

1. 标准蜗杆传动的中心距计算公式应为（　　　）。

A. $a=\frac{1}{2}m(z_1+z_2)$ 　　　　　　　　　B. $a=\frac{1}{2}m(q+z_2)$

C. $a=\dfrac{1}{2}m_t$ $(q+z_2)$ D. $a=\dfrac{1}{2}m_n$ $(q+z_2)$

2. 蜗杆蜗轮啮合面间的滑动速度 v_2 与蜗杆的圆周速度 v_1 之间有如下关系（ ）。

A. $v_2=v_1$ B. $v_2>v_1$

C. $v_2<v_1$ D. v_2 与 v_1 没有关系

3. 蜗杆传动的主要失效形式是（ ）。

A. 齿面疲劳点蚀   B. 齿根的弯曲折断

C. 齿面的胶合和磨损   D. 齿面的塑性变形

4. 与齿轮传动相比，（ ）不能作为蜗杆传动的优点。

A. 传动平稳，噪声小   B. 传动比可以较大

C. 可产生自锁   D. 传动效率高

5. 在标准蜗杆传动中，蜗杆头数一定时，若增大蜗杆直径系数，将使传动效率（ ）。

A. 降低   B. 提高   C. 不变   D. 增大也可能减小

6. 蜗杆直径系数的标准化是为了（ ）。

A. 保证蜗杆有足够的刚度   B. 减少加工时蜗轮滚刀的数目

C. 提高蜗杆传动的效率   D. 减小蜗杆的直径

7. 下列公式中，用（ ）确定蜗杆传动比的公式是错误的。

A. $i=\omega_1>\omega_2$ B. $i=z_2>z_1$ C. $i=d_2>d_1$ D. $i=n_1>n_2$

8. 提高蜗杆传动效率的最有效方法是（ ）。

A. 增加蜗杆头数   B. 增加直径系数

C. 增大模数   D. 减小直径系数

二、填空题

1. 在蜗杆传动中，蜗杆头数越少，则传动效率越 _____，自锁性越 _____。

2. 有一普通圆柱蜗杆传动，已知蜗杆头数 $z_1=2$，蜗杆直径系数 $q=8$，蜗轮齿数 $z_2=37$，模数 $m=8$mm，则蜗杆分度圆直径 _____ mm，蜗轮的分度圆直径 _____ mm，传动中心距 _____ mm，传动比 _____，蜗轮分度圆上的螺旋角 _____。

三、判断题

1. 两轴线空间交错成 $90°$ 的蜗杆传动中，蜗杆和蜗轮螺旋方向应相同。 （ ）

2. 蜗杆传动的主平面是指通过蜗轮轴线并垂直于蜗杆轴线的平面。 （ ）

3. 蜗杆的直径系数为蜗杆分度圆直径与蜗杆模数的比值，所以蜗杆分度圆直径越大，其直径系数也越大。 （ ）

4. 蜗杆传动的强度计算主要是进行蜗轮齿面的接触强度计算。 （ ）

四、简答题

1. 圆柱蜗杆传动的类型有哪些？各有什么特点？其正确啮合的条件是什么？蜗轮滚刀与蜗杆形状和尺寸有什么关系？

2. 什么是自锁蜗杆传动？自锁的条件是什么？

3. 蜗杆传动为什么要引入直径系数 q？

4. 蜗杆传动为什么要限制蜗轮齿数 $27\leqslant z_2\leqslant 80$？

5. 为什么蜗杆的螺旋线升角 λ 一般都小于 $28°$？

6. 蜗杆的热平衡计算不满足要求时可采取哪些措施？

五、计算题

1. 某蜗杆传动传动比 $i=20$，蜗轮齿数 $z_2=40$，模数 $m=5mm$，蜗杆顶圆直径 $d_{a1}=60mm$，试求：蜗杆的直径系数 q；蜗轮的螺旋角 β_2；中心距 a。

2. 已知标准蜗杆传动的 $i=20$，$m=14mm$，$q=9$，$z_1=2$，试计算蜗杆蜗轮的分度圆直径 d，顶圆直径 d_a，蜗轮螺旋角 β_2 及中心距 a。

3. 设计某分度机构的蜗杆传动。要求 $i=45$，蜗轮直径不超过 100mm，试确定主要参数 z_1、z_2、m、q 及 λ。

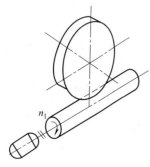

图 8.11 题 5.5 图

4. 设计运输机的闭式蜗杆传动。已知电动机功率 $P=3kW$，转速 $n=960r/min$，蜗杆传动比 $i=21$，工作载荷平稳，单向连续运转，每天工作 8h，要求使用寿命为 5 年。

5. 如图 8.11 所示，已知一带式运输机用阿基米德蜗杆传动，传递的功率均 $P_1=8.8kW$，转速 $n_1=960r/min$，传动比 $i=18$，蜗杆头数 $z_1=2$，直径系数 $q=8$，蜗杆导程角 $\gamma=14°2'10''$，蜗轮端面模数 $m=10mm$，当蜗杆主动时的传动效率 $\eta=0.88$，蜗杆右旋，转动方向如图所示。

试求：（1）蜗轮的转向及各力指向；（2）计算蜗杆和蜗轮所受个分力的大小。

6. 图 8.12 所示蜗杆传动中，蜗杆为主动件。试在图上标出蜗杆（或蜗轮）的转向，蜗轮的螺旋线方向，蜗杆、蜗轮所受各分力的方向。

7. 图 8.13 所示为双级蜗杆传动。已知蜗杆 1、3 均为右旋，轴 Ⅰ 为输入轴，其回转方向如图所示。 试求：（1）各蜗杆和蜗轮的螺旋线方向；（2）轴 Ⅱ 和轴 Ⅲ 回转方向；（3）蜗轮 2 和蜗杆 3 所受的各力。

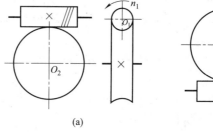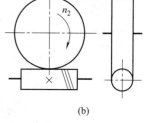

(a)　　　　　　　　　　(b)

图 8.12 题 5.6 图

8. 图 8.14 所示为斜齿圆柱齿轮-蜗杆传动。已知齿轮 1 的螺旋线方向和 Ⅰ 轴的转向。

试求：（1）画出 Ⅱ 轴、Ⅲ 轴的转向；（2）判断齿轮 2 的螺旋线方向，蜗杆 3、蜗轮 4 旋向（使 Ⅱ 轴上轴承所受轴向力最小）；（3）在啮合点处，画出齿轮 2、蜗杆 3 所受各分力。

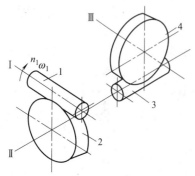

图 8.13 题 5.7 图

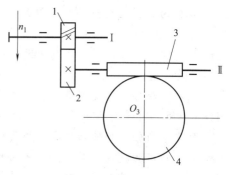

图 8.14 题 5.8 图

第9章 轮　系

9.1　齿轮系概述

在复杂的现代机械中，为了满足各种不同的需要，常常采用一系列齿轮组成的传动系统。这种由一系列相互啮合的齿轮（蜗杆、蜗轮）组成的传动系统即齿轮系。齿轮系可以分为两种基本类型，即定轴齿轮系和周转齿轮系。

定轴轮系中所有齿轮的轴线全部固定，若所有齿轮的轴线全部在同一平面或相互平行的平面内，则称为平面定轴轮系，如图9.1所示；若所有齿轮的轴线并不全部在同一平面或相互平行的平面内，则称为空间定轴轮系，如图9.2所示。

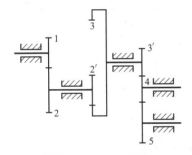

图 9.1　平面定轴轮系

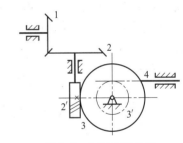

图 9.2　空间定轴轮系

轮系中有一个或几个齿轮轴线的位置并不固定，而是绕着其他齿轮的固定轴线回转，则这种轮系称为周转轮系，其中绕着固定轴线回转的这种齿轮称为中心轮（或太阳轮），既绕自身轴线回转又绕着其他齿轮的固定轴线回转的齿轮称为行星轮，支撑行星轮的构件称为系杆（或转臂或行星架），如图9.3所示。在周转轮系中，一般都以中心轮或系杆作为运动的输入或输出构件，常称其为周转轮系的基本构件。

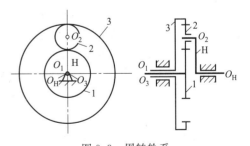

图 9.3　周转轮系
1，3—中心轮；2—行星轮；H—行星架

周转轮系还可按其所具有的自由度数目作进一步的划分。若周转轮系的自由度为2，则称其为差动轮系，如图9.4所示。为了确定这种轮系的运动，须给定两个构件以独立运动规律。若周转轮系的自由度为1，则称其为行星轮系，如图9.5所示。

在各种实际机械中所用的轮系，往往既包含定轴轮系部分，又包含周转轮系部分，或者由几部分周转轮系组成，这种复杂的轮系称为复合轮系。

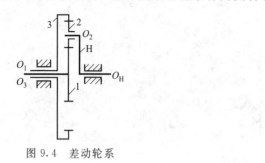

图 9.4　差动轮系

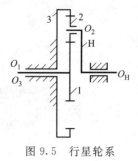

图 9.5　行星轮系

9.2　定轴轮系传动比及其计算

9.2.1　传动比大小的计算

一对平行轴圆柱齿轮啮合，设主动轮 1 的转速和齿数分别为 ω_1 和 z_1，从动轮 2 的转速和齿数分别为 ω_2 和 z_2，则传动比大小为

$$i_{12} = \frac{\omega_1}{\omega_2} = \frac{z_2}{z_1} \tag{9.1}$$

对于齿轮系，设输入轴的角速度为 ω_1，输出轴的角速度为 ω_m，因为轮系是由一对对齿轮相互啮合组成的（见图 9.1），当轮系由 m 对啮合齿轮组成时，则有

$$i_{1m} = \frac{\omega_1}{\omega_m} = \frac{\omega_1}{\omega_2} \times \frac{\omega_2}{\omega_3} \times \frac{\omega_3}{\omega_4} \times \cdots \times \frac{\omega_{m-1}}{\omega_m} = \frac{z_2 z_3 z_4 \cdots z_m}{z_1 z_2 z_3 \cdots z_{m-1}} = \frac{\text{所有从动轮齿数连乘积}}{\text{所有主动轮齿数连乘积}} \tag{9.2}$$

当 $i_{1m} > 1$ 时为减速，$i_{1m} < 1$ 时为增速。

9.2.2　首、末轮转向的确定

因为角速度是矢量，故传动比计算还有首末两轮的转向问题。对直齿轮表示方法有两种。

（1）用"＋""－"表示

适用于平面定轴轮系，由于所有齿轮轴线平行，故首末两轮转向不是相同就是相反，相同取"＋"表示，相反取"－"表示。一对齿轮外啮合时两轮转向相反，用"－"表示；一对齿轮内啮合时两轮转向相同，用"＋"表示。可用此法逐一对各对啮合齿轮进行分析，直至确定首末两轮的转向关系。设轮系中有 m 对外啮合齿轮，则末轮转向为 $(-1)^m$，此时有

$$i_{1m} = (-1)^m \frac{\text{所有从动轮齿数的连乘积}}{\text{所有主动轮齿数的连乘积}} \tag{9.3}$$

（2）画箭头

如图 9.6 所示，箭头所指方向为齿轮上离我们最近一点的速度方向。对于平面定轴轮系 [图 9.6（a）]，外啮合时两箭头同时指向（或远离）啮合点，箭头相对或箭尾相对。内啮合时两箭头同向。

对于空间定轴轮系，只能用画箭头的方法来确定从动轮的转向。一对相互啮合的锥齿轮 [图 9.6（b）]，其转向用箭头表示时箭头方向同时指向节点或同时背离节点。一对相互啮合的蜗轮蜗杆 [图 9.6（c）]，其转向可用左右手定则来判断。左旋用左手，右旋用右手；四指自然弯曲握住蜗杆轴线，且指尖与蜗杆转向一致；拇指伸直，拇指的反方向即为节点处

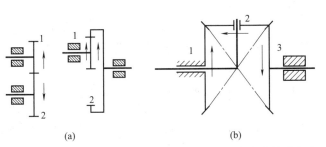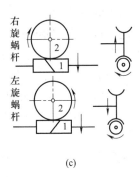

(a)　　　　　　　　　　(b)　　　　　　　　　　(c)

图 9.6　轮系中齿轮转动方向

蜗轮的线速度方向。

例 9-1　在图 9.7 所示的车床溜板箱进给刻度盘轮系中，运动由齿轮 1 输入，由齿轮 5 输出，各齿轮的齿数为 $z_1 = 18$，$z_2 = 87$，$z_3 = 28$，$z_4 = 20$，$z_5 = 84$。试计算传动比 i_{15}。

解：该轮系为平面定轴轮系，所以有

$$i_{15} = \frac{n_1}{n_2} = (-1)^2 \frac{z_2 z_4 z_5}{z_1 z_3 z_4} = (-1)^2 \frac{87 \times 84}{18 \times 28} = 14.5$$

因为传动比是正号，所以末轮 5 的转向与首轮 1 的转向相同。首末两轮的转向也可以用画箭头的方法确定，如图 9.7 所示。

例 9-2　图 9.8 所示组合机床动力滑台轮系中，运动由电动机输入，由蜗轮 6 输出。电动机的转速 $n = 940 \text{r/min}$，各齿轮的齿数为 $z_1 = 34$，$z_2 = 42$，$z_3 = 21$，$z_4 = 31$，蜗轮齿数 $z_6 = 38$，蜗杆头数 $z_5 = 2$，螺旋线方向为右旋，试确定蜗轮的转速和转向。

解：该轮系为空间定轴轮系，传动比的大小为

$$i_{16} = \frac{n_1}{n_6} = \frac{z_2 z_4 z_6}{z_1 z_3 z_5} = \frac{42 \times 31 \times 38}{34 \times 21 \times 2} = 34.64$$

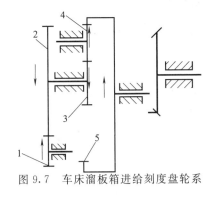

图 9.7　车床溜板箱进给刻度盘轮系　　　　图 9.8　组合机床动力滑台轮系

故蜗轮的转速为

$$n_6 = \frac{n_1}{i_{16}} = 940 \times \frac{1}{34.64} = 27.14 \text{r/min}$$

蜗轮的转向用画箭头的方式取定，如图 9.8 所示。

9.3　周转轮系传动比及其计算

周转轮系由回转轴线固定的基本构件太阳轮（中心轮）、行星架（系杆或转臂）和回转

轴线不固定的其他构件行星轮组成。由于有一个既有公转又有自转的行星轮，因此传动比计算时不能直接套用定轴轮系的传动比计算公式，因为定轴轮系中所有的齿轮轴线都是固定的。为了套用定轴轮系传动比计算公式，必须想办法将行星轮的回转轴线固定，同时又不能让基本构件的回转轴线发生变化。如图9.9所示，我们发现在周转轮系中，基本构件的回转轴线相同，而行星轮既绕其自身轴线转动，又随系杆绕其回转轴线转动，因此，只要想办法让系杆固定，就可将行星轮的回转轴线固定，即把周转轮系变为定轴轮系。

反转原理：给周转轮系施以附加的公共转动$-\omega_H$后，不改变轮系中各构件之间的相对运动，但原轮系将转化成为一新的定轴轮系，可按定轴轮系的公式计算该新轮系的传动比。转化后所得的定轴轮系称为原周转轮系的"转化轮系"，如图9.10所示。将整个轮系机构按$-\omega_H$反转后，各构件的角速度的变化见表9.1。

表9.1 转化轮系角速度变化情况

构件	原角速度	转化后的角速度
1	ω_1	$\omega_{H1}=\omega_1-\omega_H$
2	ω_2	$\omega_{H2}=\omega_2-\omega_H$
3	ω_3	$\omega_{H3}=\omega_3-\omega_H$
H	ω_H	$\omega_{HH}=\omega_H-\omega_H=0$

由角速度变化可知机构转化后，系杆角速度为0，即系杆变成了机架，周转轮系演变成定轴轮系，因此可直接套用定轴轮系传动比的计算公式。

$$i_{13}^H=\frac{\omega_1^H}{\omega_3^H}=\frac{\omega_1-\omega_H}{\omega_3-\omega_H}=-\frac{z_2z_3}{z_1z_2}=-\frac{z_3}{z_1} \tag{9.4}$$

上式"$-$"说明在转化轮系中ω_{H1}与ω_{H3}方向相反。

通用表达式为

$$i_{mn}^H=\frac{\omega_m^H}{\omega_n^H}=\frac{\omega_m-\omega_H}{\omega_n-\omega_H}=\pm\frac{\text{转化轮系中由}m\text{至}n\text{所有从动轮齿数连乘积}}{\text{转化轮系中由}m\text{至}n\text{所有主动轮齿数连乘积}}=f(z) \tag{9.5}$$

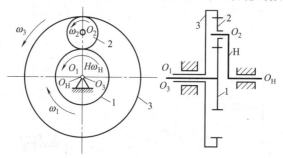

图9.9 周转轮系

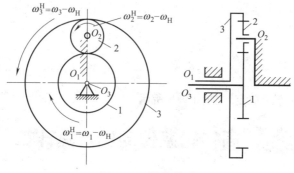

图9.10 转化轮系

应用式（9.5）时，要特别注意以下几点。

① 公式只适用于齿轮 m、n 和行星架 H 之间的回转轴线互相平行的情况。

② 齿数比前的"±"号表示在转化轮系中，齿轮 m、n 之间相对于行星架 H 的转向关系，它可由画箭头的方法确定。

③ ω_m、ω_n、ω_H 均为代数值，在计算中必须同时代入正、负号，求得的结果也为代数值，即同时求得了构件转速的大小和转向。

例 9-3 图 9.11 所示轮系中，已知各齿轮的齿数 $z_1=33$、$z_2=20$、$z_2'=26$、$z_3=75$，试求 i_{1H}。

解： 该轮系为平面行星轮系，其转化机构的传动比为

$$i_{13}^H=\frac{\omega_1-\omega_H}{\omega_3-\omega_H}=(-)^1\frac{z_2 z_3}{z_1 z_2'}=-\frac{20\times75}{33\times26}=-1.748$$

式中负号表示在转化轮系中，齿轮 1、3 的转向相反（也可画箭头确定）。

由于 $\omega_3=0$，则

$$\frac{\omega_1-\omega_H}{-\omega_H}=-1.748$$

由此得 $\qquad i_{1H}=\frac{\omega_1}{\omega_H}=1+1.748=2.748$

计算结果为正值，表明系杆 H 与太阳轮 1 的转向相同。

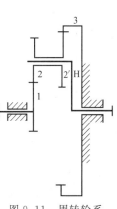

图 9.11 周转轮系

9.4 组合轮系传动比的计算

混合轮系传动比的计算步骤如下。

① 划分轮系。将定轴轮系和行星轮系区分开来。

划分轮系的关键是先找出行星轮系。而找出行星轮系的关键是先找出行星轮，然后找其系杆，再找与行星轮啮合的中心轮。

② 分别计算。分别列出各基本轮系传动比的计算式。

③ 联立求解。找出各基本轮系之间的联系，并联立求解。

例 9-4 图 9.12 所示为卷扬机卷筒机构，轮系置于卷筒 H 内，已知各轮的齿数 $z_1=24$，$z_2=48$，$z_2'=30$，$z_3=102$，$z_3'=40$，$z_5=100$，动力由轮 1 输入，$n_1=750$r/min，经过卷筒 H 输出。求卷筒转速 n_H。

解： ① 划分轮系。该轮系为一混合轮系。其中，齿轮 1、2-2' 组成一行星轮系。齿轮 3'-4-5 组成一定轴轮系。

② 分列方程

周转轮系 $\quad i_{13}^H=\frac{n_1-n_H}{n_3-n_H}=-\frac{z_2 z_3}{z_1 z_2'}=-\frac{48\times10^2}{24\times30}=-6.8$

定轴轮系

$$i_{3'5}=\frac{n_{3'}}{n_5}=\frac{n_3}{n_H}=-\frac{z_4 z_5}{z_3' z_4}=-\frac{z_5}{z_3'}=-\frac{100}{40}=-2.5$$

③ 联立求解

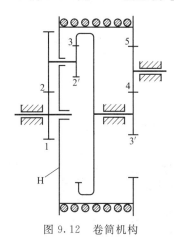

图 9.12 卷筒机构

$$i_{1H}=\frac{n_1}{n_H}=24.8 \quad n_H=\frac{n_1}{i_{1H}}=\frac{750}{24.8}=30.24(\text{r/min})$$

n_H 为正，表明卷筒 H 与轮 1 转向相同。

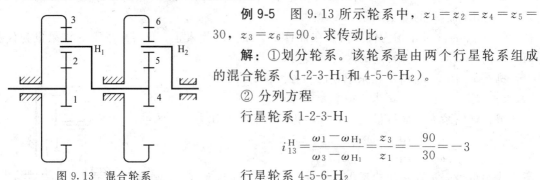

图 9.13　混合轮系

例 9-5　图 9.13 所示轮系中，$z_1=z_2=z_4=z_5=30$，$z_3=z_6=90$。求传动比。

解：① 划分轮系。该轮系是由两个行星轮系组成的混合轮系（1-2-3-H_1 和 4-5-6-H_2）。

② 分列方程

行星轮系 1-2-3-H_1

$$i_{13}^H=\frac{\omega_1-\omega_{H_1}}{\omega_3-\omega_{H_1}}=\frac{z_3}{z_1}=-\frac{90}{30}=-3$$

行星轮系 4-5-6-H_2

$$i_{46}^H=\frac{\omega_4-\omega_{H_2}}{\omega_6-\omega_{H_2}}=-\frac{z_6}{z_4}=-\frac{90}{30}=-3$$

③ 联立求解

将 $\omega_{H_1}=\omega_4$、$\omega_6=\omega_3=0$ 代入，并联立得

$$i_{1H_2}=\frac{\omega_1}{\omega_{H_2}}=16$$

9.5　轮系的功用

轮系在各种机械中应用广泛，其功用主要有几个方面。

① 获得较大的传动比，而且结构紧凑　当两轴之间需要较大的传动比时，如果只用一对齿轮传动，不仅会让大齿轮的尺寸很大，而且小齿轮啮合频率高极易损坏。改用轮系就可避免，如图 9.14 所示。

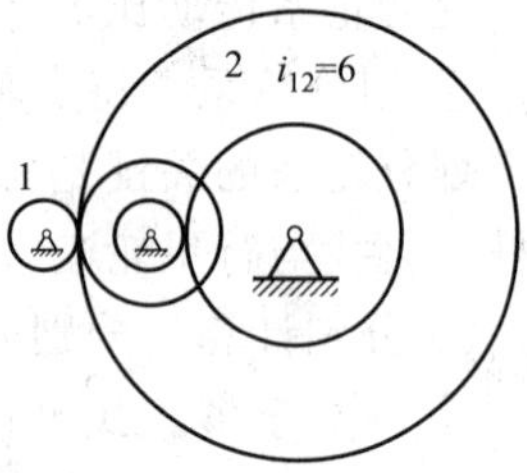

② 实现分路传动　应用轮系可以使主动轴带动若干从动轴旋转，实现多路输出，带动多个附件同时工作。如图 9.15 所示。运动从主动轴输入后，可由Ⅰ、Ⅱ、Ⅲ、Ⅳ、Ⅴ、Ⅵ、Ⅶ、Ⅷ、Ⅸ分九路输出。

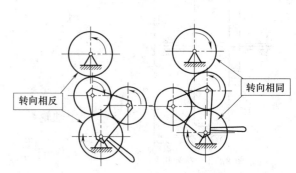

图 9.14　用轮系获得大传动比

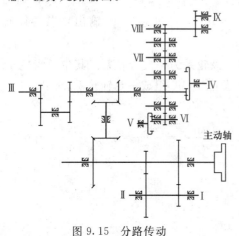

图 9.15　分路传动

图 9.16　改变从动轴转向

③ 实现换向传动　如图 9.16 所示为车床走刀丝杠三星轮换向机构。当转动手柄时可改变从动轮的转向，因为转动手柄前有三对齿轮外啮合，转动手柄后只有两对齿轮相啮合，使得两种情况下从动轮转向相反。

④ 实现变速传动　如图 9.17 所示，移动双联齿轮使不同齿数的齿轮进入啮合可改变输出轴的转速。

⑤ 运动合成与分解　如图 9.18 所示行星轮系中，$z_1 = z_2 = z_3$，则

$$i_{31}^H = \frac{n_3 - n_H}{n_1 - n_H} = -\frac{z_1}{z_3} = -1$$

$$n_H = (n_1 + n_3)/2$$

行星架的转速是轮 1、3 转速的合成。

图 9.17　变速传动　　　　　　　图 9.18　行星轮系

⑥ 在尺寸及重量较小时，实现大功率传动　周转轮系通常都采用具有多个行星轮的结构，各个行星轮均匀地分布在中心轮的四周共同承受载荷，使得齿轮尺寸减小可以传递较大功率。如图 9.19 所示，某型号涡轮螺旋桨航空发动机主减速器外形尺寸仅为 $\phi 430mm$，采用 4 个行星轮和 6 个中间轮，传递功率达到 2850kW，$i_{1H} = 11.45$。

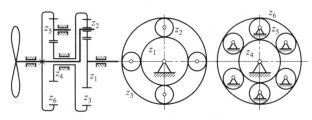

图 9.19　发动机主减速器

单元练习题

一、选择题

1. 在机械传动中为了获得较大的传动比可采用的传动是（　　）。

A. 齿轮　　　　B 蜗杆　　　　C. 轮系　　　　D. 不确定

2. 轮系运转时所有齿轮的几何轴线位置相对于机架固定不变的轮系是（　　）。

A. 定轴轮系　　　B. 周转轮系　　　C. 混合轮系

3. 轮系运转时至少有一个齿轮的几何轴线相对于机架的位置是不固定的，而是绕另一个齿轮的几何轴线转动的轮系是（　　）。

A. 定轴轮系　　　B. 周转轮系　　　C. 混合轮系

4. 一对外啮合的齿轮传动中，两轮的旋转方向（　　）。

A. 相同　　　　B. 相反　　　　C. 没关系

5. 一对内啮合的齿轮传动中，两轮的旋转方向（　　　）。

A. 相同　　　　　B. 相反　　　　　C. 没关系

6. 利用中间齿轮可以改变从动齿轮的（　　　）。

A. 速度　　　　　B. 转向　　　　　C. 大小

7. 在轮系中各齿轮轴线互相平行时，若外啮合齿轮的对数是偶数则首轮与末轮的转向（　　　）。

A. 相同　　　　　B. 相反　　　　　C. 没关系

8. 在轮系中对总传动比毫无影响但起到改变齿轮副中从动轮回转方向作用的齿轮被称为（　　　）。

A. 主动轮　　　　B. 从动轮　　　　C. 惰轮

二、填空题

1. 根据轮系中齿轮的几何轴线是否固定，可将轮系分_____轮系、_____轮系和____轮系三种。

2. 在定轴轮系中，每一个齿轮的回转轴线都是_____的。

3. 惰轮对_____并无影响，但却能改变从动轮的_____方向。

4. 轮系中_____两轮_____之比，称为轮系的传动比。

5. 定轴轮系的传动比，等于组成该轮系的所有_____轮齿数连乘积与所有_____轮齿数连乘积之比。

6. 轮系可获得_____的传动比，并可作_____距离的传动。

7. 转系可以实现_____要求和_____要求。

8. 轮系中的惰轮只改变从动轮的_____，而不改变主动轮与从动轮的_____大小。

9. 平行轴的定轴轮系中，若外啮合的齿轮副数量为偶数时，轮系首轮与末轮的回转方向_____；为奇数时，首轮与末轮的回转方向_____。

10. 在定轴轮系平行轴圆柱齿轮传动的轮系传动比计算中，若计算为正，两轮回转方向_____，结果为负，两轮回转方向_____。

三、判断题

1. 轮系可分为定轴轮系和周转轮系两种。（　　　）

2. 至少有一个齿轮和它的几何轴线绕另一个齿轮旋转的轮系，称为定轴轮系。（　　　）

3. 轮系传动比的计算，不但要确定其数值，还要确定输入输出轴之间的运动关系，表示出它们的转向关系。（　　　）

4. 轮系中的惰轮既可以改变从动轮的转速，也可以改变从动轮的转向。（　　　）

5. 在轮系中，首末两轮的转速仅与各自的齿数成反比。（　　　）

6. 在定轴轮系中，传动比的大小与惰轮的齿数有关。（　　　）

7. 在轮系中，惰轮既对总传动比有影响，又能改变输出轴的转向。（　　　）

8. 在轮系中，末端件若是齿轮齿条，则不能把主动件的回转运动变为齿条的直线运动。（　　　）

9. 齿轮与轴之间固定是指齿轮与轴一同转动，且齿轮也能沿轴作轴向移动。（　　　）

10. 平行轴传动的定轴轮系传动比计算公式中的（−1）的指数 m 表示轮系中相啮合的圆柱齿轮的对数。（　　　）

四、简答题

1. 定轴齿轮系与行星齿轮系的主要区别是什么?

2. 各种类型齿轮系的转向如何确定? $(-1)^m$ 的方法适用于何种类型的齿轮系?

五、计算题

1. 如图9.20所示,已知轮系中各轮齿数分别为 $z_1=20$,$z_2=24$,$z_3=28$,$z_4=24$,$z_5=64$,$z_6=20$,$z_7=30$,$z_8=28$,$z_9=32$,求传动比 i_{19}。

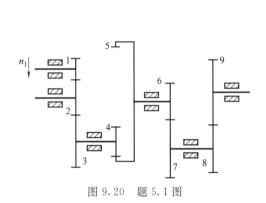

图9.20 题5.1图

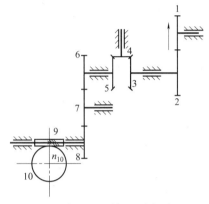

图9.21 题5.2图

2. 在如图9.21所示定轴轮系中,已知各齿轮的齿数为 $z_1=15$,$z_2=25$,$z_3=z_5=14$,$z_4=z_6=20$,$z_7=30$,$z_8=40$,$z_9=2$,$z_{10}=60$,求:①传动比 i_{17};②在图中用箭头标出齿轮7的旋转方向;③若 $n_1=200r/min$,求蜗轮10的转速 n_{10}。

3. 如图9.22所示轮系中,已知 $z_1=20$,$z_2=40$,$z_3=20$,$z_4=60$,z_5 为双头蜗杆,$z_6=40$,$z_7=40$,$z_8=20$,其他参数见图中标示,$n_1=600r/min$(方向见图)。试求:① n_4 的转速及转向;②工作台的移动速度及移动方向;③齿条的移动速度及移动方向。

4. 如图9.23所示为手摇提升装置,已知各轮齿数 $z_1=20$,$z_2=40$,$z_{2'}=15$,$z_3=30$,$z_{3'}=1$,$z_4=20$,$z_{4'}=18$,$z_5=54$。试求:①传动比 i_{15};②若 $m_4=2mm$,求 $z_{3'}$ 与 z_4 的中心距 $a_{3'4}$(蜗杆的导程角 $\tan\gamma=0.1$);③手轮转一转时,鼓轮转多少度? 重物上升时,手柄的转向。

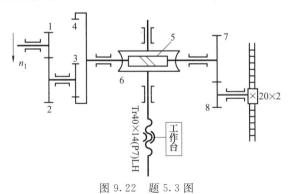

图9.22 题5.3图

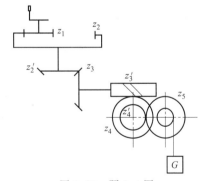

图9.23 题5.4图

5. 如图9.24所示的定轴轮系中,1为蜗杆,右旋,$z_1=1$,$n_1=750r/min$,转向如图所示,2为蜗轮,$z_2=40$,$z_3=20$,$z_4=60$,$z_5=25$,$z_6=50$,$m_4=5mm$。试求:①标准直齿圆柱齿轮3的分度圆、齿根圆、齿顶圆直径;②轮系传动比 i_{16} 及齿轮6的转速;③在图上标出各轮的转向。

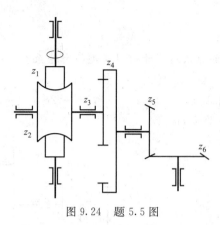

图 9.24　题 5.5 图

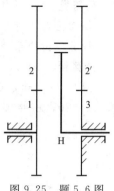

图 9.25　题 5.6 图

6. 在图 9.25 所示的轮系中，已知 $z_1 = z_{2'} = 100$，$z_2 = 101$，$z_3 = 99$。试求传动比 i_{H1} 及 i_{21}。

7. 在图 9.26 所示的复合轮系中，已知各轮齿数为 $z_1 = 40$，$z_2 = 40$，$z_{2'} = 20$，$z_3 = 18$，$z_4 = 24$，$z_{4'} = 76$，$z_5 = 20$，$z_6 = 36$，求 i_{16}。

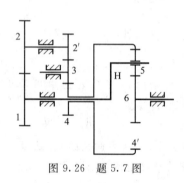

图 9.26　题 5.7 图

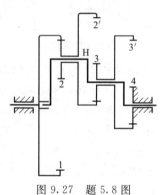

图 9.27　题 5.8 图

8. 在图 9.27 所示的轮系中，已知 $z_2 = z_3 = z_4 = 18$，$z_{2'} = z_{3'} = 40$。设各齿轮的模数、压力角均相等，并为标准齿轮传动。求齿轮 1 的齿数 z_1 及传动比 i_{1H}。

第10章 连 接

在产品和机械的使用、制造、安装、运输和维修中，广泛地使用了连接。连接就是指将两个或两个以上的零件合成一体的结构。起连接作用的零件，如螺栓、螺母等称为连接件；需要连接起来的零件，如齿轮和轴等，称为被连接件。

连接分为静连接和动连接。被连接件之间相对位置不发生变动的连接称为静连接；被连接件之间相对位置发生变动的连接称为动连接。

连接还分为可拆连接和不可拆连接。可拆连接是指将连接拆开时，不会损坏连接件和被连接件中的任一零件，允许多次重复拆装。不可拆连接是指连接拆开时，至少必须要损坏连接件或被连接件中的某一部分。

10.1 机械制造中常用的螺纹

10.1.1 螺纹的形成和螺纹参数

把一锐角为 φ，底边长 πd_2 的直角三角形绕到一个直径为 d_2 的圆柱上，绕时底边与圆柱底边重合，则斜边就在圆柱体上形成一条空间螺旋线。在圆柱体表面上用不同形状的刀具沿着螺纹线切割出的沟槽称为螺纹，如图 10.1 所示。

螺纹幅由外螺纹和内螺纹相互旋合组成，如图 10.2 所示。以圆柱螺纹为例说明螺纹的参数。

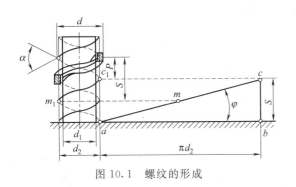

图 10.1 螺纹的形成   图 10.2 螺纹的参数

① 大径 d（D）：螺纹的最大直径，在标准中也作公称直径。

② 小径 d_1（D_1）：即螺纹的最小直径。

③ 中径 d_2：在轴向剖面内牙厚与牙间宽相等处的假想圆柱面的直径，近似等于螺纹的

平均直径 $d_2 \approx 0.5(d+d_1)$。

④ 螺距 P：相邻两牙在中径圆柱面的母线上对应两点间的轴向距离。

⑤ 线数 n：螺纹螺旋线数目，一般为了便于制造，$n \leqslant 4$。

⑥ 导程（L）：同一螺旋线上相邻两牙在中径圆柱面的母线上的对应两点间的轴向距离。

$$L = nP \tag{10.1}$$

⑦ 螺旋升角 φ：中径圆柱上，螺旋线的切线与垂直于螺纹轴线的平面的夹角。

$$\tan\varphi = \frac{L}{\pi d_2} = \frac{nP}{\pi d_2} \tag{10.2}$$

⑧ 牙型角 α：螺纹牙型两侧边的夹角。

10.1.2 螺纹的类型、特点及应用

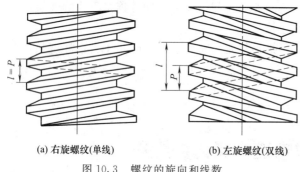

(a) 右旋螺纹(单线) (b) 左旋螺纹(双线)

图 10.3 螺纹的旋向和线数

螺纹有外螺纹和内螺纹之分，共同组成螺纹副使用。起连接作用的螺纹称为连接螺纹，起传动作用的螺纹称为传动螺纹。按螺纹的旋向可分为左旋和右旋，常用的为右旋螺纹，如图 10.3 所示。螺纹的螺旋线数分单线、双线及多线，连接螺纹一般用单线。由于加工制造的原因，多线螺纹的线数一般不超过 4。螺纹又分为米制和英制两类，我国除管螺纹外，一般都采用米制螺纹。

表 10.1　常用螺纹的类型、特点和应用

类型		型　图	特点和应用
连接螺纹	普通螺纹		牙型角 $\alpha=60°$。当量摩擦因数大，自锁性能好。螺牙根部较厚，强度高，应用广泛。同一公称直径，按螺距大小分为粗牙和细牙，常用粗牙。细牙的螺距和升角小，自锁性能较好，但不耐磨易滑扣，常用于薄壁零件，或受动载荷和要求紧密性的连接，还可用于微调机构等
	圆柱管螺纹		牙型角 $\alpha=55°$。公称直径近似为管子孔径，以英寸为单位，螺距以每英寸的牙数表示。牙顶牙底呈圆弧，牙高较小。螺纹副的内外螺纹间没有间隙，连接紧密，常用于低压的水、煤气、润滑或电线管路系统中的连接
	圆锥管螺纹		牙型角 $\alpha=55°$。与圆柱管螺纹相似，但螺纹分布在1∶16的圆锥管壁上。旋紧后，依靠螺纹牙的变形使连接更为紧密，主要用于高温、高压条件下工作的管子连接。如汽车、工程机械、航空机械、机床的燃料、油、水、气输送管路系统

类型		型　图	特点和应用
传动螺纹	矩形螺纹	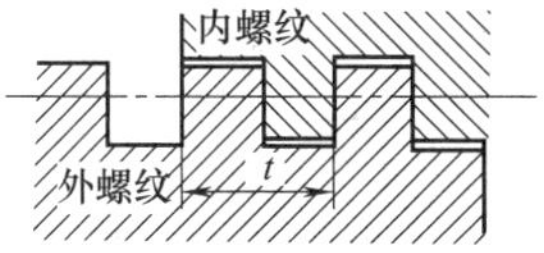	螺纹牙的剖面多为正方形,牙厚为螺距的一半,牙根强度较低。因其摩擦因数较小,效率较其他螺纹为高,故多用于传动。但难于精确加工,磨损后松动、间隙难以补偿,对中性差,常用梯形螺纹代替
	梯形螺纹	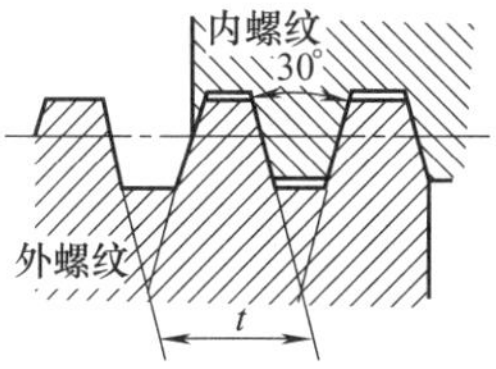	牙型角 $\alpha = 30°$,效率虽较矩形螺纹低,但加工较易,对中性好,牙根强度较高,用剖分螺母时,磨损后可以调整间隙,故多用于传动
	锯齿形螺纹	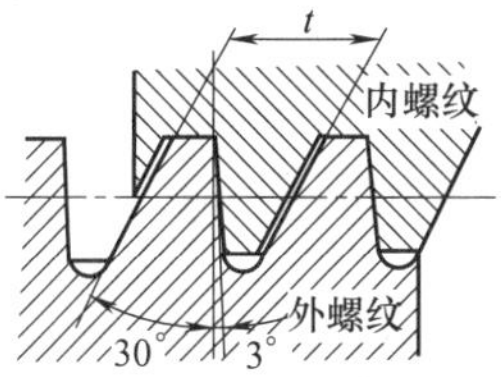	工作面的牙边倾斜角为3°,便于铣制;另一边为30°,以保证螺纹牙有足够的强度。它兼有矩形螺纹效率高和梯形螺纹牙强度高的优点,但只能用于承受单向载荷的传动

常用螺纹的类型主要有普通螺纹、管螺纹、矩形螺纹、梯形螺纹、锯齿形螺纹。前两种主要用于连接,后三种主要用于传动,除矩形螺纹外其他已标准化。标准螺纹的基本尺寸可查阅有关标准。常用螺纹的类型、特点和应用,见表10.1。

10.2 普通螺纹连接

10.2.1　螺纹连接的主要类型

螺纹连接的基本形式如图10.4所示。

① 螺栓连接［图10.4（a）］。螺栓连接是将螺栓穿过被连接件的孔（螺栓与孔之间留有间隙）,然后拧紧螺母,即将被连接件连接起来。由于被连接件的孔无需切制螺纹,所以结构简单、装拆方便,应用广泛。铰制孔用螺栓［图10.4（b）］一般用于利用螺栓杆承受横向载荷或固定被连接件相互位置的场合。这时,孔与螺栓杆之间没有间隙,常采用基孔制过渡配合。

② 双头螺柱连接［图10.4（c）］。这种连接是利用双头螺柱的一端旋紧在被连接件的螺纹孔中,另一端则穿过另一被连接件的孔,拧紧螺母后将被连接件连接起来。这种连接通常用于被连接件之一太厚不便穿孔,结构要求紧凑或须经常装拆的场合。

③ 螺钉连接［图10.4（d）］。这种连接不需要螺母,将螺钉穿过被连接件的孔并旋入另一被连接件的螺纹孔中。它适用于被连接件之一太厚且不宜经常装拆的场合。

④ 紧定螺钉连接［图10.4（e）］。这种连接利用紧定螺钉旋入一零件的螺纹孔中,并以末端顶住另一零件的表面或顶入该零件的凹坑中以固定两零件的相互位置。

螺纹连接除上述四种基本形式外还有吊环螺钉、地脚螺栓、T形槽螺栓等连接形式。

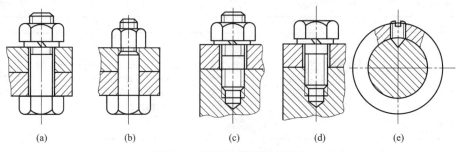

图 10.4 螺纹连接的基本形式

10.2.2 常用螺纹连接件

常用的标准螺纹连接件有螺栓、双头螺柱、螺钉、螺母和垫圈等。

（1）螺栓

螺栓头部的形状很多，最常用的有六角头和小六角头两种，如图 10.5 所示。

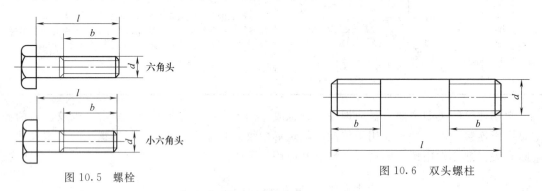

图 10.5 螺栓

图 10.6 双头螺柱

（2）双头螺柱

双头螺柱没有顶头，两端制有螺纹，如图 10.6 所示。

（3）螺钉和紧定螺钉

螺钉的结构形式与螺栓相同，但头部形状较多，如图 10.7（a）所示，以适应对装配空间、拧紧程度、连接外观和拧紧工具的要求。紧定螺钉的头部形状常见是一字槽。起紧定的

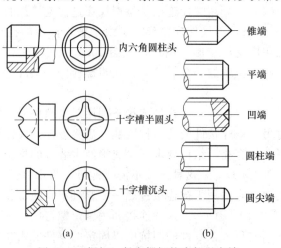

（a） （b）

图 10.7 螺钉、紧定螺钉的头部和末端

末端形状有平端、圆柱端和锥端和圆尖端，如图 10.7（b）所示。

（4）螺母

螺母的结构形式很多，最常用的是六角螺母、六角扁螺母、六角厚螺母。圆螺母常用作轴上零件的轴向固定，并配有止动垫圈，如图 10.8 所示。

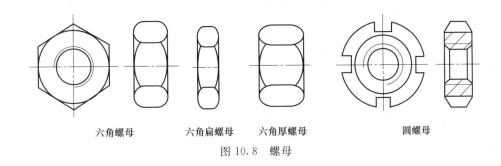

六角螺母　　　　六角扁螺母　　　六角厚螺母　　　　　　圆螺母

图 10.8　螺母

10.3　螺纹连接的拧紧、防松及结构设计

10.3.1　螺纹连接的拧紧

绝大多数螺纹连接在装配时需要拧紧，使连接在承受工作载荷之前，预先受到力的作用，这个预加的作用力称为预紧力。预紧的目的是为了增大连接的紧密性和可靠性。此外，适当地提高预紧力还能提高螺栓的疲劳强度。拧紧时，用扳手施加拧紧力矩，以克服螺纹副中的阻力矩和螺母支承面上的摩擦阻力矩。

对于 M10～M68 的粗牙普通螺纹，无润滑时可取

$$T \approx 0.2F'd \tag{10.3}$$

式中，F' 为预紧力，N；d 为螺纹公称直径，mm。

为了保证预紧力 F' 不致过小或过大，可在拧紧过程中控制拧紧力矩 T 的大小，其方法有采用测力矩扳手［图 10.9（a）］或定力矩扳手［图 10.9（b）］，必要时测定螺栓伸长量等。

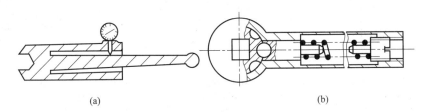

（a）　　　　　　　　　　　　　　　　　　　（b）

图 10.9　控制预紧力的扳手

10.3.2　螺纹连接的防松

在静载荷作用下，连接螺纹的升角较小，故能满足自锁条件。但在受冲击、振动或变载荷以及温度变化大时，连接有可能自动松脱，这就容易发生事故。因此，设计螺纹连接时必须考虑防松的问题。常用的防松方法见表 10.2。

表 10.2　常用的防松方法

利用摩擦力防松	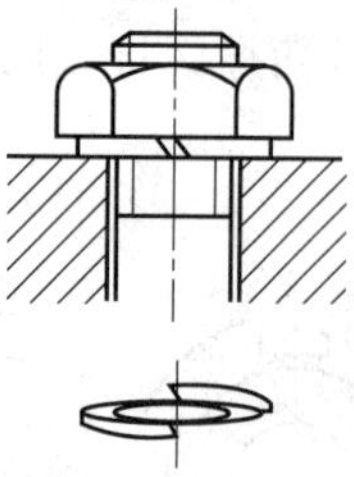	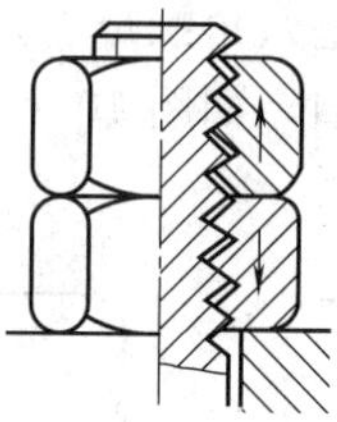	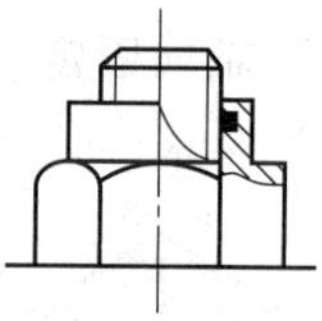
	弹簧垫圈式:材料为弹簧钢,装配后垫圈被压平,靠错开的刃口分别切入螺母和被连接件以及弹力保持的预紧力防松	对顶螺母:利用两螺母对顶预紧使螺纹旋合部分(此处在工作中几乎不变型)始终受到附加的预拉力及摩擦力而防松	自锁螺母:螺母尾部做得弹性较大(开槽或镶弹性材料)且螺纹中径比螺杆稍小,旋合后产生附加径向压力而防松
用专门防松元件防松	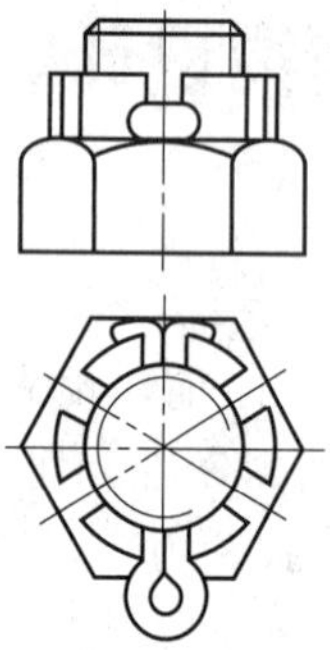	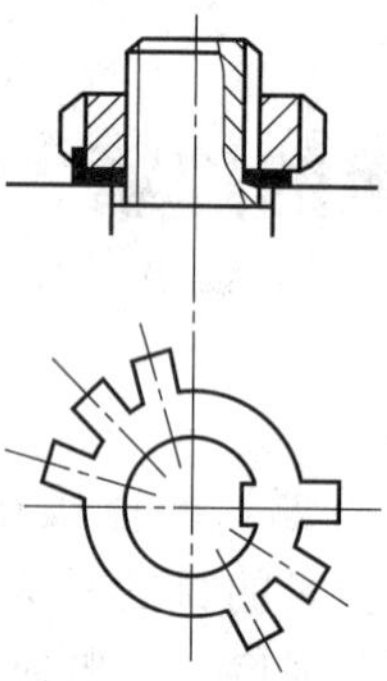	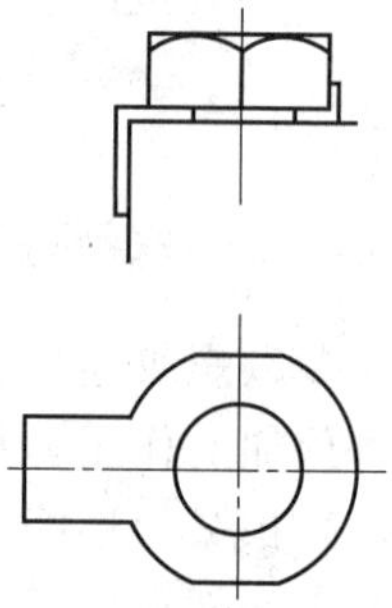
	槽型螺母与开口销:螺母尾部开槽,拧紧后用开口销穿过螺母槽和螺栓的径向孔而可靠防松	圆螺母与止动垫圈:垫圈内舌嵌入螺栓的轴向槽内,拧紧螺母后将垫圈外舌之一褶嵌入螺母的一个槽内	单耳止动垫圈:在螺母拧紧后将垫圈一端褶起扣压到螺母的侧平面上,另一端褶下扣紧被连接件
其他方法防松	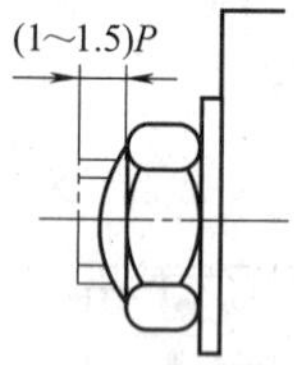	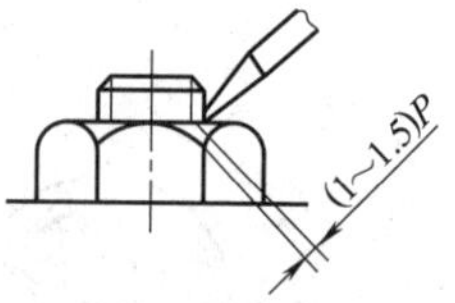	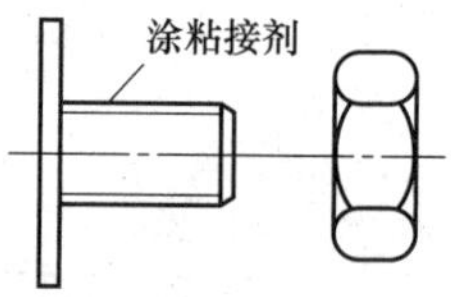
	端铆:拧紧后螺栓露出 $1\sim1.5$ 个螺距,打压这部分使螺栓头使螺纹变大成永久性防松	冲点、焊点:拧紧后在螺栓和螺母的骑缝处用样冲冲打或用焊具点焊 $2\sim3$ 点成永久性防松	粘接剂:用厌氧性粘接剂涂于螺纹旋合表面,拧紧螺母后自行固化获得良好的防松效果

10.4　螺栓连接的强度计算

螺栓连接的受载形式很多,它所传递的载荷主要有两类:一类为外载荷沿螺栓轴线方向,称轴向载荷;另一类为外载荷垂直于螺栓轴线方向,称横向载荷。

对螺栓来讲，当传递轴向载荷时，螺栓受的是轴向拉力，故称受拉螺栓。可分为不预紧的松连接和有预紧的紧连接。

当传递横向载荷时，一种是采用普通螺栓，靠螺栓连接的预紧力使被连接件接合面间产生的摩擦力来传递横向载荷，此时螺栓所受的是预紧力，仍为轴向拉力；另一种是采用铰制孔用螺栓，螺杆与铰制孔间是过渡配合，工作时靠螺杆受剪，杆壁与孔相互挤压来传递横向载荷，此时螺杆受剪，故称受剪螺栓。

10.4.1　普通螺栓的强度计算

静载荷作用下受拉螺栓常见的失效形式多为螺纹的塑性变形或断裂。实践表明，螺栓断裂多发生在开始传力的第一、第二圈旋合螺纹的牙根处，因其应力集中的影响较大。

在设计螺栓连接时，一般选用的都是标准螺纹零件，其各部分主要尺寸已按等强度条件在标准中作出规定，因此螺栓的强度计算主要是求出或校核螺纹危险剖面的尺寸，即螺纹小径 d_1。螺栓的其他尺寸及螺母的高度和垫圈的尺寸等，均按标准选定。

（1）松螺栓连接的强度计算

图 10.10 所示为起重吊钩为松螺栓连接的实例。如已知螺杆所受最大拉力为 F，则螺纹部分的强度条件为

$$\sigma = \frac{F}{\pi d_1^2/4} \leqslant [\sigma] \tag{10.4}$$

式中，d_1 为螺纹小径，mm；F 为螺栓承受的轴向工作载荷，N；σ 和 $[\sigma]$ 分别为松螺栓连接的拉应力和许用拉应力（N/mm²），查表 10.3、表 10.4。

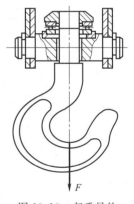

图 10.10　起重吊钩

表 10.3　螺纹紧固件常用材料的力学性能　　　　　N/mm²

钢　　号	Q215	Q235	35	45	40Cr
强度极限 σ_b	340~420	10~470	540	650	750~1000
屈服极限 σ_s	220	240	320	360	650~900

（2）紧螺栓连接的强度计算

① 只受预紧力作用的螺栓　图 10.11 所示为只受预紧力的紧螺栓连接。其中图 10.11（a）为受横向载荷作用的紧螺栓连接；图 10.11（b）为受转矩作用的紧螺栓连接。

这种连接的螺栓与被连接件的孔壁间有间隙。拧紧螺母后，依靠螺栓的预紧力 F' 使被连接件相互压紧，当被连接件受到横向工作载荷 R 作用时［图 10.11（a）］，由预紧力产生的接合面间的摩擦力，将抵抗横向力 R 从而阻止摩擦面间产生相对滑动。因此，这种连接正常工作的条件为被连接件彼此不产生相对滑动，即

$$F'zfm \geqslant CR \tag{10.5}$$

式中，f 为被连接件接合面间的摩擦因数，钢或铸铁零件干燥表面取 $f = 0.10 \sim 0.16$；m 为被连接件接合面的对数；z 为连接螺栓的数目；C 为连接的可靠性系数，通常取 $C = 1.1 \sim 1.3$。

图 10.11（b）所示受转矩作用的紧螺栓连接的预紧力按式（10.5）计算时，应将转矩转化为横向载荷 R，$R = 2000T/D_0$，D_0 为螺栓所分布圆周的直径，mm；T 为传递的转矩，N·m。

预紧螺栓连接在拧紧螺母时，螺栓杆除沿轴向受预紧力 F' 的拉伸作用外，还受螺纹力

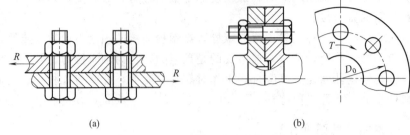

(a)   (b)

图 10.11   只受预紧力的紧螺栓连接

矩 T_1 的扭转作用。F' 和 T_1 将分别使螺纹部分产生拉应力 σ 及扭转剪应力 τ，因一般螺栓采用塑性材料，故可用第四强度理论求其相当应力。螺纹部分的强度条件为

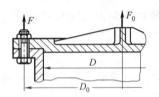

图 10.12   气缸盖螺栓连接受力

$$\sigma = 1.3\frac{F'}{\pi d_1^2/4} \leqslant [\sigma] \qquad (10.6)$$

式中，F' 为螺栓承受的预紧力，N；d_1 为螺纹小径，mm；σ 和 $[\sigma]$ 分别为紧螺栓连接的拉应力和许用拉应力，N/mm^2，$[\sigma]$ 查表 10.4。

比较式（10.5）和式（10.6）可知，考虑扭转剪应力的影响，相当于把螺栓的轴向拉力增大 30% 后按纯拉伸来计算螺栓的强度。

② 受预紧力和轴向静工作拉力的螺栓连接　这种连接比较常见，图 10.12 所示气缸盖螺栓连接就是典型的实例。由于螺栓和被连接件都是弹性体，在受有预紧力 F' 的基础上，因受到两者弹性变形的相互制约，故总拉力 F_0 并不等于预紧力 F' 与工作拉力 F 之和，它们的受力关系属静不定问题。根据静力平衡条件和变形协调条件，可求出各力之间的关系式。实际使用时螺栓受到的总拉力为

$$F_0 = F'' + F \qquad (10.7)$$

式中，当工作拉力 F 无变化时取 $F'' = (0.2 \sim 0.6)F$，当 F 有变化时取 $F'' = (0.6 \sim 1.0)F$；对要求紧密性的螺栓连接，取 $F'' = (1.5 \sim 1.8)F$。

考虑到螺栓工作时可能被补充拧紧，在螺纹部分产生扭转剪应力，将总拉力 F_0 增大 30% 作为计算载荷。则受拉螺栓螺纹部分的强度条件为

$$\sigma = \frac{1.3F_0}{\pi d_1^2/4} \leqslant [\sigma] \quad \text{或} \quad d_1 \geqslant \sqrt{\frac{1.3F_0}{\pi[\sigma]/4}} \qquad (10.8)$$

对于受有预紧力 F' 及工作拉力 F 作用的螺栓连接，其设计步骤大致为：a. 根据螺栓受载情况，求出单个螺栓所受的工作拉力 F；b. 根据连接的工作要求，选定剩余预紧力 F''；c. 按式（10.7）计算螺栓的总拉力 F_0；d. 按式（10.8）计算螺栓小径 d_1，查阅螺纹标准，确定螺纹公称直径 d。

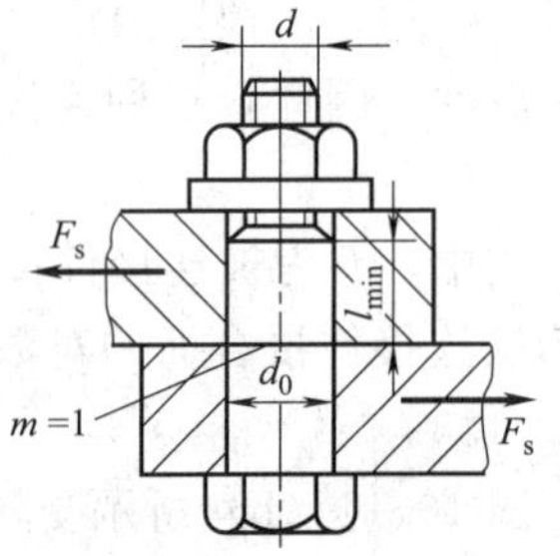

10.4.2   铰制孔用螺栓连接的强度计算

图 10.13   铰制螺纹孔受力

如图 10.13 所示，这种连接是将螺栓穿过与被连接件上的铰制孔并与之过渡配合。其受力形式为在被连接件的接合面处螺栓杆受剪切；螺栓杆表面

与孔壁之间受挤压。因此，应分别按挤压强度和抗剪强度计算。

这种连接所受的预紧力很小，所以在计算中不考虑预紧力和螺纹摩擦力矩的影响。

螺栓杆与孔壁的挤压强度条件为

$$\sigma_p = \frac{F_s}{d_0 \delta} \leqslant [\sigma]_p \tag{10.9}$$

螺栓杆的抗剪强度条件为

$$\tau = \frac{F_s}{m \pi d_0^2 / 4} \leqslant [\tau] \tag{10.10}$$

式中，F_s 为单个螺栓所受的横向工作载荷，N；δ 为螺栓杆与孔壁挤压面的最小高度，mm；d_0 为螺栓剪切面的直径，mm；m 为螺栓受剪面数；$[\sigma]_p$ 为螺栓或孔壁材料中较弱者的许用挤压应力，N/mm^2，查表 10.4；$[\tau]$ 为螺栓材料的许用切应力，N/mm^2，查表 10.4。

表 10.4　螺纹连接的许用应力和安全系数

连接情况	受载情况	许用应力和安全系数
松连接	静载荷	$[\sigma] = \sigma_s / S, S = 1.2 \sim 1.7$
紧连接	静载荷	$[\sigma] = \sigma_s / S$ 取值，控制预紧力时为 $1.2 \sim 1.5$，不严格控制预紧力时查表 10.5
铰制孔用螺栓连接	静载荷	$[\tau] = \sigma_s / 2.5$ 连接件为钢时 $[\sigma]_p = \sigma_s / 1.25$，连接件为铁时 $[\sigma]_p = \sigma_s / 2 \sim 2.5$
	变载荷	$[\tau] = \sigma_s / 3.5 \sim 5$ $[\sigma]_p$ 按静载荷的 $[\sigma]_p$ 值降低 $20\% \sim 30\%$

表 10.5　紧螺栓连接的安全系数（静载不控制预紧力时）

材料	螺栓		
	M6～M16	M16～M30	M30～M60
碳钢	4～3	3～2	2～1.3
合金钢	5～4	4～2.5	2.5

例 10-1　如图 10.14 所示，刚性凸缘联轴器用六个普通螺栓连接。螺栓均分布在 $D = 100$mm 的圆周上，接合面摩擦因数 $f = 0.15$，可靠性系数取 $C = 1.2$。若联轴器的转速 $n = 960$r/min、传递的功率 $P = 15$kW，载荷平稳；螺栓材料为 45 钢，$\sigma_s = 480$MPa，不控制预紧力，安全系数取 $S = 4$，试计算螺栓的最小直径。

解：此连接为普通螺栓连接，靠接合面间的摩擦传递扭矩。

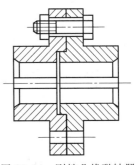

图 10.14　刚性凸缘联轴器

联轴器传递的转矩

$$T = 9.55 \times 10^6 \frac{P}{n} = 9.55 \times 10^6 \times \frac{15}{960} = 15 \times 10^4 \text{N} \cdot \text{mm}$$

螺栓所需预紧力

$$z F_a f \frac{D}{2} \geqslant CT$$

$$F_a \geqslant \frac{CT}{z f D / 2} = \frac{1.2 \times 1.5 \times 10^4}{6 \times 0.15 \times 100 / 2} = 4000 \text{N}$$

许用应力

$$[\sigma] = \frac{\sigma_s}{S} = \frac{480}{4} = 120 \text{MPa}$$

所需螺栓最小直径

$$d_1 = \sqrt{\frac{4 \times 1.3 F_a}{\pi[\sigma]}} = \sqrt{\frac{4 \times 1.3 \times 4000}{\pi \times 120}} = 7.43 \text{mm}$$

10.5 滑动螺旋传动简介

螺纹传动是用内、外螺纹组成的螺旋副来传递运动和动力的传动装置。螺旋传动主要用来把主动件的回转运动转变为从动件的直线往复运动，并同时传递动力和运动，在机械设备和仪器仪表中广泛应用。

螺纹传动具有结构简单，传动连续、平稳、承载能力大、传动精度高的优点，但在传动中磨损较大且效率低。

图 10.15　简单螺旋副

10.5.1　普通螺旋传动

由螺杆和螺母组成的简单螺旋副如图 10.15 所示。

（1）普通螺旋传动的应用形式

① 螺母固定不动螺杆回转并作直线运动。

② 螺杆固定不动螺母回转并作直线运动。

③ 螺杆回转螺母作直线运动。

④ 螺母回转螺杆作直线运动。

（2）直线运动方向的判定

螺杆、螺母的运动方向可根据左右手螺旋法则来判定，如图 10.16 所示。

① 左旋螺杆（螺母）伸左手，右旋螺杆（螺母）伸右手。半握拳，四指顺着螺杆（或螺母）的旋转方向，拇指竖直。

② 若当螺杆（螺母）回转并移动，螺母（螺杆）不动时，则拇指的指向即为螺杆（螺母）的移动方向。

③ 若当螺杆（螺母）回转，螺母（螺杆）移动，则拇指的指向相反方向即为螺母（螺杆）的移动方向。

（3）直线移动距离

在普通螺旋传动中，螺杆（螺母）的移动距离与螺纹的导程有关。螺杆相对螺母每回转一圈，螺杆（或螺母）移动一个等与导程的距离。因此，移动距离等于回转圈数与导程的乘积。

$$S = NL \quad (\text{mm/min}) \tag{10.11}$$

式中　S——移动的距离；

　　　N——每分钟转动的圈数；

　　　L——导程。

图 10.16　运动方向判定

10.5.2　差动螺旋传动

（1）差动螺旋传动的原理

差动螺旋传动是指活动螺母与螺杆产生差动的螺旋传动机构。差动螺旋传动机构可以产生极小的位移，而其螺纹的导程并不需要很小，加工比较容易，所以差动螺旋机构常用于测微器、计算机、分度机以及许多精密切削机床仪器和工具中。

（2）差动螺旋传动的移动距离和方向的确定

① 螺杆上两螺纹旋向相同时，活动螺母移动的距离减小。当机架上固定螺母的导程大于活动螺母的导程时，活动螺母移动的方向与螺杆移动方向相同；当机架上固定螺母的导程小于活动螺母的导程时，活动螺母的移动方向与螺杆移动方向相反；当两螺纹的导程相等时，活动螺母不动（移动距离为零）。

② 螺杆上两螺纹旋向相反时，活动螺母移动距离增大。活动螺母移动方向与螺杆移动方向相反。

③ 在判定差动螺旋差动中活动螺母的移动方向时，应先确定螺杆的移动方向。

差动螺旋差动中活动螺母的实际移动距离和方向，可用公式表示如下。

$$S = N(L_1 \pm L_2) \tag{10.12}$$

当两螺纹的旋向相反时，公式中用"＋"号，当两螺纹的旋向相同时，公式中用"－"号。计算结果为正值时，活动螺母实际移动方向与螺杆移动方向相同，计算结果为负值时，活动螺母实际移动方向与螺杆移动方向相反。

10.6 键 连 接

10.6.1 键连接的类型、标准与应用

键是一种标准零件，通常用来实现轴与轴上零件之间的周向固定以传递转矩，如图10.17所示，有的还能实现轴上零件的轴向固定或轴向移动的导向。键连接根据装配时是否预紧，可分为松键连接和紧键连接。

（1）松键连接

松键连接依靠键与键槽侧面的挤压来传递转矩，如图10.18所示。键的上表面与轮毂上的键槽底部之间留有间隙，键不会影响轴与轮毂的同轴精度。

松键连接具有结构简单、装拆方便、定心性好等优点，因而应用广泛。这种键不能实现传动件的轴向固定。松键连接包括普通平键、导向键、滑键和半圆键连接。

① 普通平键连接 普通平键有圆头［A型，见图10.19（a）］、方头［B型，见图10.19（b）］和单圆头［C型，见图10.19（c）］三种结构形式。圆头键的轴槽用端铣刀在立式铣床上加工，键在槽中固定良好，但轴槽两端的应力集中较大；方头键的轴槽用盘铣刀在卧式铣床上加工，轴槽的应力集中较小；单圆头键多用于轴端。

图10.17 键连接

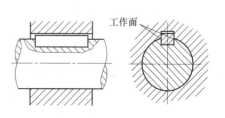

图10.18 平键的工作面

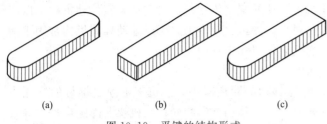

图 10.19　平键的结构形式

普通平键的毂槽一般在插床上插削或在拉床上拉削，其为通槽。方头键的侧面能与毂槽全部接触，而圆头键和半圆头键的圆弧侧面与毂槽并不接触，未能充分利用。

普通平键的标记格式和内容为"键 类型代号 宽度×长度 标准代号"，其中 A 型可省略类型代号。

例如，宽度 $b=18$mm、高度 $h=11$mm、长度 $L=100$mm 的圆头普通平键（A 型），其标记是"键 18×100 GB 1096—79"；宽度 $b=18$mm、高度 $h=11$mm、长度 $L=100$mm 的平头普通平键（B 型），其标记是"键 B　18×100 GB 1096—79"；宽度 $b=18$mm、高度 $h=11$mm、长度 $L=100$mm 的单圆头普通平键（C 型），其标记是："键 C 18×100 GB 1096—79"。

当轴上零件除要求周向固定外，在工作中还需要在轴上作轴向移动时，则须采用导向平键或滑键连接。

图 10.20 所示汽车变速箱中滑移齿轮 4、6 与 Ⅱ轴的连接即属于此情况。通过齿轮的滑移，汽车可获得三种不同的前进速度和一种倒退速度。

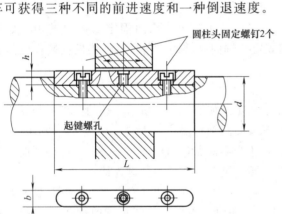

图 10.21　导向平键

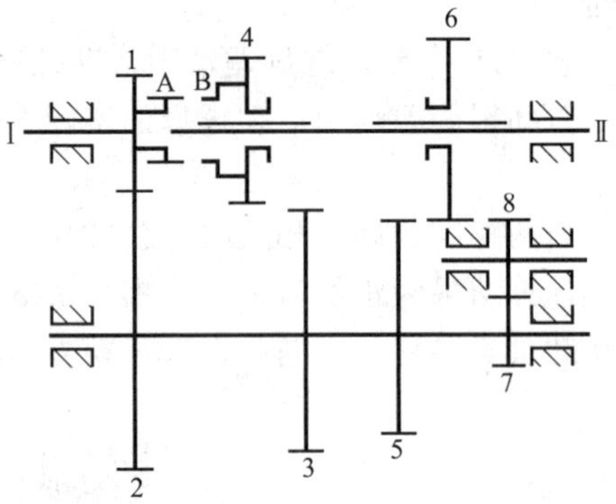

图 10.20　汽车变速箱运动简图

② 导向平键连接　如图 10.21 所示，导向平键与普通平键结构相似，但比较长，其长度等于轮毂宽度与轮毂轴向移动距离之和。

键用螺钉固定在轴槽中，键与毂槽为间隙配合，故轮毂件可在键上作轴向滑动，此时键起导向作用。为了拆卸方便，键上制有起键螺孔，拧入螺钉即可将键顶出。

导向平键用于轴上零件移动量不大的场合，如变速箱中的滑移齿轮与轴的连接。

③ 滑键连接　如图 10.22 所示，当零件滑移的距离较大时，因所需导向平键的长度过大，制造困难，故宜采用滑键。

滑键比较短，固定在轮毂上，而轴上的键槽比较长，键与轴槽为间隙配合，轴上零件可带键在轴槽中滑动。

滑键主要用于轴上零件移动量较大的场合，如车床光杠与溜板箱之间的连接。

④ 半圆键连接　如图 10.23 所示，在

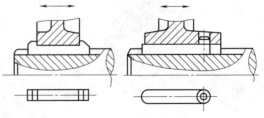

图 10.22　滑键连接

半圆键连接中，轴上的键槽是用尺寸相同的半圆键槽铣刀铣出的，因而键在槽中能绕其几何中心摆动以适应轮毂键槽的斜度。半圆键工作时，也是靠键的侧面来传递转矩。

半圆键连接工艺性好，装配方便；但轴上槽较深对轴的强度削弱大。一般用于轻载静连接中，适用于锥形轴端的连接。

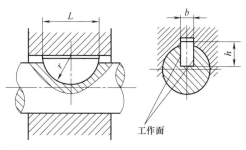

图 10.23　半圆键连接

（2）紧键连接

① 楔键连接　如图 10.24 所示，键的上表面与轮毂上键槽的底面各有 1∶100 的斜度，键楔入键槽后具有自锁性，可在轴、轮毂孔和键的接触表面上产生很大的楔紧力，工作时靠摩擦力实现轴上零件的周向固定并传递转矩，同时可实现轴上零件的单向轴向固定，传递单方向的轴向力。

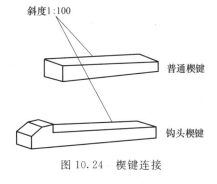

图 10.24　楔键连接

楔键连接会使轴上零件与轴的配合产生偏心，故适用于精度要求不高和转速较低的场合。常用的有普通楔键和钩头楔键。

② 切向键连接　如图 10.25 所示，切向键由一对普通楔键组成，装配时将两键楔紧，窄面为工作面，其中与轴槽接触的窄面过轴线，工作压力沿轴的切向作用，能传递很大的转矩。一对切向键只能传递单向转矩，传递双向转矩时，需用两对切向键，互成 120°～135°分布（图中未画出轮毂零件）。

切向键对中性较差，键槽对轴的削弱大，适用于载荷很大、对中性要求不高的场合，如重型及矿山机械。

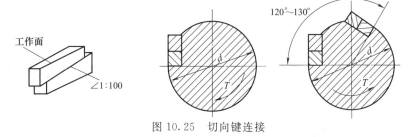

图 10.25　切向键连接

10.6.2　平键的选择及强度计算

（1）平键的类型选择和尺寸选择

根据键连接的结构特点、使用要求及工作条件选择键的类型。

根据轴径 d 由表 10.6 查得键的截面尺寸 $b \times h$，键的长度 L 可根据键的类型和轮毂宽度确定，对普通平键和滑键键长可略短于或等于轮毂宽度，对于导向平键应按轮毂的宽度和滑动距离确定，并符合键长标准系列。

表 10.6　键的主要尺寸　　　　　　　　　　　　　　　　　　　　　　　mm

轴径 d	>10～12	>12～17	>17～22	>22～30	>30～38	>38～44	>44～50
键宽 b	4	5	6	8	10	12	14
键高 h	4	5	6	7	8	8	9
键长 L	8～45	10～56	14～70	18～90	22～110	28～140	36～160

轴径 d	>50~58	>58~65	>65~75	>75~85	>85~95	>95~110	>110~130
键宽 b	16	18	20	22	25	28	32
键高 h	10	11	12	14	14	16	18
键长 L	45~180	50~200	56~220	63~250	70~280	80~230	90~360

注：键的长度系列：8，10，12，14，16，18，20，22，25，28，32，36，40，45，50，63，70，80，90，100，110，125，140，160，180，200，220，250，280，320，360。

（2）平键连接的失效形式和强度计算

普通平键连接的主要失效形式是工作面的压溃，有时也会出现键的剪断，但一般只校核挤压强度。导向平键连接和滑键连接的主要失效形式是工作面的过度磨损，通常按工作面上的压强进行条件性计算。设键连接传递的转矩为 T（N·m），挤压力 F_t，挤压高度 h'，挤压长度 l，如图 10.26 所示，则

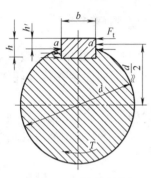

图 10.26　平键受力分析

挤压强度为

$$\sigma_p = \frac{4T}{dhl} \leqslant [\sigma_p] \tag{10.13}$$

压强为

$$p = \frac{4T}{dhl} \leqslant [p] \tag{10.14}$$

式中　d——轴的直径，mm；

h——键的高度，mm；

l——键的工作长度，mm，A 型键 $l=L-b$，B 型键 $l=L$，C 型键 $l=L-b/2$；

T——转矩，N·mm；

$[\sigma_p]$——材料的许用挤压应力，MPa，见表 10.7；

$[p]$——许用压强，MPa，见表 10.7。

表 10.7　键连接的许用挤压应力和压强　　　　　　　　　　　MPa

许用值	连接方式	连接中零件的材料	载荷性质		
			静载荷	轻微冲击	较大冲击
$[\sigma_p]$	静连接	铸铁	70~80	50~60	30~45
		钢	125~150	100~120	60~90
$[p]$	动连接	钢	50	40	30

键的材料常采用 45 精拔钢，当强度不足时，可适当增加键长或采用两个键按 180°布置。考虑到两个键载荷分布的不均匀性，在强度校核中按 1.5 个键计算。

例 10-2　选择并校核带轮与轴之间的平键连接。已知轴的材料为钢，直径 $d=40$mm；带轮的材料为 HT150，轮毂宽度 $B=70$mm；传递的转矩 $T=150$N·m，有轻微冲击。

解：① 选择键连接的类型和尺寸。此连接属于静连接，故选择普通平键连接，圆头。

根据轴径 $d=40$mm 从平键尺寸表中查得键的截面尺寸为 $b=14$mm、$h=9$mm；由轮毂的宽度 70mm 并参考键的长度系列，取键长 $L=63$mm。标记为"键 14×63 GB 1096—79"。

② 校核键连接的强度。键和轴的材料都是钢，带轮的材料为铸铁，由表可查得钢的许用挤压应力 $[\sigma_p]=100$MPa；铸铁的许用挤压应力 $[\sigma_p]=53$MPa。键的工作长度 $l=L-b=63-14=49$mm。由挤压应力计算公式得

$$\sigma_{\mathrm{p}}=\frac{4T}{hld}=\frac{4000\times150}{9\times49\times40}=34\mathrm{MPa}\leqslant[\sigma_{\mathrm{p}}]=53\mathrm{MPa}$$

10.7 花键和销连接

10.7.1 花键连接

轴的周向均布有多个凸齿，轮毂孔的周向均布有同样多的凹槽，两者直接配合构成的连接称为花键连接，轴称为外花键，孔为内花键。

花键按齿形可分为矩形花键（图10.27）和渐开线花键（图10.28）。

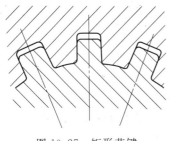

图10.27　矩形花键

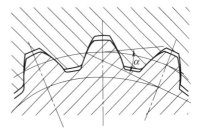

图10.28　渐开线花键

花键连接的承载能力高，定心性和导向性好，对轴的削弱小，但加工花键需专门的设备和刀具，成本高。适用于载荷大和定心精度要求高的静连接、动连接及大批量生产，如汽车、飞机、拖拉机、机床等。

10.7.2 销连接

如图10.29所示，销是标准的连接件，按结构可分为圆柱销和圆锥销等，按用途可分为定位销、连接销和安全销。被连接件上的销孔一般要进行配作，并进行铰削，销与孔多为过渡配合。圆柱销配合精度高，但不宜经常装拆，否则会降低定位精度或紧固性。圆锥销有1:50的锥度，定位精确，装拆方便，具有自锁性，可多次装拆。销的材料常用35钢和45钢，并进行淬火处理。

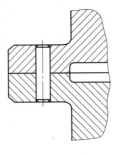

(a) 圆柱销连接

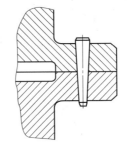

(b) 圆锥销连接

图10.29　销连接

单元练习题

一、选择题

1. 用于连接的螺纹牙型为三角形，这是因为（　　　）。

A. 压根强度高，自锁性能好　　　　　　　B. 传动效率高

C. 防振性能好　　　　　　　　　　　　　D. 自锁性能差

2. 用于薄壁零件连接的螺纹，应采用（　　）。

A. 三角形细牙螺纹　　　　　　　　　　　B. 梯形螺纹

C. 锯齿形螺纹　　　　　　　　　　　　　D. 多线的三角形粗牙螺纹

3. 在受预紧力的紧螺栓连接中，螺栓危险截面的应力状态为（　　）。

A. 纯扭剪　　　　　B. 简单拉伸　　　　　C. 弯扭组合　　　　　D. 拉扭组合

4. 当铰制孔用螺栓组连接承受横向载荷时，该螺栓组中的螺栓（　　）。

A. 必受剪切力作用　　　　　　　　　　　B. 必受拉力作用

C. 同时受到剪切和拉伸　　　　　　　　　D. 既可能受剪切，也可能受挤压作用

5. 计算紧螺栓连接时的拉伸强度时，考虑到拉伸与扭转的复合作用，应将拉伸载荷增加到原来的（　　）倍。

A. 1.1　　　　　　　B. 1.25　　　　　　　C. 1.3　　　　　　　D. 1.4

6. 在螺栓连接中，有时在一个螺栓上采用双螺母，其目的是（　　）。

A. 提高强度　　　　　　　　　　　　　　B. 提高刚度

C. 防松　　　　　　　　　　　　　　　　D. 减小每圈螺纹牙上的受力

7. 普通平键的剖面尺寸 $b \times h$ 通常根据（　　）从标准中选取。

A. 传递的转矩　　　B. 传递的功率　　　　C. 轮毂的长度　　　　D. 轴的直径

8. 普通平键连接工作时，键的主要失效形式为（　　）。

A. 键受剪切破坏　　　　　　　　　　　　B. 键侧面受挤压破坏

C. 剪切和挤压同时产生　　　　　　　　　D. 磨损和键被剪断

9. 平键 B 20×80 GB 1096—79 中，20×80 表示（　　）。

A. 键宽×轴径　　　B. 键高×轴径　　　　C. 键宽×键长　　　　D. 键宽×键高

二、填空题

1. 螺纹连接的自锁条件是_____。

2. 螺纹连接防松的实质是_____。

3. 普通紧螺栓连接，受横向载荷作用，则螺栓受_____应力和_____应力。

4. 平键连接中的静连接的主要失效形式为_____，动连接的主要失效形式为_____；所以，通常只进行键连接的_____强度或_____计算。

三、判断题

1. 三角形螺纹比梯形螺纹效率高，自锁性差。　　　　　　　　　　　　（　　）

2. 受相同横向工作载荷的螺纹连接中，采用铰制孔用螺栓连接时的螺栓直径通常比采用普通螺栓连接的可小一些。　　　　　　　　　　　　　　　　　　（　　）

3. 铰制孔用螺栓连接的尺寸精度要求较高，不适合用于受轴向工作载荷的螺栓连接。

（　　）

4. 双头螺柱连接不适用于被连接件太厚，且需要经常装拆的连接。　　（　　）

5. 螺纹连接需要防松是因为连接螺纹不符合自锁条件 $\lambda \leqslant \rho_v$。　　（　　）

6. 松螺栓连接只宜承受静载荷。　　　　　　　　　　　　　　　　　　（　　）

7. 紧螺栓连接在按拉伸强度计算时，将拉伸载荷增加到原来的 1.3 倍，这是考虑螺纹

应力集中的影响。　　　　　　　　　　　　　　　　　　　　　　　（　　）

8. 螺栓强度等级为6.8级，则该螺栓材料的最小屈服极限为 $680 \mathrm{N/mm^2}$。（　　）

9. 受轴向工作载荷的紧螺栓连接的剩余预紧力必须大于0。（　　）

10. 平键是利用键的侧面来传递载荷的，其定心性能较楔键好。（　　）

四、简答题

1. 螺纹连接有哪些类型？各有何特点？各适用于什么场合？

2. 为什么螺纹连接常需要防松？按防松原理，螺纹连接的防松方法可分为哪几类？试举例说明。

3. 连接的作用是什么？连接一般分为可拆连接和不可拆连接，何为可拆连接？何为不可拆连接？对于可拆连接和不可拆连接分别举出三个例子。存在既能做成可拆连接，又能做成不可拆连接的连接形式吗？如果有，请举例。

五、计算题

1. 图10.30所示钢板用四个普通螺栓连接，螺栓许用拉应力为 $[\sigma]=160 \mathrm{N/mm^2}$，允许传递的横向载荷 $R=21000 \mathrm{N}$，被连接件接合面的摩擦因数 $f=0.2$，可靠性系数 $K_{\mathrm{f}}=1.2$，试求螺栓的最小直径。

2. 图10.31所示为一圆锯片，锯片直径 $D=600 \mathrm{mm}$，用螺母将其夹紧在压板中间，若锯外圆的工作阻力 $F_{\mathrm{t}}=400 \mathrm{N}$，压板和锯片间的摩擦因数 $f=0.12$，压板的平均直径 $D_1=150 \mathrm{mm}$。可靠性系数 $K_{\mathrm{f}}=1.2$，许用应力为 $[\sigma]=90 \mathrm{N/mm^2}$，试确定轴端螺纹小径。

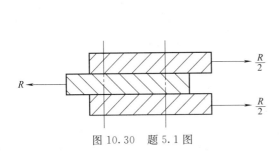

图10.30　题5.1图

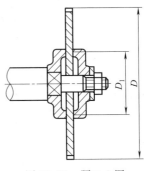

图10.31　题5.2图

3. 有一气缸盖与缸体凸缘采用普通螺栓连接（如图10.32所示），已知气缸中的压力在0～2MPa之间变化，气缸内径 $D=500 \mathrm{mm}$，采用24个普通螺栓连接。为保证气密性要求，剩余预紧力 $Q'_{\mathrm{p}}=1.8F$（F 为螺栓的轴向工作载荷）。螺栓材料的许用拉伸应力 $[\sigma]=120 \mathrm{MPa}$，许用应力幅 $[\sigma]_{\mathrm{a}}=20 \mathrm{MPa}$。选用铜皮石棉垫片，螺栓相对刚度 $C_{\mathrm{L}}/C_{\mathrm{L}}+C_{\mathrm{F}}=0.8$。设计此螺栓组连接。

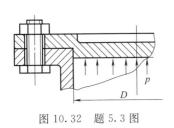

图10.32　题5.3图

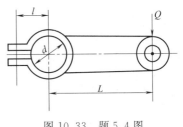

图10.33　题5.4图

4. 在图 10.33 所示的夹紧连接中，柄部承受载荷 $Q = 2000\text{N}$，轴径 $d = 60\text{mm}$，载荷到轴径中心的距离 $L = 200\text{mm}$，螺栓中心到轴径中心距离 $l = 50\text{mm}$，轴与毂配合面之间的摩擦因数 $f = 0.15$，可靠性系数 $K_f = 1.2$，螺栓材料的许用拉伸应力 $[\sigma] = 100 \text{ N/mm}^2$。试确定连接螺栓的最小直径。

第11章 轴和轴承

11.1 轴的功用、类型及材料选择

轴是组成机器的重要零件，其主要功用是支撑回转零件（如齿轮、带轮、链轮、联轴器、卷筒、电动机转子等）并传递动力和运动。

11.1.1 轴的类型

（1）根据承受载荷分类

按照轴在工作时承受载荷的不同，轴可以分为芯轴、传动轴、转轴三类。

① 芯轴　只承受弯矩而不承受转矩的轴称为芯轴。它又分为固定芯轴和转动芯轴。与轴上零件一起旋转的轴称为转动芯轴，如铁路机车的轴（图 11.1）；不与轴上零件旋转的轴称为固定芯轴，如自行车前轮轴（图 11.2）。

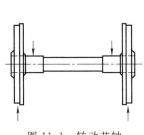

图 11.1　转动芯轴

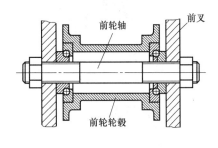

图 11.2　固定芯轴

② 传动轴　只传递转矩、不承受弯矩或弯矩很小的轴，如汽车变速箱与后桥之间的传动轴（图 11.3）。

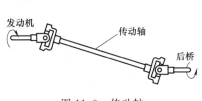

图 11.3　传动轴

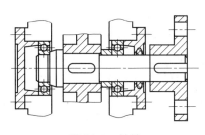

图 11.4　转轴

③ 转轴　工作时既承受弯矩又承受转矩的轴。转轴是机器中最常见的一种轴，如减速

器中的轴（图 11.4）。

（2）按轴线形状分类

按轴线形状的不同，轴分为直轴、曲轴、软轴三类。

① 直轴　直轴根据外形的不同，可分为光轴（图 11.5）和阶梯轴（图 11.6）。光轴形状简单，加工方便，应力集中小，但轴上零件的定位和装配困难。阶梯轴上各段的功能特点决定了轴的形状，它能满足定位和装配方便的需要而且省材料、重量轻，应用普遍。此外直轴又可分为实芯轴和空芯轴。空芯轴重量轻，且在质量相同的情况下，空芯轴比实芯轴的刚度大。

② 曲轴　曲轴（图 11.7）是专用零件，主要用在内燃机一类的活塞式机械中。

③ 软轴　软轴（图 11.8）又称为钢丝挠性轴，通常是由几层紧贴在一起的钢丝层构成，可以把动力和运动灵活地传到任何位置。软轴常用于振捣器和医疗设备中。

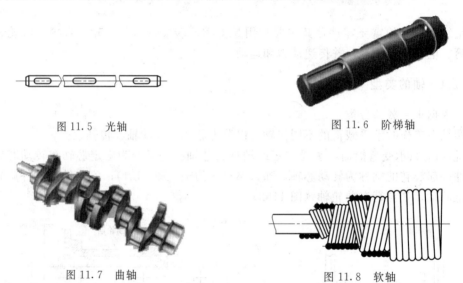

图 11.5　光轴　　　　　　　　　　　　　　　　图 11.6　阶梯轴

图 11.7　曲轴　　　　　　　　　　　　　　　　图 11.8　软轴

11.1.2　轴的材料及选择

轴的材料常采用碳素钢和合金钢。

（1）碳素钢

35、45、50 等优质碳素结构钢因具有较高的综合力学性能，应用较多，其中以 45 钢使用得最为广泛。为了改善其力学性能，应进行正火或调质处理。不重要或受力较小的轴，可采用 Q235、Q275 等碳素结构钢。

（2）合金钢

合金钢具有较高的力学性能，但价格较贵，多用于有特殊要求的轴。例如，采用滑动轴承的高速轴，常用 20Cr、20CrMnTi 等低碳合金结构钢，经渗碳淬火后可提高轴颈耐磨性；汽轮发电机转子轴在高温、高速和重载条件下工作，必须具有良好的高温力学性能，常采用 40CrNi、38CrMoAlA 等合金结构钢。值得注意的是，钢材的种类和热处理对其弹性模量的影响甚小，因此，如欲采用合金钢或通过热处理来提高轴的刚度并无实效。此外，合金钢对应力集中的敏感性较高，因此设计合金钢轴时，更应从结构上避免或减小应力集中，并减小其表面粗糙度。

表 11.1 列出几种轴的常用材料及其主要力学性能。

表 11.1 轴的常用材料及其力学性能

材料及热处理	毛坯直径/mm	硬度（HBS）	强度极限 σ_b	屈服极限 σ_s	弯曲疲劳极限 σ_{-1}	应用说明
				/MPa		
Q235			440	240	200	用于不重要或载荷不大的轴
35 正火	≤100	149～187	520	270	250	有好的塑性和适当的强度，可做一般曲轴、转轴等
45 正火	≤100	170～217	600	300	275	用于较重要的轴，应用最为广泛
45 调质	≤200	217～255	650	360	300	
40Cr 调质	25		1000	800	500	用于载荷较大，而无很大冲击的重要轴
	≤100	241～286	750	550	350	
	＞100～300	241～266	700	550	340	
40MnB 调质	25		1000	800	485	性能接近于 40Cr，用于重要的轴
	≤200	241～286	750	500	335	
35CrMo 调质	≤100	207～269	750	550	390	用于重载荷的轴
20Cr	15	表面	850	550	375	用于要求强度、韧性及耐磨性均较高的轴
渗碳淬火回火	≤60	56～62HRC	650	400	280	

11.2 轴的结构设计

11.2.1 轴设计应满足的要求及设计步骤

（1）轴设计应满足的要求
① 应具有合理的结构和良好的工艺性，以便于轴上零件的定位和装拆，便于轴的制造。
② 为了保证轴能可靠地工作，应具有足够的强度和刚度。
③ 应具有振动稳定性好，不发生强烈振动和共振。
（2）轴设计的一般步骤
① 选择轴的材料。
② 估算轴的最小直径。
③ 进行轴的结构设计。
④ 校核轴的强度。
⑤ 校核轴的刚度。
⑥ 绘制轴的零件图。

11.2.2 最小轴径的估算

由于轴的结构还没有确定，只能根据轴的转矩，按扭转强度计算轴的直径，作为 $d_{\min}$。等到轴的结构设计完成后再用弯矩和转矩来校核。
① 只传递转矩的圆截面轴　其强度条件为

$$\tau = \frac{T}{W_\tau} = \frac{9.55 \times 10^6 P}{0.2 d^3 n} \leqslant [\tau] \tag{11.1}$$

式中　τ——轴的扭转切应力，MPa；

T——轴的转矩，N·mm；

W_τ——抗扭截面系数，mm^3，对圆截面的实芯轴 $W_\tau = \dfrac{\pi d^3}{16} \approx 0.2 d^3 \ mm^3$；

P——轴所传递的功率，N·mm；

n——轴的转速，r/min；

d——轴的直径，mm；

$[\tau]$——轴的许用扭转切应力（见表11.2），MPa。

② 对于既受弯矩又受扭矩的轴 可以用上式近似计算，但必须降低轴的许用应力。改写式（11.1）

得到设计公式为

$$d_{\min}=d \geqslant \sqrt[3]{\frac{9.55 \times 10^6}{0.2[\tau]}} \sqrt[3]{\frac{P}{n}} \geqslant C \sqrt[3]{\frac{P}{n}}(\text{mm}) \tag{11.2}$$

式中，C 为由轴的材料和承载情况决定的系数，见表11.2。

表 11.2 常用材料的 $[\tau]$ 值和 C 值

轴的材料	Q235,20	35	45	40Cr,35SiMn
$[\tau]$/MPa	12~20	20~30	30~40	40~52
C	160~135	135~118	118~107	107~98

注：当作用在轴上的弯矩比传递的转矩小或只传递转矩时，C 取较小值，否则取较大值。

由上式初步估算轴的最小直径。如该轴段有键槽时，应适当增大轴的直径，单键槽增大 3％~5％，双键槽增大 7％~10％。确定最小直径时，可将由式（11.2）所得直径圆整或与相配合零件的孔径相吻合。

11.2.3 轴的结构设计

（1）轴的结构设计要求

确定轴的结构形状和尺寸，要考虑以下几个问题。

① 轴和轴上零件要有准确的工作位置（轴向和周向定位与固定）。

② 轴上零件要便于拆装和调整。

③ 合理布局轴的受力位置，提高轴的刚度和强度。

④ 轴应有良好的加工工艺性。

⑤ 与轴承配合的轴颈必须符合滚动轴承内径系列。

图 11.9 所示为一阶梯转轴的结构简图，它一般由轴头、轴颈、轴身、轴环、轴肩等部分组成。

（2）轴的结构设计步骤

① 拟定轴上零件的装配方案 轴上零件的装配方案不同，则轴的结构形状也不相同。设计时可拟定几种装配方案，进行分析与选择。在满足设计要求的情况下，轴的结构应力求简单。图 11.10 所示为输出轴的装配方案。

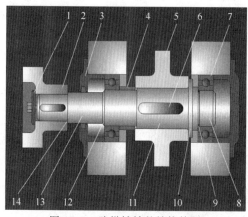

图 11.9 阶梯转轴的结构简图

1—挡圈；2—联轴器；3—轴承端盖；4—套筒；5—齿轮；6—键槽；7—轴承；8—轴颈；9—砂轮越程槽；10—轴环；11—轴头；12—倒角；13—轴身；14—轴肩

按此方案装配时，齿轮6、套筒5、轴承4、轴承端盖3和带轮2以此从左端装入，轴承7从右端装入。

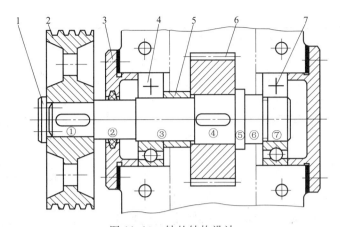

图 11.10　轴的结构设计

1—端盖；2—带轮；3—轴承端盖；4,7—轴承；5—套筒；6—齿轮

② 确定各轴段的直径　如图 11.10 所示，最小轴径 d_{min} 为轴外伸端装带轮的直径 d_1。轴段②处的直径 d_2 应大于 d_1，形成轴肩，使带轮轴向定位。装配滚动轴承处的轴段③的直径 d_3 应大于 d_2，方便轴承拆装。该轴段加工精度高，并且符合轴承内径。装齿轮处的直径 d_4 要大于 d_3，可使齿轮方便拆装，并避免划伤轴颈表面。齿轮定位靠右端轴环，轴环直径 d_5 应大于 d_4，保证可靠定位。为装拆方便，同一轴上两端轴承采用同一型号，所以右端轴承 7 处的轴径 $d_7 = d_3$。轴段⑥处的直径除了满足轴承 7 的定位要求，还应保证轴承的拆装方便。

③ 确定各段的长度　为使套筒、轴端挡圈、圆螺母等能可靠地压紧在轴上的端面，轴段④的长度 l_4 通常比轮毂宽度 b 小 1～3mm。轴颈处的轴段③、⑦的长度应与轴承的宽度相匹配。齿轮端面与箱体内壁的距离为 10～15mm；轴承端面到箱体内壁的距离为 5～10mm；联轴器或带轮与轴承盖间的距离通常取 10～15mm。其他轴段长度应该根据结构、拆装要求确定。

11.2.4　轴上零件的固定和定位

（1）轴上零件的轴向定位

轴上零件的定位和固定是两个不同的概念。定位是针对装配而言的，为了保证准确的安装位置；固定是针对工作而言的，为了使运转中保持原位置不变。但两者之间又有联系，通常作为结构措施，既起固定作用又起定位作用。

为了传递运动和动力，保证机械的工作精度和使用可靠，零件必须可靠地安装在轴上，不能沿轴向发生相对运动。所以，轴上零件动必须有可靠的轴向定位措施。

轴上零件的轴向定位方法与零件所承受的载荷大小有关。常用的轴向定位方法见表 11.3。

表 11.3　轴上零件的轴向定位与固定

定位与固定方法	简图		特点
轴肩、轴环			结构简单、可靠，能承受较大的轴向力。一般取 $a = 0.07d + (1\sim2)\,mm$，$b \geqslant 1.4a$，$r < c$，$r < R$，$a > c$。安装滚动轴承的轴肩其 a 值由滚动轴承安装要求确定

定位与固定方法	简图	特点
圆螺母	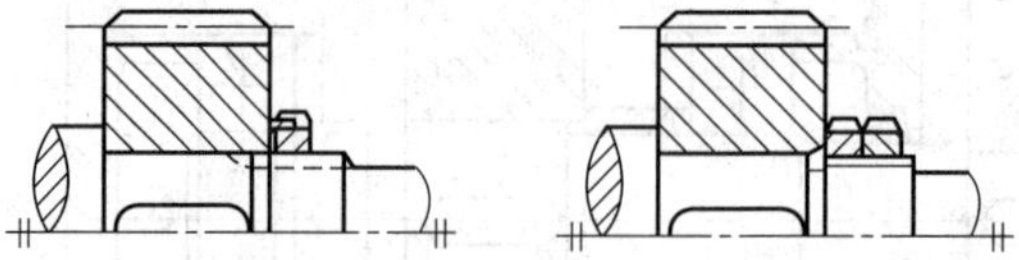	固定可靠,能承受较大的轴向力。需要防松措施,如图中的双螺母、止动垫圈。圆螺母、止动垫圈的结构尺寸见 GB/T 810、GB/T 812 及 GB/T 858。结构较复杂。螺纹位于承载轴段时,会削弱轴的疲劳强度
圆锥面	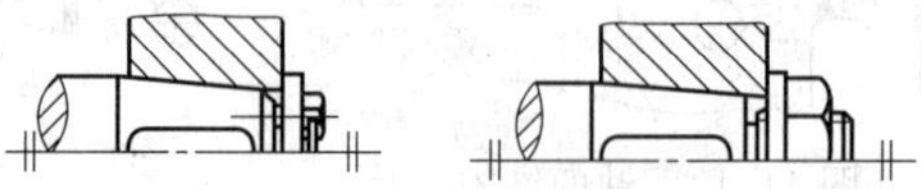	轴和轮毂间无径向间隙,装拆较方便,能承受冲击载荷,多用于轴端零件的定位与固定。锥面加工较麻烦。同轴度高但轴向定位不准确。高速轻载及同轴度要求高时可以不用键,圆锥形轴伸的结构尺寸见 GB/T 1570
弹性挡圈	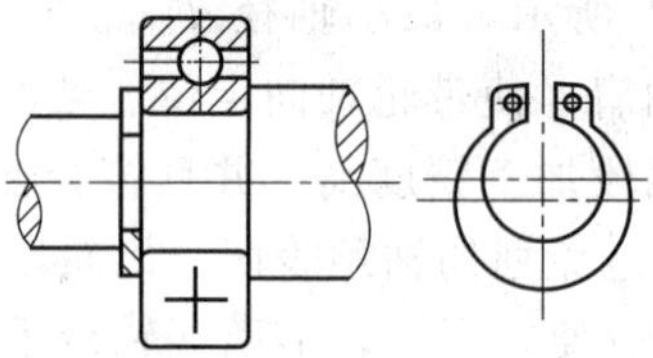	结构简单、紧凑,只能承受较小的轴向力,可靠性差。挡圈位于承载轴段时,轴的强度削弱较严重。轴用弹性挡圈及轴槽的结构尺寸见 GB/T 894.1、GB/T 894.2
轴端挡圈	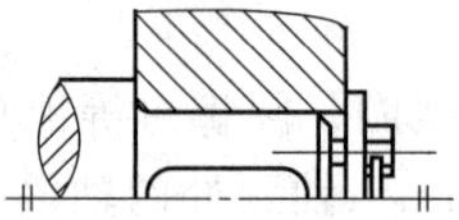	适于轴端需件的定位和固定。可承受剧烈的振动和冲击载荷,需采取防松措施,如图中的防松结构。轴端挡圈的结构尺寸见 GB/T 891 及 GB/T 892
锁紧挡圈	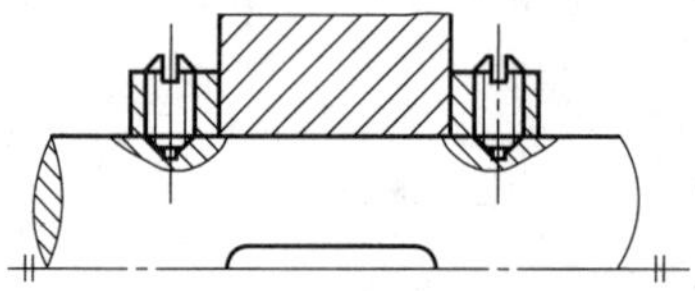	结构简单,不能承受大的轴向力。有冲击、振动的场合,应采取防松措施。锁紧挡圈的结构尺寸见 GB/T 883、GB/T 884、GB/T 885
套筒	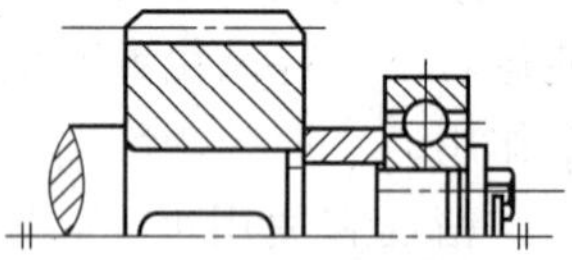	结构简单、可靠。适于轴上两零件间的定位和固定,轴上不需开槽、钻孔。可将零件的轴向力不经轴而直接传到轴承上
轴端挡板	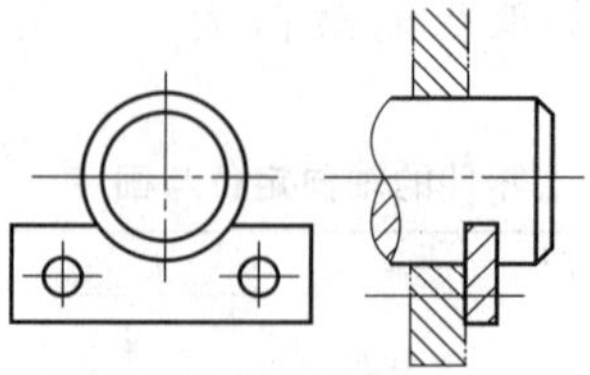	适于芯轴的轴端定位和固定,只能承受小的轴向力

(2) 轴上零件的周向固定

轴上零件常用平键连接、花键连接、销连接、过盈配合等实现周向定位,见表11.4。

表 11.4　轴上零件的周向固定

固定方法	简　图	特　点
平键		制造简单,装拆方便,对中性好。用于较高精度、高转速及受冲击或变载荷作用下的固定连接中,还可用于一般要求的导向连接中。齿轮、蜗轮、带轮与轴的连接常用此形式。 平键剖面及键槽见 GB/T 1096—2003 导向平键见 GB/T 1097—2003
花键	A $A—A$	有矩形、渐开线及三角形花键之分 承载能力高、定心性及导向性好,制造困难,成本较高。适于载荷较大、对定心精度要求较高的滑动连接或固定连接 三角形齿细小,适于轴径小,轻载或薄壁套筒的连接。见 GB/T 1141—2001
圆柱销	l_0 $\dfrac{H8}{X8}$ d_0 l d $d_0 \approx (0.1 \sim 0.3)d$ $l_0 \approx (3 \sim 4)d_0$	适用于轮毂宽度较小(如 $l/d < 0.6$),用键连接难以保证轮毂和轴可靠固定的场合。这种连接一般采用过盈配合,并可同时采用几只圆柱销。为避免钻孔时钻头偏斜,要求轴和轮毂的硬度差不能太大
圆锥销		用于固定不太重要、受力不大但同时需要轴向固定的零件,或作安全装置用。由于在轴上钻孔,对强度削弱较大,故对重载的轴不宜采用。有冲击或振动时可采用开尾圆锥销
过盈配合		结构简单、对中性好,承载能力高,可同时起周向和轴向固定作用,但不宜于常拆卸的场合。对于过盈量在中等以下的配合,常与平键连接同时采用,以承受较大的交变、振动和冲击载荷

11.2.5　轴的结构工艺性

　　轴的形状在满足强度和节省材料的情况下,既要便于加工也要便于轴上零件的固定。由于阶梯轴接近等强度,而且便于加工和轴上零件的定位和拆装,所以实际上轴多为阶梯轴。

　　在满足装配要求前提下,阶梯轴的阶梯应尽量少,以减少加工过程中的刀具调整量,提高加工效率,且减小轴上的应力集中。车削螺纹和磨削加工时,为保证加工质量,应留有退刀槽和砂轮越程槽。不同轴段开设键槽时,应使键槽沿同一母线布置。在同一轴段开设几个键槽时,各个键槽应对称布置。为了便于装配,在轴端处应倒角。此外,直径相近处的倒角、圆角、退刀槽、越程槽和键槽的尺寸应尽量相同，以减少加工过程中的刀具调整量，提高加工效率。

11.3 轴的强度计算

轴的结构设计完成后，轴上零件位置相应确定，支点位置及轴各截面的载荷大小、方向、作用点也确定，按照弯扭合成强度进行校核。

轴的强度计算应首先分析轴的弯矩和扭矩，然后求出轴上的所有主动力；画出轴的空间受力图；画出轴的水平面受力图，求出水平面支反力，画出水平面弯矩图；画出轴的铅垂面受力图，求出铅垂面支反力，画出铅垂面弯矩图；画合成弯矩图；画轴的扭矩图；确定危险截面并且按弯扭合成强度校核轴的强度。

对于一般钢制轴，可以用第三强度理论求出危险截面的当量应力，其强度条件为

$$\sigma_e = \frac{\sqrt{M^2 + (\alpha T)^2}}{0.1 d^3} \leqslant [\sigma_{-1b}] \tag{11.3}$$

$$M_e = \sqrt{M_H^2 + M_V^2}$$

式中　σ_e——轴的当量应力，MPa；

　　　d——轴的直径，mm；

　　　M——合成弯矩，N·mm；

　　　M_e——当量弯矩；

　　　M_H——水平面的弯矩，N·mm；

　　　M_V——铅垂面的弯矩，N·mm；

　　　T——轴传递的转矩，N·mm；

　　$[\sigma_{-1b}]$——对称循环许用弯曲应力，MPa；

　　　α——根据转矩性质而定的校正系数，对于不变的转矩 $\alpha \approx 0.3$，对于脉动循环的转矩 $\alpha \approx 0.6$，对于对称循环的转矩 $\alpha = 1$。

轴的许用弯曲应力见表 11.5。

将式 (11.3) 整理得

$$d_{min} = d \geqslant \sqrt[3]{\frac{M_e}{0.1 [\sigma_{-1b}]}} \tag{11.4}$$

表 11.5　轴的许用弯曲应力　　　　　　　　　　　　　　　　　MPa

材料	σ_b	$[\sigma_{+1b}]$	$[\sigma_{0b}]$	$[\sigma_{-1b}]$
碳素钢	400	130	70	40
	500	170	75	45
	600	200	95	55
	700	230	110	65
合金钢	800	270	130	75
	900	300	140	80
	1000	330	150	90
铸钢	400	100	50	30
	500	120	70	40

11.4 轴 的 设 计

例 11-1 如图 11.11 所示是单级斜齿轮减速器的传动简图和从动轴的结构简图，已知从动轴传递的功率 $P＝4\mathrm{kW}$，转速 $n＝130\mathrm{r/min}$，齿轮宽度 $b＝70\mathrm{mm}$，齿数 $z＝60$，模数 $m＝5\mathrm{mm}$，螺旋角 $\beta＝12°$，试确定该轴主要结构尺寸，并校核该轴的强度。

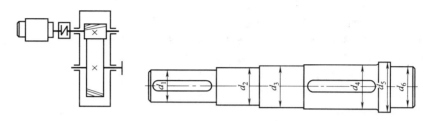

(a) 单级斜齿轮减速器   (b) 从动轴的结构简图

图 11.11 单级斜齿轮减速器和从动轴的结构简图

解：计算项目及结果见表 11.6。

表 11.6 计算项目及结果

计 算 项 目	主要结果
一、选择轴的材料，确定许用应力 选用轴的材料为 45 钢，调质处理，查表 11.1 可知 $\sigma_b＝650\mathrm{MPa}$，用插值法查表 11.5 可知 $[\sigma_{-1}]＝60\mathrm{MPa}$	$\sigma_b＝650\mathrm{MPa}$ $[\sigma_{-1}]＝60\mathrm{MPa}$
二、按扭转强度估算轴的最小直径 图示减速器低速轴为转轴，从结构看与联轴器相接的输出端轴径应最小。最小轴径为 $$d\geqslant\sqrt[3]{\frac{9.55\times10^6}{0.2[\tau]}}\times\sqrt[3]{\frac{P}{n}}=C\sqrt[3]{\frac{P}{n}}$$ 查表 11.2 可得，45 钢 $C＝118$，则 $$d\geqslant118\sqrt[3]{\frac{4}{130}}\mathrm{mm}=36.78\mathrm{mm}$$ 同时考虑键槽的影响，取 $d＝40\mathrm{mm}$	$d＝40\mathrm{mm}$
三、齿轮上作用力的计算 齿轮所受的转矩为 $$T=9.55\times10^6\frac{P}{n}=9.55\times10^6\frac{4}{130}\mathrm{N\cdot mm}=294\times10^3\mathrm{N\cdot mm}$$ 齿轮作用力为 圆周力 $F_a=\dfrac{2\tau}{d}=\dfrac{2\times294\times10^3}{300}\mathrm{N}=1960\mathrm{N}$ 径向力 $F_r=F_t\tan\alpha_n/\cos\beta=1960\tan20°\mathrm{N}/\cos12°=729\mathrm{N}$ 轴向力 $F_a=F_t\tan12°=1960\tan12°\mathrm{N}=417\mathrm{N}$	$T＝294\times10^3\mathrm{N\cdot mm}$ $F_t＝1960\mathrm{N}$ $F_r＝729\mathrm{N}$ $F_a＝417\mathrm{N}$
四、轴的结构设计 轴结构设计时需要考虑轴系中相配零件的尺寸及轴上零件的固定方式，按比例绘制轴系结构草图（略） 1. 联轴器选用 可采用弹性柱销联轴器，查有关手册 2. 轴上零件位置和固定方式 单级齿轮减速器应将齿轮布置在箱体内壁的中央，轴承对称分布	

计 算 项 目	主 要 结 果
齿轮靠轴肩和套筒实现轴向定位和固定,靠平键和过渡配合实现周向固定;左端轴承靠套筒实现轴向定位,右端轴承靠轴肩实现轴向定位,两轴承靠过渡配合实现周向固定;轴通过两端轴承端盖实现周向定位;联轴器靠轴肩、平键和过渡配合实现轴向定位和周向固定	

3. 确定各端轴径

将估算轴径作为外伸端直径 d_1,与联轴器相配,第二段直径取 $d_2 = 45\text{mm}$,轴肩考虑联轴器定位;齿轮和左端轴承从左侧装入,考虑拆装和零件固定要求,同时滚动轴承直径系列,取轴承轴颈处 $d_3 = 50\text{mm}$;为便于齿轮拆装,取与齿轮配合处轴径 $d_4 = 52\text{mm}$,齿轮左端用套筒固定,右端用轴肩定位,轴环处轴径为 $d_5 = 60\text{mm}$,该轴环同时还要满足右端轴承的定位需求;右端轴承型号与左端相同,取 $d_6 = 50\text{mm}$

$d_1 = 40\text{mm}$
$d_2 = 45\text{mm}$
$d_3 = 50\text{mm}$
$d_4 = 52\text{mm}$
$d_5 = 60\text{mm}$
$d_6 = 50\text{mm}$

4. 选择轴承

初选轴承型号为深沟球轴承,代号 6310。查有关手册可知:轴承宽度 $B = 27\text{mm}$,轴承安装尺寸 $d_a = 60\text{mm}$,故取轴环直径 $d_5 = 60\text{mm}$

轴承 6310

5. 确定各段轴的长度

综合考虑轴上零件的尺寸及与减速器箱体尺寸关系,确定各段轴的长度

五、校核轴的强度

1. 计算支反力和弯矩

确定轴承支点跨距,由此可画出轴的受力简图,如图 11.12 所示

水平面支反力 $F_{RBx} = F_{RDx} = \dfrac{1}{2} \times 1960\text{N} = 980\text{N}$

$F_{RBx} = F_{RDx} = 980\text{N}$
$M_{CH} = 72030\text{N} \cdot \text{mm}$

水平面弯矩

$M_{CH} = F_{RBx} \times 73.5\text{mm} = 980 \times 73.5\text{N} \cdot \text{mm} = 72030\text{N} \cdot \text{mm}$

垂直面支反力由静力学方程求得

$F_{RBz} = 790\text{N}, F_{RDz} = -61\text{N}$

$F_{RBz} = 790\text{N}$
$F_{RDz} = -61\text{N}$

垂直面的弯矩

$M_{CV}^- = F_{RBz} \times 73.5\text{mm} = 790 \times 73.5\text{N} \cdot \text{mm} = 58065\text{N} \cdot \text{mm}$

$M_{CV}^+ = F_{RDz} \times 73.5\text{mm} = -61 \times 73.5\text{N} \cdot \text{mm} = -4485\text{N} \cdot \text{mm}$

$M_{CV}^- = 58065\text{N} \cdot \text{mm}$
$M_{CV}^+ = -4485\text{N} \cdot \text{mm}$

合成弯矩

$M_C^- = \sqrt{M_{CH}^2 + (M_{CV}^-)^2} = 92520\text{N} \cdot \text{mm}$

$M_C^+ = \sqrt{M_{CH}^2 + (M_{CV}^+)^2} = 72169\text{N} \cdot \text{mm}$

$M_C^- = 92520\text{N} \cdot \text{mm}$
$M_C^+ = 72169\text{N} \cdot \text{mm}$

画出各平面弯矩图和扭矩图。见图 11.12

2. 计算当量弯矩

转矩按脉动循环考虑,应力折合系数为

$\alpha = \dfrac{[\sigma_{-1}]}{[\sigma_0]} \approx 0.6$

C 剖面最大当量弯矩为

$M_{eC}^- = \sqrt{(M_C^-)^2 + (\alpha T)^2} = \sqrt{92520^2 + (0.6 \times 294000)^2}\text{N} \cdot \text{mm} = 199190\text{N} \cdot \text{mm}$

$M_{eC}^- = 199190\text{N} \cdot \text{mm}$

画出当量弯矩图,见图 11.12

3. 校核轴径

由当量弯矩图可知,C 剖面上当量弯矩最大,为危险截面,校核该截面直径

$d \geqslant \sqrt[3]{\dfrac{M_{eC}}{0.1[\sigma_{-1}]}} = \sqrt[3]{\dfrac{199190}{0.1 \times 60}}\text{mm} = 32\text{mm}$

考虑该截面键槽的影响,直径增加 5%

$d_c = 32 \times 1.05 = 33.92\text{mm}$

$d_c = 33.92\text{mm}$

结构设计确定为 52mm,所以强度足够

六、绘制轴的零件工作图(略)

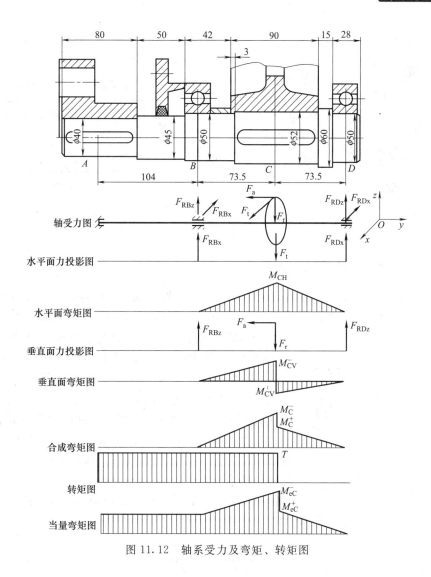

图 11.12 轴系受力及弯矩、转矩图

11.5 滚动轴承的基本知识

滚动轴承是一种标准部件，它依靠内部元件间的滚动接触来支承轴及转动零件（如齿轮等）工作。滚动轴承的摩擦阻力小，启动容易、旋转精度高，润滑维护方便。由于是标准件，互换性好，价格较低得到广泛应用。但抗冲击能力不高，噪声较大。

11.5.1 滚动轴承的结构

滚动轴承一般由外圈、内圈、滚动体和保持架组成，如图 11.13（a）所示。内圈、外圈分别与轴颈、轴承座孔装配在一起，通常内圈随轴一起转动，外圈固定不动。内、外圈上一般都有凹槽，称为滚道，它起着限制滚动体沿轴向移动和降低滚动体与内、外圈之间接触应力的作用。

滚动体是形成滚动摩擦不可缺少的零件，它沿滚道滚动。滚动体的形状有球形、圆柱形、鼓形、圆锥形、滚针形等，如图 11.13（b）所示。

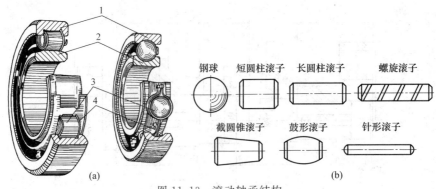

图 11.13　滚动轴承结构

1—外圈；2—内圈；3—滚动体；4—保持架

11.5.2　滚动轴承的类型及特点

滚动轴承中滚动体与外圈接触处的法线和垂直于轴承轴心线的径向平面之间的夹角称为滚动轴承公称接触角。它是滚动轴承的重要参数。如图 11.14 所示。滚动轴承按其承受载荷的方向不同，可分为向芯轴承和推力轴承两大类。

向芯轴承分为径向接触轴承和向心角接触轴承。径向接触轴承的公称接触角 $\alpha = 0°$，只能承受径向载荷。向心角接触轴承公称接触角 α 的取值范围是 $0° \sim 45°$，主要承受径向载荷。随着 α 的增大，承受轴向载荷的能力也增大。

推力轴承分为轴向接触轴承和推力角接触轴承。轴向接触轴承的公称接触角 $\alpha = 90°$，只能承受轴向载荷。推力角接触轴承公称接触角 α 的取值范围是 $45° \sim 90°$，主要承受轴向载荷。随着 α 的减小，承受径向载荷的能力也增大。

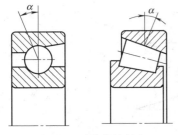

图 11.14　公称接触角

常用滚动轴承的类型、性能和特点见表 11.7。

表 11.7　常用滚动轴承的类型、性能和特点

轴承名称 类型及代号	结构简图	基本额定 动载荷比[①]	极限转速 比[②]	允许偏位角	主要特性及应用
调心球轴承 10000		0.6～0.9	中	2°～3°	主要承受径向载荷，也能承受少量的轴向载荷。因为外圈滚道表面是以轴线中点为球心的球面，故能自动调心
调心滚子轴承 20000		1.8～4	低	0.5°～2°	主要承受径向载荷，也可承受一些不大的轴向载荷，承载能力大，能自动调心
圆锥滚子轴承 30000		1.1～2.5	中	2′	能承受以径向载荷为主的径向、轴向联合载荷；当接触角 α 大时，亦可承受纯单向轴向联合载荷。因系线接触，承载能力大于 7 类轴承。内、外圈可以分离，装拆方便，一般成对使用

轴承名称 类型及代号	结构简图	基本额定 动载荷比①	极限转速 比②	允许偏位角	主要特性及应用
单向推力球 轴承 51000		1	低	不允许	接触角 $\alpha = 0°$，只能承受单向轴向载荷。而且载荷作用线必须与轴线相重合，高速时钢球离心力大，磨损、发热严重，极限转速低。所以只用于轴向载荷大、转速不高之处
双向推力球 轴承 52000		1	低	不允许	能承受双向轴向载荷。其余与单向推力球轴承相同
深沟球轴承 60000		1	高	$8' \sim 16'$	主要承受径向载荷，也能承受少量的轴向载荷。当转速很高而轴向载荷不太大时，可代替推力球轴承承受纯轴向载荷。生产量大，价格低
角接触球轴承 70000		$1.0 \sim 1.4$	较高	$2' \sim 10'$	能同时承受径向和轴向联合载荷。接触角 α 越大，承受轴向载荷的能力也越大。接触角 α 有 $15°$、$25°$ 和 $40°$ 三种。一般成对使用，可以分装于两个支点或同装于一个支点上
圆柱滚子轴承 N0000		$1.5 \sim 3$	较高	$2' \sim 4'$	外圈（或内圈）可以分离，故不能承受轴向载荷。由于是线接触，所以能承受较大的径向载荷
滚针轴承 NA0000		—	低	不允许	在同样的内径条件下，与其他类型轴承相比，其外径最小，外圈（或内圈）可以分离，只承受径向载荷，一般无保持架，摩擦因数大

① 基本额定动载荷比是指同一尺寸系列（直径及宽度）各种类型和结构形式的轴承的基本额定动载荷与 6 类深沟球轴承（推力轴承则与单向推力球轴承）的基本额定动载荷之比。

② 极限转速比是指同一尺寸系列 0 级公差的各类轴承脂润滑时的极限转速与 6 类深沟球轴承脂润滑时的极限转速之比。高、中、低的含义为：高为 6 类深沟球轴承极限转速的 $90\% \sim 100\%$；中为 6 类深沟球轴承极限转速的 $60\% \sim 90\%$；低为 6 类深沟球轴承极限转速的 60% 以下。

11.5.3　滚动轴承的代号

滚动轴承的类型很多，常用的滚动轴承大多数已经标准化。国家标准 GB/T 272—2008 规定了滚动轴承的代号方法，轴承的代号用字母和数字来表示，一般印在或刻在轴承套圈的断面上。

滚动轴承的代号由前置代号、基本代号、后置代号组成，见表 11.8。

（1）基本代号

基本代号是轴承代号的基础，它表明了滚动轴承的内径、尺寸系列和类型。

表 11.8　滚动轴承代号的构成

前置代号	基本代号					后置代号							
	五	四		三	二	一	内部结构代号	密封与防尘结构代号	保持架及其材料代号	特殊轴承材料代号	公差等级代号	游隙代号	多轴承配置代号	其他代号
轴承分部件代号	类型代号	尺寸系列代号			内径代号									
		宽度高度系列代号	直径系列代号											

① 内径代号　轴承内孔直径用两位数字来表示，见表 11.9。对于小于 10mm 和大于 500mm 的轴承，内径表示另有规定。

表 11.9　滚动轴承内径代号

内径代号	00	01	02	03	04～99
轴承内径 d/mm	10	12	15	17	数字×5

② 尺寸系列代号　尺寸系列代号由轴承的直径系列代号和宽度系列（推力轴承指高度系列）代号组成，各用一个数字表示。

轴承的直径系列代号是指内径相同的轴承，配有不同的外径尺寸系列，见表 11.10。外径尺寸依次增大。

表 11.10　滚动轴承的直径系列代号

代号	0	1	2	3	4	5	6	7	8	9
直径系列	特轻	特轻	轻	中	重	特重		超特轻	超轻	超轻

轴承的宽度系列代号是指内径相同的轴承，配有不同的宽度尺寸系列，见表 11.11。宽度尺寸依次递增。当宽度代号为 0 时，不标出。

表 11.11　滚动轴承的宽（高）度系列代号

代号	0	1	2	3	4	5	6	7	8	9
宽（高）度系列	窄型	正常	宽	特宽	特宽	特宽		特低		低

（2）前置代号

轴承的前置代号用字母表示。如用 L 表示可分离轴承的可分离内圈或外圈。用 K 表示轴承的滚动体与保持架组件等。

（3）后置代号

轴承的后置代号用字母或加数字表示对轴承在结构、公差和材料等方面有特殊要求的轴承。常用代号如下。

① 内部结构代号，紧跟在基本代号后面，用字母表示。如接触角 $\alpha = 15°$、$25°$ 和 $40°$ 的角接触轴承分别用 C、AC 和 B 表示内部结构的不同。

② 轴承的公差等级分为 2、4、5、6、6_x 和 0 级共 6 个级别，精度依次降低。其代号分别为/P2、/P4、/P5、/P6、/P6$_x$ 和/P0。6_x 级仅适用于圆锥滚子轴承；0 级为普通级，在轴承代号中省略不标出。

③ 轴承的游隙分为0、1、2、3、4和5组，共6个游隙组别，游隙依次由小到大。常用的游隙组别分别是0游隙组，在轴承代号中省略不表示出来。其余代号是/C1、/C2、/C3、/C4、/C5。

例11-2 试说明滚动轴承代号7315AC/P6/C3的含义。

解： 7表示角接触球轴承；

3为03的缩写，表示宽度系列为窄系列，直径系列为3（中）系列；

15表示内径为60mm；

AC表示公称接触角25°；

P6表示公差等级为6级；

C3表示游隙代号为3组。

11.6 滚动轴承类型的选择

11.6.1 滚动轴承的失效形式和计算准则

（1）滚动轴承的失效形式

① 疲劳点蚀 滚动体和套圈滚道在脉动循环的接触应力作用下，当应力值或应力循环次数超过一定数值时，接触表面会出现接触疲劳点蚀。点蚀使轴承在运转中产生振动和噪声，回转精度降低且工作温度升高，使轴承失去正常的工作能力。接触疲劳点蚀是滚动轴承最主要的失效形式。

② 塑性变形 当轴承不转动、转速很低或间歇摆动时，一般不会产生疲劳点蚀，但在很大的静载荷或冲击载荷的作用下，会使轴承滚道或滚动体工作面上的局部应力超过材料的屈服点而产生塑性变形，从而使轴承在运转中产生剧烈的振动和噪声，导致轴承不能正常工作。

（2）滚动轴承的计算准则

针对滚动轴承的主要失效形式，在确定滚动轴承的尺寸时，要进行必要的计算。对于一般转速（$n > 10 \text{r/min}$）轴承，疲劳点蚀是其主要失效形式，应进行寿命计算。对于低速（$n \leqslant 10 \text{r/min}$）重载或大冲击条件下工作的轴承，主要失效形式为塑性变形，要进行静强度计算。对于其他失效形式，可通过润滑和密封、正确的操作和维护来解决。

11.6.2 滚动轴承的选择计算

（1）滚动轴承的寿命计算

① 轴承寿命 轴承的滚动体或套圈首次出现点蚀之前，轴承的转数L或相应的运转小时数L_h，称为轴承的寿命。

② 基本额定寿命 一批相同的轴承，即使在完全相同的条件运转，由于材料、热处理及工艺等原因，其寿命是不同的。因此，常用基本额定寿命作为计算的依据。基本额定寿命是指同一型号的轴承，在相同的条件下运转，其中90%的轴承不发生疲劳点蚀所能达到的寿命。基本额定寿命是一种统计寿命，选择轴承时应以它为标准。

③ 基本额定动载荷 滚动轴承标准中规定，基本额定寿命为一百万转时，轴承所能承受的载荷称为基本额定动载荷，用字母C表示，即在基本额定动载荷作用下，轴承可以工作一百万转而不发生点蚀失效的概率为90%。基本额定动载荷是衡量轴承抵抗点蚀能力的

一个表征值，其值越大，轴承抗疲劳点蚀能力越强。基本额定动载荷又有径向基本额定动载荷（C_r）和轴向基本额定动载荷（C_a）之分。径向基本动载荷对向芯轴承（角接触轴承除外）是指径向载荷，对角接触轴承指轴承套圈间产生相对径向位移的载荷的径向分量，对推力轴承指中芯轴向载荷。

轴承的基本额定动载荷的大小与轴承的类型、结构、尺寸大小及材料等有关，可以从手册或轴承产品样本中直接查出数值。

④ 当量动载荷　轴承的基本额定动载荷 C（C_r 和 C_a）是在一定条件下确定的。对同时承受径向载荷和轴向载荷作用的轴承进行寿命计算时，需要把实际载荷折算为与基本额定动载荷条件相一致的一种假想载荷，此假想载荷称为当量动载荷，用字母 P 表示。

当量动载荷 P 的计算方法如下。

同时承受径向载荷 F_r 和轴向载荷 F_a 的轴承

$$P = f_P(XF_r + YF_a) \tag{11.5}$$

受纯径向载荷 F_r 的轴承（如 N、NA 类轴承）

$$P = f_P F_r \tag{11.6}$$

受纯轴向载荷 F_a 的轴承

$$P = f_P F_a \tag{11.7}$$

式中　X——径向动载荷系数，查表 11.12；

　　　Y——轴向动载荷系数，查表 11.12；

　　　f_P——冲击载荷系数，见表 11.13。

载荷系数 f_P 是考虑了机械工作时轴承上的载荷由于机器的惯性、零件的误差、轴或轴承座变形而产生的附加力和冲击力，考虑这些影响因素，对理论当量动载荷加以修正。

表中 e 是判断系数。F_a/C_{0r} 为相对轴向载荷，它反映轴向载荷的相对大小，其中 C_{0r} 是轴承的径向基本额定载荷。表中未列出 F_a/C_{0r} 的中间值，可按线性插值法求出相对应的 e、Y 值。

表 11.12　轴承的径向和轴向动载荷系数 X 和 Y

轴承类型	F_a/C_{0r}	e	单列轴承				双列轴承（或成对安装单列轴承）			
			$F_a/F_r \leqslant e$		$F_a/F_r > e$		$F_a/F_r \leqslant e$		$F_a/F_r > e$	
			X	Y	X	Y	X	Y	X	Y
深沟球轴承	0.014	0.19	1	0	0.56	2.30	1	0	0.56	1.45
	0.028	0.22				1.99				
	0.056	0.26				1.71				
	0.084	0.28				1.55				
	0.11	0.30				1.45				
	0.17	0.54				1.31				
	0.28	0.38				1.15				
	0.42	0.42				1.04				
	0.56	0.44				1.00				
圆锥滚子轴承	—	$1.5\tan\alpha$	1	0	0.4	$0.4\cot\alpha$	1	0.45$\cot\alpha$	0.67	0.67$\cot\alpha$

轴承类型		F_a/C_{0r}	e	单列轴承				双列轴承(或成对安装单列轴承)			
				$F_a/F_r \leqslant e$		$F_a/F_r > e$		$F_a/F_r \leqslant e$		$F_a/F_r > e$	
				X	Y	X	Y	X	Y	X	Y
角接触球轴承	$\alpha=15°$	0.015	0.38	1	0	0.44	1.47	1	1.65	0.72	2.39
		0.029	0.40				1.40		1.57		2.38
		0.058	0.43				1.30		1.46		2.11
		0.087	0.46				1.23		1.38		2.00
		0.12	0.47				1.19		1.34		1.93
		0.17	0.50				1.12		1.26		1.82
		0.29	0.55				1.02		1.14		1.66
		0.44	0.56				1.00		1.12		1.63
		0.58	0.56				1.00		1.12		1.63
	$\alpha=25°$	—	0.68	1	0	0.41	0.87	1	0.92	0.67	1.41
	$\alpha=40°$	—	1.14	1	0	0.35	0.57	1	0.55	0.57	0.93
调心球轴承		—	$1.5\tan\alpha$					1	$\dfrac{0.42}{\cot\alpha}$	0.65	$\dfrac{0.65}{\cot\alpha}$
调心滚子轴承		—	$1.5\tan\alpha$					1	$\dfrac{0.45}{\cot\alpha}$	0.67	$\dfrac{0.67}{\cot\alpha}$
四点接触球轴承 $\alpha=35°$		$1.5\tan\alpha$	0.95	1	0.66	0.6	1.07	—	—	—	—

表 11.13 载荷系数 f_P 的值

载荷性质	f_P	举 例
平稳运转或有轻微冲击	1.0~1.2	电动机、通风机、水泵、汽轮机等
中等冲击	1.2~1.8	机床、车辆、冶金设备、起重机等
强大冲击	1.8~3.0	轧钢机、破碎机、振动筛、钻探机等

⑤ 寿命计算 滚动轴承的基本额定寿命与承受的载荷有关。当轴承型号一定时，轴承寿命为

$$L_{10} = (C/P)^\varepsilon \quad (10^6 \text{r}) \tag{11.8}$$

式中 ε——寿命指数，球轴承 $\varepsilon=3$，滚子轴承 $\varepsilon=10/3$。

计算轴承寿命，用小时表示寿命有时更方便，令 n 为转速（r/min），轴承每小时旋转次数为 $60n$，则

$$L_{10h} = \frac{10^6}{60n} L_{10} = \frac{16670}{n} \left(\frac{C}{P}\right)^\varepsilon \tag{11.9}$$

式中，L_{10h} 的单位为 h。

考虑到实际工作条件与实验条件的差异，寿命公式修正为

$$L_h = \frac{10^6}{60n} \left(\frac{f_t C}{f_P P}\right)^\varepsilon \tag{11.10}$$

式中，f_t 为温度修正系数，见表 11.14；f_P 为载荷修正系数，见表 11.13。

表 11.14 温度修正系数 f_t

轴承工作温度/℃	<120	125	150	175	200	225	250	300	350
温度修正系数 f_t	1.0	0.95	0.9	0.85	0.8	0.75	0.7	0.6	0.5

轴承寿命计算后应满足

$$L_h > L_h' \tag{11.11}$$

式中，L_h' 是轴承的预期使用寿命（h），参考表 11.15。

表 11.15　轴承预期使用寿命 L'_h 推荐值

机械种类		示　例	预期寿命 L'_h
不经常使用的仪器和设备		闸门开闭装置、门窗开闭装置等	300～3000
间断使用的机械	中断使用不引起严重后果	手动机械、农业机械等	3000～8000
	中断使用引起严重后果	升降机、发电站辅助设备、吊车等	8000～12000
每日工作 8h 的机械	利用率不高、不满载使用	起重机、电动机、齿轮传动等	12000～20000
	满载使用	机床、印刷机械、木材加工机械等	20000～30000
24h 连续使用的机械	正常使用	水泵、防止机械、空气压缩机等	40000～60000
	中断使用将引起严重后果	发电站主电机、给排水装置、船舶螺旋桨轴等	>100000

按预期寿命要求选择轴承型号时，可按下式确定轴承应具备的基本额定动载荷 C 值。

$$C \geqslant \frac{f_P P}{f_t} \sqrt[3]{\frac{60 n L'_h}{10^6}} \qquad (11.12)$$

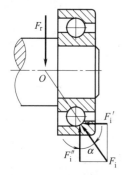

图 11.15　派生轴向力

⑥ 角接触轴承的轴向载荷　角接触轴承受径向载荷 F_r 作用时，由于其存在接触角 α，承载区内任一滚动体上的法向力 F_i 可分解为径向分力 F''_i 和轴向分力 F'_i，如图 11.15 所示。各滚动体上所受轴向分力的总和即为轴承的派生轴向力 F'，数值大小按表 11.16 所列公式计算，力的方向由轴承外圈的宽边指向窄边。

在设计中，为了使角接触轴承的派生轴向力得到平衡，这种轴承须成对使用。其安装方式有两种：一是两轴承外圈的窄边相对的安装方式称为正装，如图 11.16 所示；二是两轴承外圈的窄边相背的安装方式称为反装，如图 11.17 所示。图中 F_{r1}、F_{r2} 为轴承 1、2 受到的径向力；F'_1、F'_2 为轴承 1、2 受到的派生轴向力；F_A 为轴受到的轴向外载荷；O_1、O_2 为轴承 1、2 的压力中心。

表 11.16　角接触轴承的内部轴向力

轴承类型	角接触向心球轴承			圆锥滚子轴承
	$\alpha = 15°$	$\alpha = 25°$	$\alpha = 40°$	$F_r / 2Y$
F'	$e F_r$	$0.68 F_r$	$1.14 F_r$	$Y = 0.4 \cot\alpha$

计算轴向力的"放松压紧法"：如果轴在轴向外载荷 F_A、派生轴向力 F'_1、F'_2 的作用下不平衡，则轴将向某一端窜动，其结果使其中一端的轴承压紧，另一端的轴承放松。被压紧的轴承轴向反力增加，被放松的轴承轴向反力减小，直至达到平衡。按这一分析方法可求出轴向力，步骤如下。

① 计算出两轴承的派生轴向力 F'_1、F'_2，并标出方向。

② 计算轴向外力 F_A、派生轴向力 F'_1、F'_2 的合力，确定轴的窜动方向，判断压紧端和放松端。

③ 放松端轴承的轴向力等于它本身的派生轴向力；压紧端轴承的轴向力等于轴向外力与放松端轴承派生轴向力的代数和，即

$$F_{a放松} = F'_{放松} \qquad\qquad F_{a压紧} = | F_A \pm F'_{放松} | \qquad (11.13)$$

（2）滚动轴承的静强度计算

对于低速转动（$n < 10 \text{r/min}$）、缓慢摆动或基本不旋转的轴承，其失效形式不是疲劳点蚀，而是因接触应力过大而产生的表面塑性变形。高速转动的轴承，如果受到很大的冲击载荷作用，也可能发生塑性变形。此类轴承均应进行静强度计算。

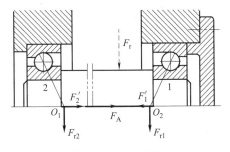

图 11.16　正安装

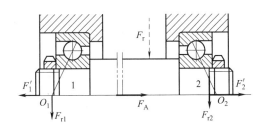

图 11.17　反安装

基本额定静载荷：使受载最大的滚动体与滚道接触中心处引起的计算接触应力达到一定值时的载荷，称为轴承的基本额定静载荷，用 C_0 表示。它表征了轴承承受静载荷的能力，C_0 值可查轴承手册。

计算准则：

$$C_0 \geqslant S_0 P_0 \qquad (11.14)$$

$$P_0 = X_0 F_r + Y_0 F_a \qquad (11.15)$$

式中，S_0 为安全系数；P_0 为当量静载荷，其含义类同于当量动载荷；X_0、Y_0 分别为当量静载荷的径向载荷系数和轴向载荷系数，可由轴承手册查取。

若由式（11.15）计算出 $P_0 < F_r$，则应取 $P_0 = F_r$。

例 11-3　齿轮减速器中的 7204C 轴承，受的轴向力 $F_a = 800\text{N}$，径向力 $F_r = 2000\text{N}$，载荷修正系数 $f_P = 1.2$，温度正常，温度系数 $f_t = 1$，工作转速 $n = 700\text{r/min}$。求该轴承的寿命。

解：① 由手册查得 7204C 轴承，$C_r = 14500\text{N}$，$C_{0r} = 8220\text{N}$。

② 确定载荷系数 X、Y。由 $\dfrac{F_a}{C_{0r}} = 0.097$，由载荷系数表，取 $e = 0.46$；由 $\dfrac{F_a}{F_r} = 0.4 < e$，则 $X = 1$，$Y = 0$。

③ 计算当量动载荷 P

$$F = X F_r + Y F_a = 1 \times 2000 + 0 \times 8000\text{N} = 2000\text{N}$$

④ 计算轴承寿命 L_h

$$L_h = \frac{10^6}{60n} \left(\frac{f_t C}{f_P P} \right)^{\varepsilon} = \frac{10^6}{60 \times 700} \left(\frac{1 \times 14500}{1.2 \times 2000} \right)^3 \text{h} = 5246\text{h}$$

例 11-4　如图 11.18 所示一对角接触球轴承正装，已知轴颈 $d = 40\text{mm}$，轴承的径向载荷 $F_{r1} = 1000\text{N}$、$F_{r2} = 2060\text{N}$，轴向外载荷 $F_A = 880\text{N}$，转速 $n = 5000\text{r/min}$，运转中受中等冲击，预期寿命 $L'_h = 2000\text{h}$。试选择轴承的型号。

解：① 计算轴承的轴向力　参照轴承标准，暂选接触角为 25° 的角接触球轴承，则派生力为

$$F'_1 = 0.68 F_{r1} = 0.68 \times 1000\text{N} = 680\text{N}$$

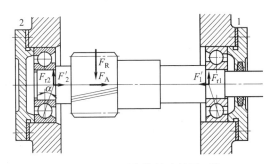

图 11.18　一对角接触球轴承正装

$$F'_2 = 0.68F_{r2} = 0.68 \times 2060\text{N} = 1400\text{N}$$

派生轴向力的方向如图 11.18 所示。

计算轴所受轴向力的合力

$$F'_2 + F_A - F'_1 = (1400 + 800 - 680)\text{N} = 1600\text{N} > 0$$

轴向右窜动，轴承 2 放松，轴承 1 压紧。

计算轴承的轴向力

$$F_{a2} = F'_2 = 1400\text{N} \qquad F_{a1} = F'_2 + F_{A1} = (1400 + 800)\text{N} = 2280\text{N}$$

② 计算轴承的当量动载荷　由载荷系数表查得 $e = 0.68$，而

$$\frac{F_{a1}}{F_{r1}} = \frac{2280}{1000} = 2.28 > e = 0.68 \qquad \frac{F_{a2}}{F_{r2}} = \frac{1400}{2060} = 0.68 = e$$

查得 $X_1 = 0.41$，$Y_1 = 0.87$；$X_2 = 1$，$Y_2 = 0$。则当量动载荷为

$$P_1 = X_1 F_{r1} + Y_1 F_{a1} = (0.41 \times 1000 + 0.87 \times 2280) = 2394\text{N}$$

$$P_2 = X_2 F_{r2} + Y_2 F_{a2} = (1 \times 2060 + 0 \times 1400) = 2060\text{N}$$

③ 计算所需的当量动载荷　查得 $f_P = 1.5$，$f_t = 1$，按 P_1 计算有

$$C \geqslant \frac{f_P P_1}{f_t} \left(\frac{60n}{10^6} L'_h \right)^{1/\varepsilon} = \frac{1.5 \times 2394}{1} \left(\frac{60 \times 5000}{10^6} \times 2000 \right)^{1/3} \text{N} = 30209\text{N}$$

④ 选择轴承型号。按 $d = 40\text{mm}$ 和 C 值，由手册选取 7208AC。

11.6.3　滚动轴承的组合设计

为了保证滚动轴承在机器中正常工作，除了要正确选用轴承的类型和尺寸外，还必须进行合理的组合结构设计，因此，设计时要考虑轴承的安装、调整、配合、拆卸、润滑与密封等问题。

（1）滚东轴承的固定

通常，一根轴需要两个支点，每个支点由一个或两个轴承组成。轴承支承结构应使轴具有确定的工作位置，避免轴受力时窜动，同时能适应轴系的热胀冷缩变形，以防轴承顶死。

① 双支点各单向固定（双固式）　如图 11.19 所示，轴上一对深沟球轴承。用轴肩顶住轴承内圈，轴承盖顶住轴承的外圈，使得每个支点都能限制轴的单方向移动，两个支点合起来就限制了轴的双向移动。通过调整垫片，在轴承盖与外圈端面之间留出补偿间隙 C。轴热胀冷缩时，轴可在该间隙内自由伸缩。但因有间隙，使得轴的位置不准确，故 C 不能太大。对于内外圈不可分离的轴承一般取 $C = 0.2 \sim 0.4\text{mm}$。这种结构适用于两支点间的跨距较小、工作温度变化较小、热膨胀量不大，及对轴的位置精度要求不高的场合。

② 一端双向固定、一端游动　如图 11.20 所示，右端轴承的内圈和外圈都是双向固定，

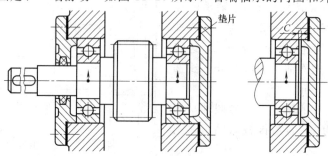

图 11.19　双支点各单向固定轴系

因此右支点限制轴的两个方向的移动，为固定支点；左支点不限制轴的移动，为游动支点。热膨胀时，左轴承随轴一起在座孔中滑动。这种结构适用于轴较长、工作温度变化较大，热膨胀量较大的场合，如蜗杆轴等。

③ 两端游动支承（双游式），如图 11.21 所示轴承内外圈之间可相对移动，故无轴向限位能力，两支点均为游动支点。轴靠人字齿轮间的啮合限位。补偿热膨胀的方法是靠轴承内外圈间的相对移动，使得轴可以向两端自由伸缩。这种结构适用于轴的轴向位置由其他轴上零件限制的情况，如人字齿轮轴，以免过定位，增加摩擦。

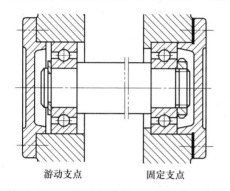

图 11.20　一端双向固定、一端游动的轴系

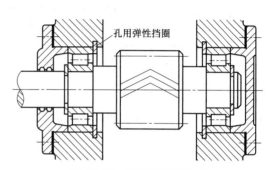

图 11.21　两端游动的轴系

（2）滚动轴承的配合

滚动轴承是标准件，轴承内孔与轴颈的配合采用基孔制，轴承外圈与座孔的配合采用基轴制。轴承配合种类应根据载荷的大小、方向和性质，轴承类型、转速和使用条件，参考轴承手册推荐来决定。

当外载荷方向不变时，动圈应比固定圈的配合紧些。承受旋转载荷的套圈应选较紧的配合，以防止在载荷作用下该套圈产生相对转动。对于游动支承（采用深沟球轴承等），轴承与座孔的配合应松一些，以便轴承游动。转速高、载荷大、振动强烈的轴承，选用较紧的配合；要求旋转精度高时，为了消除振动的影响，应采用较紧的配合。

（3）滚动轴承的安装与拆卸

在进行轴承的组合设计时，要考虑轴承的拆装，以保证在装拆的过程中不致损坏轴承和其他零件。装拆力应沿着圆周方向均匀地直接施加在被拆装的座圈断面上，不得通过滚动体来传递装拆力，否则会使滚道和滚动体受损，降低精度和使用寿命。

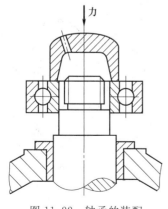

图 11.22　轴承的装配

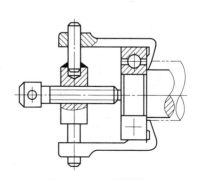

图 11.23　内圈的拆卸

当内圈与轴颈采用过盈配合时，可采用压力机压入，如图 11.22 所示，或将轴承在油中加热至 80～100℃后进行热装。

轴承内圈的拆卸常采用拆卸器（三抓）进行，如图 11.23 所示。外圈拆卸则用套筒或螺钉顶出。为便于拆卸，轴肩或孔肩的高度应低于定位套圈的高度，并要留出拆卸空间。

11.7 滑动轴承的结构和轴承材料

工作时轴承和轴颈的支撑面间形成直接或间接滑动摩擦的轴承，称为滑动轴承。按载荷方向，滑动轴承分为受径向载荷的径向滑动轴承和受轴向载荷的推力滑动轴承。

11.7.1 滑动轴承的结构形式

（1）径向滑动轴承的结构

图 11.24 所示为整体式径向滑动轴承，由轴承座 1、轴套 2 组成。这种轴承结构简单，成本低廉。因磨损而造成的间隙无法调整，只能从轴向装拆，不方便。主要应用在低速、轻载、间歇工作而不需要经常装拆的场合。

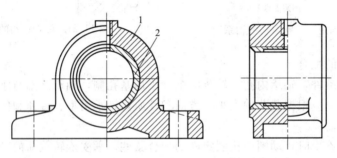

图 11.24　整体式径向滑动轴承
1—轴承座；2—轴套

图 11.25 所示为剖分式径向滑动轴承。轴瓦直接与轴相接触。轴瓦不能在轴承孔中转动，为此轴承盖应当适度压紧。为了提高安装的对心精度，在中分面上制出台阶形榫口。当轴承受到的径向力有较大偏斜时，可采用斜剖分式径向滑动轴承，如图 11.25（b）所示，其剖分角一般为 45°。剖分式轴承装拆方便，轴承孔与轴颈之间的间隙可适当调整，当轴瓦磨损严重时，可方便地更换轴瓦，应用广泛。

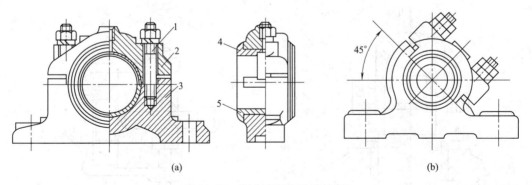

(a)　　　　　　　　　　(b)

图 11.25　剖分式径向滑动轴承
1—螺柱；2—轴承盖；3—轴承座；4—上轴瓦；5—下轴瓦

（2）推力滑动轴承的结构

推力滑动轴承用来承受轴向载荷，典型结构如图 11.26 所示。为了便于对中和保证工作表面受力均匀，推力轴瓦底部制成球面，销钉用来防止推力轴瓦随轴转动。润滑油从下部油管注入，从上部油管导出。

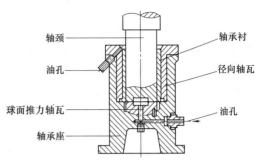

图 11.26　推力滑动轴承

常见的止推端面结构有轴的端面［图 11.27（a）、(b)］、轴段中制出的单环或多环轴肩［图 11.27（c）、(d)］。实心式端面受力，压力分布不均匀，润滑效果差，边缘磨损快。空心式压力分布较均匀，润滑条件较实心式改善。单环式的环形端面受力，结构简单，润滑方便，常用于低速、轻载的场合。多环式可承受较大的单向或双向载荷，但环数较多时各环间载荷分布不均。

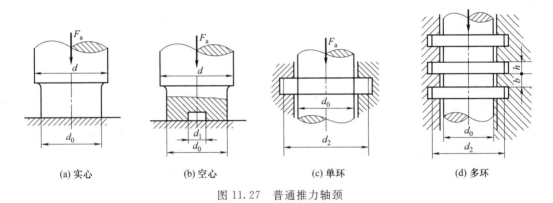

(a) 实心　　　　　　(b) 空心　　　　　　(c) 单环　　　　　　(d) 多环

图 11.27　普通推力轴颈

11.7.2　轴承材料

（1）金属材料

① 轴承合金　又称为巴氏合金或白合金。以较软的锡或铅为基体，其中悬浮锑锡及铜锡硬晶粒。具有良好的嵌入性、摩擦顺应性、磨合性和抗胶合能力。但因强度很低，不能单独作轴瓦，只能作为轴承衬附在青铜或铸铁轴瓦上，其价格较贵。适用于重载、中高速场合。

② 铜合金　有锡青铜、铅青铜、铝青铜和黄铜。铜合金具有较好的强度、减摩性和耐磨性。其中，锡青铜的减摩性和耐磨性最好，但嵌入性和磨合性比轴承合金差，适用于中速及重载场合；铅青铜的抗胶合能力强，适用于高速重载；铝青铜强度和硬度高，抗胶合能力差，适用于低速重载；黄铜是铜锌合金，减摩性和耐磨性比青铜差，但工艺性好，适用于低速中载。

③ 铝合金　为铝锡合金，具有强度高、耐腐蚀、导热性好等优点，可用铸造、冲压、轧制等方法制造，适合批量生产。但磨合性差，要求轴颈有较高的硬度和加工精度。可部分代替价格较贵的轴承合金或青铜材料。

④ 铸铁　灰铸铁、耐磨铸铁和球磨铸铁。铸铁中的石墨具有润滑作用，价格低廉，但磨合性差。适用于低速、轻载和不重要的场合。

（2）粉末冶金材料

由铜、铁、石墨等粉末经压制、烧结而成多孔隙（10％～35％）材料，又称陶瓷金属。工作前在热油中浸泡几个小时，使孔隙中充满润滑油，工作时轴瓦温度升高，油膨胀后进入摩擦表面进行润滑，停车后由于毛细作用，油又吸回轴瓦内，故又称为含油轴承，可在长时间不加油的情况下工作。但其性脆，适用于中低速、无冲击、润滑不便或要求清洁的场合。

（3）非金属材料

① 塑料 酚醛塑料、尼龙、聚四氟乙烯等，具有摩擦因数小、抗压强度高、耐腐蚀性和耐磨性好等优点。但导热能力差，应注意冷却

② 橡胶 具有良好的弹性和减摩性，故常用于以水做润滑剂且环境较脏污之处。其内壁上带有轴向沟槽，以利润滑剂流通，而且还可以增强冷却效果和冲走污物。

③ 碳-石墨 由不同量的石墨构成的人造材料，石墨量越多材料越软，摩擦因数越小。还可以在其中加入金属、聚四氟乙烯和二硫化钼等。它是电动机电刷的常用材料。

单元练习题

一、选择题

1. 根据轴的承载情况，（   ）的轴称为转轴。

A. 既承受弯矩又承受转矩   B. 只承受弯矩又承受转矩

C. 不承受弯矩只承受转矩   D. 承受较大的轴向载荷

2. 按弯曲扭转合成计算轴的应力时，要引入系数 α，这个 α 是考虑（   ）。

A. 轴上键槽削弱轴的强度   B. 合成正应力与切应力时的折算系数

C. 正应力与切应力的循环特性不同的系数   D. 正应力与切应力方向不同

3. 按额定动载荷通过计算选用的滚动轴承，在预定使用期限内，其工作可靠度为（   ）。

A. 50％   B. 90％   C. 95％   D. 99％

4. 角接触球轴承承受轴向载荷的能力随着接触角的增大而（   ）。

A. 增大   B. 减少

C. 不变   D. 增大或减少随轴承型号而定

5. （   ）不是滚动轴承预紧的目的。

A. 增大支撑刚度   B. 提高旋转精度

C. 减小振动和噪声   D. 降低摩擦阻力

6. 下列四种轴承中，（   ）必须成对使用。

A. 深沟球轴承   B. 圆锥滚子轴承   C. 推力球轴承   D. 圆柱滚子轴承

二、填空题

1. 滚动轴承预紧的目的是为了提高轴承的_____和_____。

2. 滚动轴承的主要失效形式是_____和_____。

3. 滚动轴承轴系支点固定的典型结构形式有_____和_____。

三、判断题

1. 滚动轴承中公称接触角越大，轴承承受轴向载荷的能力越小。 （   ）

2. 某一滚动轴承的基本额定动载荷与其所受载荷无关。 （   ）

3. 一批同型号的滚动轴承，在相同条件下运转，其中 10％ 的轴承已发生疲劳点蚀，而 90％ 的轴承尚未发生疲劳点蚀时所能达到的总转数称为轴承的基本额定动载荷。 （   ）

4. 某轴用一对角接触球轴承反向安装，两轴承的径向载荷不等，轴上无轴向外载荷，则该两轴承当量动载荷计算公式中的轴向载荷一定不相等。　　　　　　　　　（　　）

5. 滚动轴承寿命计算公式中寿命指数 ε 对球轴承为 $1/3$。　　　　　　　　（　　）

6. 滚动轴承寿命计算针对疲劳点蚀，静强度计算针对塑性变形进行。　　　　（　　）

7. 滚动轴承的外圈与轴承孔的配合应采用基孔制。　　　　　　　　　　　　（　　）

四、简答题

1. 轴的结构设计应从哪几个方面考虑？

2. 轴上零件的周向固定有哪些方法？采用键固定时应注意什么？

3. 在进行滚动轴承组合设计时应考虑哪些问题？

4. 试说明角接触轴承内部轴向力 F_s 产生的原因及其方向的判断方法。

5. 简单叙述滚动轴承的主要失效形式和计算准则。

6. 何为滚动轴承的基本额定动载荷？

五、计算分析题

1. 图 11.28 所示为减速器输出轴，齿轮用油润滑，轴承用脂润滑。指出其中的结构错误，并说明原因。

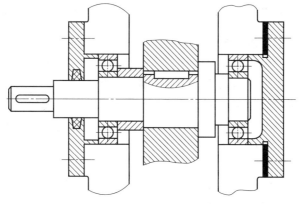

图 11.28　题 5.1 图

2. 图 11.29 所示为齿轮轴简图。用一对 7307AC 型角接触球轴承支撑，轴承所受径向载荷 $R_1 = 4000\text{N}$，$R_2 = 4250\text{N}$，轴向外载荷 $F_A = 560\text{N}$，轴的工作转速 $n = 960\text{r/min}$，工作温度低于 $120℃$，冲击载荷系数 $f_d = 1.5$。轴承的数据为 $C = 34200\text{N}$，$e = 0.68$，派生轴向力 $S = 0.68R$。当 $A/R \leqslant e$ 时，$X = 1.0$，$Y = 0$；当 $A/R > e$ 时，$X = 0.41$，$Y = 0.87$。试求该轴承的寿命 L_{10h}。

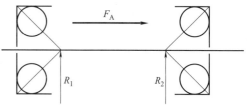

图 11.29　题 5.2 图

3. 直齿轮轴系用一对深沟球轴承支承，轴颈 $d = 35\text{mm}$，转速 $n = 1450\text{r/min}$，每个轴承受径向载荷 $F_r = 2100\text{N}$，载荷平稳，预期寿命 $[L_h] = 8000\text{N}$，试选择轴承型号。

第12章 联轴器和离合器

联轴器和离合器都是用于轴与轴的对接，使两轴一起转动，并传递转矩。用联轴器连接的两轴在工作时不能分开，只有在停车时，才能用拆卸的方法把两轴分开；而用离合器连接的两轴，在机器的运转中就可以随意地实现两轴的分离或接合而不必拆卸。

12.1 联 轴 器

12.1.1 两轴之间的相对位移

联轴器所连接的两轴，由于制造及安装误差、受载变形以及温度变化的影响等，难以精确对中，而是存在着某种程度的相对位移，如图 12.1 所示。如果联轴器对各种位移没有补偿能力，工作中将会产生附加动载荷，使工作情况恶化。因此，要求联轴器具有补偿一定范围内两轴线相对位移量的能力。对于经常负载启动或工作载荷变化的场合，要求联轴器中具有起缓冲、减振作用的弹性元件，以保护原动机和工作机不受或少受损伤。同时还要求联轴器安全、可靠，有足够的强度和使用寿命。

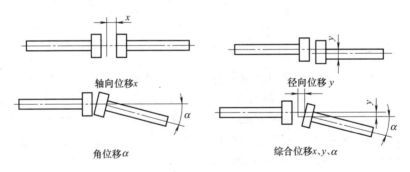

轴向位移 x 径向位移 y

角位移 α 综合位移 x、y、α

图 12.1 两轴的相对位移

12.1.2 联轴器的分类

联轴器可分为刚性联轴器和挠性联轴器两大类。

刚性联轴器不具有缓冲性和补偿两轴线相对位移的能力，要求两轴必须严格对中，但此类联轴器结构简单，制造成本较低，装拆、维护方便，能保证两轴有较高的对中性，传递转矩较大，应用广泛。常用的有凸缘联轴器、套筒联轴器等。

挠性联轴器又可分为无弹性元件挠性联轴器和有弹性元件挠性联轴器，前一类只具有补偿两轴线相对位移的能力，但不能缓冲减振，常见的有滑块联轴器、齿式联轴器、万向联轴器等；后一类因含有弹性元件，除具有补偿两轴线相对位移的能力外，还具有缓冲和减振作用，但传递的转矩因受到弹性元件强度的限制，一般不及无弹性元件挠性联轴器，常见的有弹性套柱销联轴器、弹性柱销联轴器、轮胎式联轴器等。

12.1.3 常见的联轴器介绍

（1）刚性联轴器

① 凸缘联轴器 如图 12.2 所示，它是实际中应用最广泛的一种刚性联轴器。它是由两个分装在两轴上的半联轴器组成，和轴之间用键连接，两半联轴器之间在凸缘上用螺栓连接。

为了保证两轴的轴线很好重合，通常有两种对中方法：一种方法是前两个半联轴器上的凸肩和凹槽相嵌合对中，采用的是受拉螺栓，靠摩擦力工作，如图 12.2（a）所示；另外一种方法是靠铰制孔和受剪螺栓的配合面对中，靠螺栓受剪力工作（传递转矩），如图 12.2（b）所示。

凸缘联轴器的特点是对中精度高，传递转矩大，结构简单，但安装时要求两轴必须同轴，不能缓冲、吸振。常用于载荷平稳的连接。

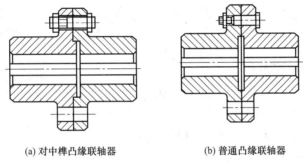

(a) 对中榫凸缘联轴器　　　　　　　(b) 普通凸缘联轴器

图 12.2　凸缘联轴器

② 套筒联轴器 它是把两轴的轴端插入套筒中，两轴与套筒之间用键或销连接，以便传递转矩，如图 12.3 所示。销钉用于转矩较小的场合。套筒联轴器和凸缘联轴器的特点基本相同，但径向尺寸较小，在机床中应用较多。

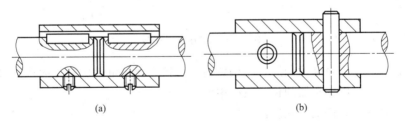

(a)　　　　　　　　　　　　　　(b)

图 12.3　套筒联轴器

（2）无弹性元件的挠性联轴器

此类联轴器对中也完全是由刚性元件组成，但元件之间构成的是动连接。靠此动连接补偿适应工作中两轴的偏斜和位移。有的挠性联轴器只允许两轴之间产生某一种相对位移，有的则允许产生综合位移。

① 十字滑块联轴器 两半联轴器1、3端面开有凹槽，中间盘2两面有凸榫，凸榫与凹槽配合构成移动副，故在传递转矩的同时，可补偿两轴线之间的径向位移和少量角位移，如

图 12.4 所示。联轴器的材料一般为 45 钢，工作表面要进行热处理，并进行润滑。滑块偏心转动会引起离心力、增大磨损。适用于转速 $n < 300\text{r/min}$、较平稳、有径向位移的两轴连接。

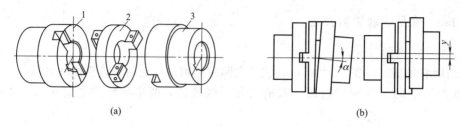

图 12.4 十字滑块联轴器

1,3—半联轴器；2—中间盘

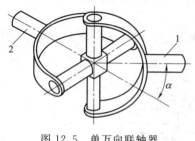

图 12.5 单万向联轴器

② 万向联轴器 单万向联轴器如图 12.5 所示。十字轴四端用铰链分别与轴 1、2 的叉形接头相连，构成一空间机构。该联轴器允许两轴间有较大的角位移（可达 $40°\sim45°$）。但当两轴不共线时，它们的角速度比值是变化的，两轴夹角越大，其变化幅度越大，产生的动载荷越大。适用于低速、角位移较小或对平稳性要求不高的场合。

双万向联轴器如图 12.6 所示，由两个单万向联轴器串接组成。满足以下两个条件时，可实现两轴的等角速度传动。

a. 主、从动轴与中间轴的夹角必须相等，$\alpha_1 = \alpha_2$。

b. 中间轴两端的叉面必须共面。

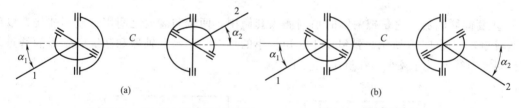

图 12.6 双万向联轴器

万向联轴器多采用合金钢制造。结构紧凑，维护方便，可适应较大的角位移，广泛应用于汽车、轧钢机和机床等机器的传动系统中。

（3）非金属弹性元件挠性联轴器

联轴器中具有非金属材料的弹性元件。同样靠弹性元件的变形补偿两轴的位移，并起缓冲、吸振作用。

① 弹性套柱销联轴器 两半联轴器用套有弹性套的柱销连接，工作时通过挤压弹性套传递转矩，可补偿综合位移和缓冲减振，如图 12.7 所示。它制造容易，装拆方便，但弹性套容易磨损，寿命短。适用于连接需要正反转或启动频繁、受中小转矩及不容易对中的两轴。

② 弹性柱销联轴器 两半联轴器用尼龙柱销连接，柱销两侧装有挡销板，如图 12.8 所示。弹性柱销联轴器结构简单，安装、制造方便，寿命较长，有一定的缓冲减振能力，可补

偿一定的轴向位移及少量的径向位移和角位移。适用于轴向窜动量大、经常正反转、启动频繁和转速较高的场合。

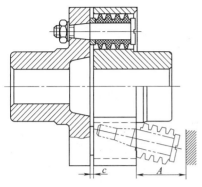

图 12.7 弹性套柱销联轴器

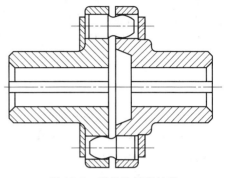

图 12.8 弹性柱销联轴器

（3）轮胎式联轴器　两半联轴器用橡胶或橡胶织物制成的轮胎连接，如图 12.9 所示。其结构比较简单，弹性大，具有良好的缓冲减振能力和补偿较大综合位移的能力。但其径向尺寸较大。它适用于启动频繁、正反向运转、有冲击振动、两轴相对位移较大以及潮湿、多尘之处。

12.1.4　联轴器的选择

联轴器多已标准化，其主要性能参数为额定转矩 T_n、许用转速 $[n]$、位移补偿量和被连接轴的直径范围等。选用联轴器时，通常先根据使用要求和工作条件确定合适的类型，再按转矩、轴径和转速选择联轴器的型号，必要时应校核其薄弱件的承载能力。

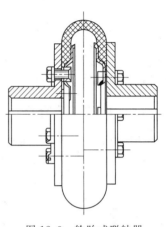

图 12.9 轮胎式联轴器

考虑工作机启动、制动、变速时的惯性力和冲击载荷等因素，应按计算转矩 T_c 选择联轴器。计算转矩 T_c 和工作转矩 T 之间的关系为

$$T_c = KT \tag{12.1}$$

式中，K 为工作情况系数，见表 12.1。一般刚性联轴器选用较大的值，挠性联轴器选用较小的值；被传动的转动惯量小，载荷平稳时取较小值。

所选型号联轴器必须同时满足 $T_c \leqslant T_n$ 和 $n \leqslant [n]$。

表 12.1　工作情况系数 K

原动机	工作机械	K
电动机	皮带运输机、鼓风机、连续运转的金属切削机床	1.25～1.5
	链式运输机、刮板运输机、螺旋运输机、离心泵、木工机械	1.5～2.0
	往复运动的金属切削机床	1.5～2.0
	往复式泵、往复式压缩机、球磨机、破碎机、冲剪机	2.0～3.0
	起重机、升降机、轧钢机	3.0～4.0
涡轮机	发电机、离心泵、鼓风机	1.2～1.5
往复式发动机	发电机	1.5～2.0
	离心泵	3～4
	往复式工作机	4～5

例 12-1 功率 $P = 11\text{kW}$，转速 $n = 970\text{r/min}$ 的电动起重机中，连接直径 $d = 42\text{mm}$ 的主、从动轴，试选择联轴器的型号。

解：（1）选择联轴器类型

为缓和振动和冲击，选择弹性套柱销联轴器。

（2）选择联轴器型号

① 计算转矩：由表 12.1 查取 $K = 3.5$，按式（12.1）计算

$$T_c = KT = K \times 9550 \times \frac{P}{n} = 3.5 \times 9550 \times \frac{11}{970} = 379\text{N} \cdot \text{m}$$

② 按计算转矩、转速和轴径，由 GB 4323—1984 中选用 TL7 型弹性套柱销联轴器，标记为：TL7 联轴器 42×112　GB 4323—1984。查得有关数据：额定转矩 $T_n = 500\text{N} \cdot \text{m}$，许用转速 $[n] = 2800\text{r/min}$，轴径 $40 \sim 45\text{mm}$。

满足 $T_c \leqslant T_n$、$n \leqslant [n]$，适用。

12.2　离　合　器

对离合器的基本要求是接合平稳、分离迅速、工作可靠、操作维护方便、外廓尺寸小、重量轻、耐磨性和散热性好。

12.2.1　牙嵌离合器

牙嵌离合器由两个端面带牙的半离合器组成，如图 12.10 所示。左半离合器用键和螺钉固定在主动轴上，右半离合器则用导向平键或花键与从动轴连接，通过操纵机构可使其在轴上作轴向移动，以实现两半离合器的接合与分离。

为了便于两轴对中，在离合器中装有对中环，从动轴可在对中环中自由转动。

牙嵌式离合器的牙型有三角形、梯形和锯齿形，如图 12.11 所示。三角形牙传递中、小转矩，牙数为 $15 \sim 60$；梯形、锯齿形牙可传递较大的转矩，牙数为 $3 \sim 15$。梯形牙可补偿磨损后的牙侧间隙。锯齿形牙只能单向工作，反转时由于有较大轴向分力，会迫使离合器自行分离。

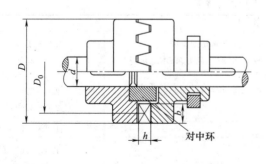

图 12.10　牙嵌离合器

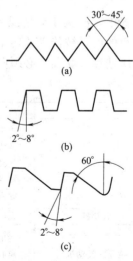

图 12.11　牙型角

牙嵌式离合器的常用材料为低碳合金钢（如 20Cr，20MnB），经表面渗碳淬火后硬度达56～62HRC。有时采用中碳合金钢（如 40Cr、45MnB），经表面淬火后硬度达 56～62HRC。

该离合器结构简单，外廓尺寸小，能传递较大的转矩。但其只宜在两轴不回转或转速差很小时进行结合，否则容易打断牙齿。

12.2.2 摩擦离合器

摩擦离合器是通过主、从动摩擦盘压紧后产生的摩擦力来传递运动和转矩的。其特点是运转中便于接合，在过载时可打滑保护其他零件；接合平稳，冲击小，振动小。但传递的转矩小，适用于高转速、低转矩的情况。

（1）单片摩擦离合器

摩擦盘 1 与主动轴通过键连接，摩擦盘 2 用导向键或花键与从动轴连接，通过操纵装置移动销环 3 可使两摩擦盘接合或分离，工作时轴向压力 F_a 使摩擦盘之间产生摩擦力，如图 12.12 所示。摩擦离合器在正常的接合与分离过程中，接触面之间必然存在相对滑动，故会引起摩擦片的磨损和发热。

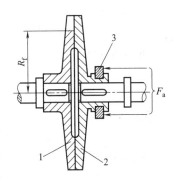

图 12.12 单片摩擦离合器
1,2—摩擦盘；3—销环

（2）多片摩擦离合器

如图 12.13 所示，主动轴与外鼓轮连接，从动轴与套筒连接。鼓轮内装有一组外摩擦片，它的外缘凸齿插入鼓轮的纵向凹槽内，因而随鼓轮一起回转，而内孔不与任何零件接触。套筒上装有一组内摩擦片，它的外缘不与任何零件接触，而内孔槽与套筒上的纵向凸齿配合，可带动从动轴一起转动。内、外两组摩擦片相间组合，当滑环左右移动时通过曲臂杠杆可使离合器接合或分离。

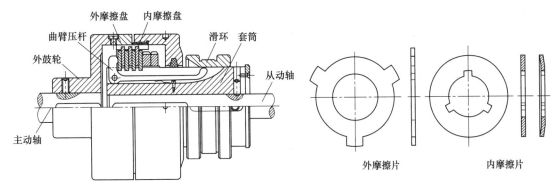

图 12.13 多片摩擦离合器

多片摩擦离合器的压力可以通过双圆螺母调整，以适应传递不同转矩的要求。摩擦片的常用材料是淬火钢或压制石棉片。摩擦片数目多，可增大传递的转矩，但片数过多，将使各层间压力分布不均匀，同时影响离合器动作的灵活性，所以一般不超过 12～15 片。

摩擦离合器有润滑剂时称为湿式，否则称为干式。湿式离合器摩擦片寿命长，能在繁重的条件下运转；而干式离合器离合迅速，但摩擦片易磨损。

单片摩擦离合器结构简单，维护方便，但径向尺寸大，能传递的转矩小；多片摩擦离合器结构复杂，成本高，但传递的转矩大。多片摩擦离合器常用在高速、转矩较大及离合频繁的场合。

单元练习题

一、选择题

对低速、刚性大的短轴，常选用的联轴器为（　　　）。

A. 刚性固定式联轴器　　B. 刚性可移式联轴器　　　C. 弹性联轴器　　　D. 安全联轴器

二、填空题

联轴器所连接的两轴，由于制造及安装误差、受载变形以及温度变化的影响等，难以精确对中，而是存在着_____位移、_____位移、_____位移以及_____位移。

三、判断题

1. 联轴器和离合器的主要作用是补偿两被连接轴的不同心或热膨胀。　　　　（　　　）

2. 联轴器连接的两轴可以在工作运转中使它们分离。　　　　　　　　　　（　　　）

四、简答题

1. 联轴器和离合器的主要作用是什么？二者区别在哪里？

2. 无弹性元件联轴器与弹性联轴器在补偿位移的方式上有何不同？

五、计算题

某电动机与油泵之间用弹性套柱销联轴器连接，功率 $P = 7.5\text{kW}$，转速 $n = 970\text{r/min}$，两轴直径均为 42mm，试选择联轴器的型号。

参 考 文 献

［1］ 林承全，龚五堂. 机械设计［M］. 北京：人民邮电出版社，2013.

［2］ 闵小琪，万春芬. 机械设计基础［M］. 北京：机械工业出版社，2012.

［3］ 陈立德. 机械设计基础［M］. 北京：高等教育出版社，2004.

［4］ 张群生，韩莉. 机械设计基础［M］. 重庆：重庆大学出版社，2004.

［5］ 栾学钢，韩芸芳. 机械设计基础［M］. 北京：高等教育出版社，2003.

［6］ 王德洪. 机械设计基础［M］. 北京：北京理工大学出版社，2012.

［7］ 许贤泽，戴书华. 精密机械设计基础［M］. 北京：电子工业出版社，2007.

［8］ 严丽，孙永红. 工程力学［M］. 北京：北京理工大学出版社，2012.

［9］ 林承全. 机械设计基础［M］. 武汉：华中科技大学出版社，2008.

［10］ 周家泽. 机械设计基础［M］. 武汉：武汉大学出版社，2012.

［11］ 于辉. 机械设计基础教程［M］. 北京：北京交通大学出版社，2009.

［12］ 孙敬华. 机械设计基础［M］. 北京：机械工业出版社，2007.

［13］ 邹培海. 机械设计基础［M］. 北京：清华大学出版社，2009.

［14］ 机械设计手册编委会. 机械设计手册［M］. 北京：机械工业出版社，2004.

［15］ 孙建东，李春书. 机械设计基础［M］. 北京：清华大学出版社，2007.

［16］ 马晓丽，肖俊建. 机械设计基础［M］. 北京：机械工业出版社，2008.

［17］ 范钦珊. 材料力学［M］. 北京：高等教育出版社，2004.

［18］ 李龙堂. 工程力学［M］. 北京：高等教育出版社，1998.

［19］ 罗绍新. 机械创新设计［M］. 北京：机械工业出版社，2003.

［20］ 华大年. 机械原理［M］. 北京：高等教育出版社，1994.